新版　現代制御工学

土谷武士・江上　正 共著

産業図書

新版への序文

本書は1991年に出版され，その後多くの読者の支持を頂き10刷りを重ねた『現代制御工学』をもとにさらに発展的に改訂したものである．

制御工学というものは，その理論を展開してゆく上で数式を使って議論を行うために，どうしても抽象的になってしまう傾向があり，ともすると微分方程式を解いたり，伝達関数を求めたり，ボード線図を描いたりすることなどが制御理論であると思いこんでしまうことも多い．これらは制御理論を展開する上で必要な道具ではあるが，決して制御工学の本質ではない．制御工学の本質は外部から入って来る邪魔物を排除しながら，必ずしも十分な知識があるとは限らないシステムをいかに自分の思うように動かすかということである．そして，その手段としてのフィードバック制御がきわめて重要である．これらのことを広い視野に立って理解することが制御工学を学ぶ真の目的であると考えている．

『現代制御工学』でも，このことをいかに読者に伝えられるかを重視して，制御とは何かからフィードバック制御，最適制御まで自然にストーリーを追うように学習できることを目指して書いたつもりである．その方針をもとにフィードバック制御の理解を深めるための記述に力を入れ，古典制御理論と現代制御理論を区別することなく併せて記述し，モータを一貫して例題として用いるなどの特長を有していた．しかし，初版から年月を経るにつれ，記述に古くなったところや，また記述の簡潔さを重視するあまり内容の省略や理論の展開に飛躍が見られるところなどが目に付くようになった．これらは増刷のたびに可能な限りは手を加えてきたが，全面的に書き直したい気持ちが年毎に強くなっていった．幸い初版から10年を経て，出版社の理解もあってこのたび新版の発行が可能となった．

このため本書では上述した『現代制御工学』の特長はそのまま生かした上で，古い内容を新しいものと入れ替え，論理飛躍があるところや省略したところは説明を補足したり順序を変えて再構成し，初学者にとっても本書だけで理解が進むように全面的に書き改めた．とくに第6章のフィードバック制御の関係についてはさらに理解を深められるように書き改めており，また第9章は最適制御のモータ応用に絞って実用面から具体的に説明するなどわかり易さに重点をおいて新たに書いている．そして各章ごとに発展した内容を含めた詳細な解答のついた演習問題を新たに設けて理解を助けるようにしている．このため書き改めた箇所は非常に多岐にわたり，分量的に全体の半分以上にも上ってしまった．その結果，当初は『現代制御工学』の改訂版という予定だったのが，『新版現代制御工学』という全く新しい本としてここに日の目を見ることになった．

このため本書は，前書と同じく大学・高専の教科書やさらには実務者も参考にできることをねらっている．さらに今回は初学者も本書だけで理解が進むように配慮したつもりである．なお，内容によっては著者らの思い違いがあるかもしれないが，専門家諸氏のご叱責を待つ次第である．

全般にわたり巻末に載せた多くの優れた書物・論文を参考にさせていただいたことをここに記し，それらの著者に感謝申し上げます．

最後に，本書は産業図書の江面竹彦社長，西川宏氏，米田忠史氏（現 米田出版）らの理解がなければ改訂，ましてや新たな本として日の目を見ることはなかったと思い，衷心より御礼申し上げます．

2000年3月

土谷　武士

江上　　正

目　　次

第1章　制御工学とは

1-1　いろいろな制御

我々は何でも自分の思い通りにしたいとか，自分の考えているように動かしたいという欲求をもっている．例えば，自動車，冷暖房装置による室温，エレベータ，人間の組織，経済システム，環境システムなどなどである．これらを思い通りに制御することを考えてみよう．制御（control）とは「ある目的に適合するように，制御対象に所要の操作を加えること」と定義されている．制御の基本は図1-1にあるようにまず制御対象に思い通りの動作をさせるために何らかの働きかけを行うことである．これで制御対象の出力が思い通りになれば問題はないのであるが，実際にはこのようなやりっぱなしのシステムでは思い通りの結果は得られない．それならばどうするかといえば，その結果を見てそれが希望に沿ったものであるか否かを判断する．希望に到達していないときはさらに制御対象に対して修正のための働きかけを行う．このような考察により

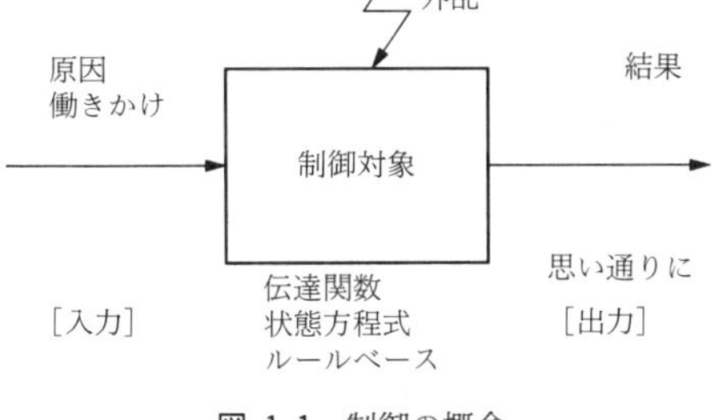

図 1-1　制御の概念

制御対象を自分の思い通りに動かすという目的を達成するためにはどのような機能が必要であるかを考えてみると次のようになるであろう．

① 制御対象についてその性質を適切に知ること——制御対象のモデリング・同定

② 制御対象への働きかけの結果を常にチェックすること——フィードバック機能

③ 適切な修正動作を行うこと——制御方法

制御工学とは，以上3つの機能を総合してどんな制御対象であれ望ましい制御を実現するための一般的理論・方法・技術を提供する学問分野である．

さらに制御とは大きなエネルギーで稼動している制御対象をわずかなエネルギーしかもたない信号により思い通りに操るという点に注目すべきであろう．すなわち，図1-2に示すように制御システムは信号とエネルギーの両方を使って対象となるシステムを動かしているのである．したがって，エネルギーの観点を含まない信号伝達にのみ着目して制御システム・制御工学を考えることは許されないことに注意すべきである．装置・システムには我々の希望を何らかの形でその装置のダイアルなどにセットするだけであとは装置自体が自動的にうまく動いてくれるものもあれば，つねに人間がそばにいて運転・管理しなければならないものもある．前者の例は冷暖房装置，冷蔵庫，瞬間湯沸器，エレベータなどであり，後者の例は自動車，人間の組織など多くある．いずれも基本的には上であげた3つの機能をもっている制御システムの例である．

これらの制御を自動車の運転を例にとっておおざっぱに見てみる．いまある

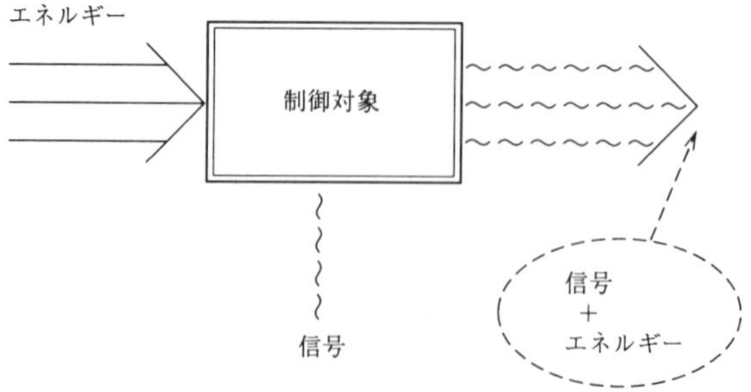

図 1-2　信号とエネルギー

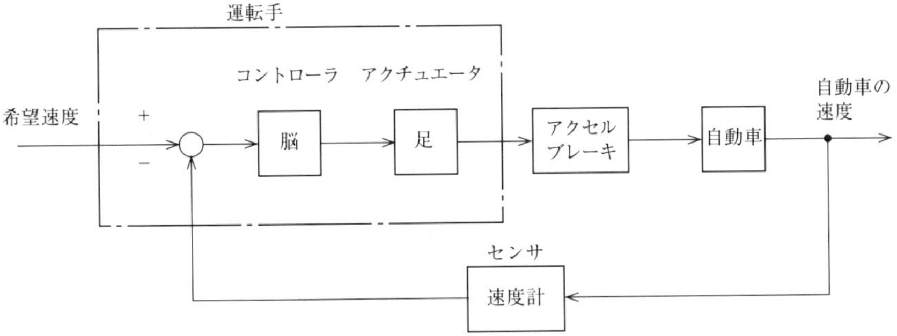

図 1-3　自動車の運転における信号の流れ

目標速度を定めているとすると，時々刻々その速度で走っているかどうかを速度計を見てチェックしている．速度が違えばアクセルを踏むか，ブレーキを踏むかを判断して目標の速度で走るように制御動作をするであろう．もちろんこのとき，どの程度ペダルを踏むかも重要なポイントである．すなわち，これらの動作は常に出力（速度）の情報を検出してこれと目標速度を比較して，差があれば常にそれを修正するという動作をしている．その修正動作の具合は自動車の特性を知っていることによって適切に行われる．これらを図に示せば図 1-3 のようになる．このような構成を出力情報を入力側に戻すという意味でフィードバック系（feedback system），そのような構造をもった制御系をフィードバック制御系（feedback control system）あるいは閉ループ制御系（closed loop control system）という．この場合は，つねに目標となる信号（目標値信号）は連続的な信号である．ただし，制御系を具体的に実現する上で，その連続信号をいくつかのレベルをもったディジタル信号として扱うことはある．

1-1-1　フィードバックとフィードフォワード

フィードバック制御により制御を行う場合には，前述のように出力信号をフィードバックして目標値信号と比較するという操作を必要とする．ところが，我々の身のまわりにある装置・機器の運転においては出力信号をなんらかのセンサなどで検出することが困難な場合や，センサが高価な場合などがある．例えば，洗濯機で洗濯物がきれいになった程度を直接検出するとか，自動炊飯器でごはんがおいしく炊けたか否かを直接検出するとかは実は大変難しい．これらは10分間洗濯機を回せば洗濯物はきれいになっているはずであるとか，ご飯はこの手順で炊けばおいしく炊けるはずであるとかの予想に依存したものであって，その予想を実現するためにはあらかじめ相当の調査と検討をしておく必要がある．そしてそれらに該当しない状況（外乱など）が起こると直ちに制御性能に影響を及ぼす．このように，出力信号をフィードバックしない制御系をフィードフォワード制御系(feed-forward control system)あるいは開ループ制御系(open loop control system）という．フィードフォワード制御系は単独で用いられる場合もあり，またフィードバック制御系の補助として補償の形で用いられる場合もある．なお，上に述べた例などでは，現在種々の努力がなされフィードバック制御の実現が実用になりつつあるものもあることを注意されたい．

1-1-2 計画問題

図1-3において希望速度が与えられた場合にいかに自動車の速度を希望速度に一致させるかについて述べた．それは狭い意味での制御工学ではあるが，この希望速度(目標速度)はいかにして誰が決定するのであろうかと考えると，これは運転者の高度な判断により決定されるのである．すなわち

① 路面状態（乾燥路面，雨道，雪道，氷路面など）による路面とタイヤとの摩擦係数の変化など

② 道路の幅，曲がり具合，道路の混雑具合など

③ 運転している車の大きさ，重量など

等々種々の状況をみて運転者はその時々の目標速度をオンラインで決めているはずである．このような問題は一般に計画問題（目標値計画，経路計画，軌道計画など）と呼び，このレベルで目標値信号が決められて初めて図1-3のフィードバック制御系が目的をもって動くことができる．これが広い意味のシステム制御工学であり，制御がより広く社会とかかわりをもつようになり，人間とのかかわりやロボットの作業を考えるようになるとこれが極めて重要な問題となることを忘れないで欲しい．

1-1-3 シーケンス制御

制御とはすでに述べたように，ある目的に適合するように制御対象に所要の操作を加えることである．この目的を実現するための方法は，１つは上に述べたフィードバック制御であるが実はそれ以外の方法としてシーケンス制御(sequence control)もある．シーケンス制御とは，「あらかじめ定められた順序または手続きに従って制御の各段階を逐次進めていく制御」であり，いわゆる「将棋倒しの制御」あるいは「ドミノ倒しの制御」である．例としては自動洗濯機，自動販売機，交通信号機，工場におけるモータや各種機械の起動・停止や緊急事態における処理などがある．

この２つを比較するために図1-4(ａ)にフィードバック制御系を，図1-4(ｂ)にシーケンス制御系の構成を示す[1]．フィードバック制御との大きな違いは，シーケンス制御では速度や温度といった目標値というものはなく，作業命令がこれに対応するし，また制御対象の出力は制御量ではなく主として０か１かで代表される２値ディジタル量である．例えば，自動販売機の出口に外部からの要求に従って望みの切符が出るとか出ないとか，あるいは洗濯機が回転するとか

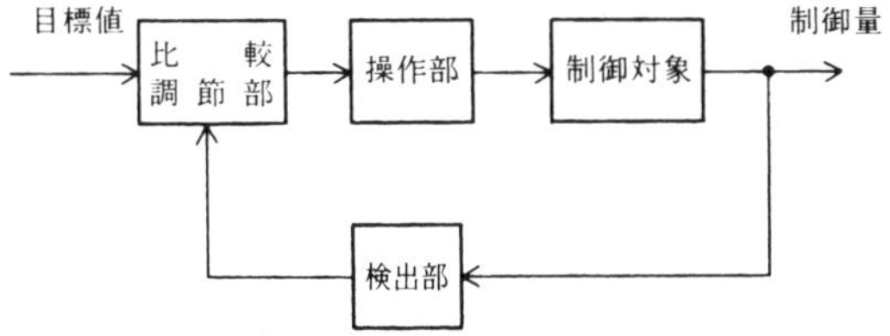

(a) フィードバック制御系

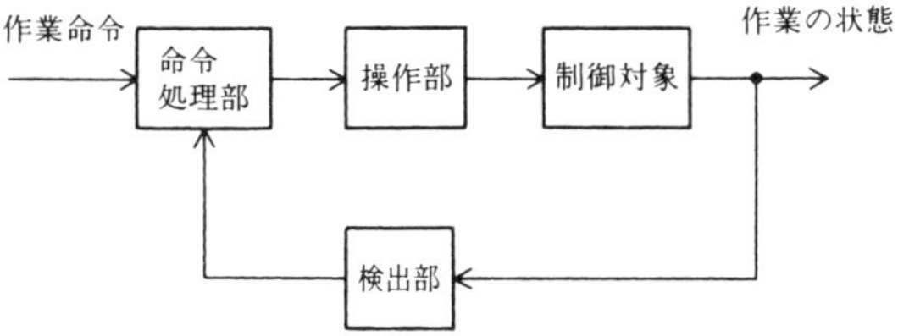

(b) シーケンス制御系

図 1-4 フィードバック制御系とシーケンス制御系

停止するとかであり，実際にはそれらの複雑な組合せになる．したがって，シーケンス制御は作業や動作の大きな変更に際して用いられる．すなわちシーケンス制御は制御システム全体の中の各サブシステムに対する動作指令を行うのに対して，フィードバック制御は，ある定常な状況（例えば，運転状態という定常状態）にシステムがおかれたときに，予期できない外乱や周囲の状況変化にもかかわらず，要求された目標値に追従するためのより厳密な制御を実現するものといえよう．シーケンス制御は定性的制御，フィードバック制御を定量的制御と表現されることもあるゆえんである．

システムの制御を全体として見ると，あるシステムを自分の思い通りに動かすことを考えるとき，まず大きくいかにこの問題に対処するかを考える．つまり大きな計画（作業計画，運行計画など）を立てる．このときには過渡状態などは考えないで，定常状態の推移はいかにあるべきかの大枠に注目して計画をたてる．これが第一段階の計画というもので，例をあげれば，工場のFA化を考えるとき，まず工場内の作業の流れはどのようにするか，どこにどのようなロボットを配置すべきかなどの計画である．

それが決定されると，次の第二段階ではシステムを構成している各サブシステムにどのような順番で作業を割り当てるかを決定する必要がある．これは各サブシステムの役割に応じて，単独であるいはいくつかのサブシステムを合わせて目的の仕事を達成するように仕事の管理をする．あるロボットを例にとってみれば材料がベルトコンベアーで送られてきたとき，まずロボットを起動し，ついで指定された初期の位置にロボットの先端をセットし，あらかじめ指定された順序に従って作業を順次進めていくことになる．ここに使われる制御は通常シーケンス制御である．

最後の段階は各サブシステムが過渡状態も含めて決められた目標の制御をすることが要求される．例えば，目標位置や方向に思いがけない外乱や状況の変化があっても，常にロボット先端の位置を正しく合わせる要求が課されるなどである．ここに用いられるのが主としてフィードバック制御（＋フィードフォワード制御）である．以上より計画とシーケンス制御とフィードバック制御とが適切に融合してはじめてシステムとして有効な機能・制御が実現されることを知っておくべきだと思われる．

1-1-4　制御は横糸学問

制御というのは，機械・電気・化学・医学・農学・経済・社会などの各専門分野共通に必要な概念・方法であって，図 1-5 のように各専門分野を縦糸とすれば横糸に相当するものである．いろんな分野に必要とされるとはいっても，現時点ですべての分野にすでに制御が有効に利用されているとはいえず，今後の発展が期待されているわけであるが，各専門分野にはそれぞれの分野の言葉で理論や技術や方法が使われており，外部の者には理解が難しいものである．にもかかわらず，制御の概念・方法は有効に利用されなければならないとなると，各分野の専門家にわかる言葉で制御の基本や先端の理論を開発しておかなければならない．そのためには制御理論は各分野に共通の言葉で記述されなければならないということになる．その言葉とは数学である．したがって，制御工学では考える対象が何であれ対象を数学的に記述して一般論を展開するということになる．

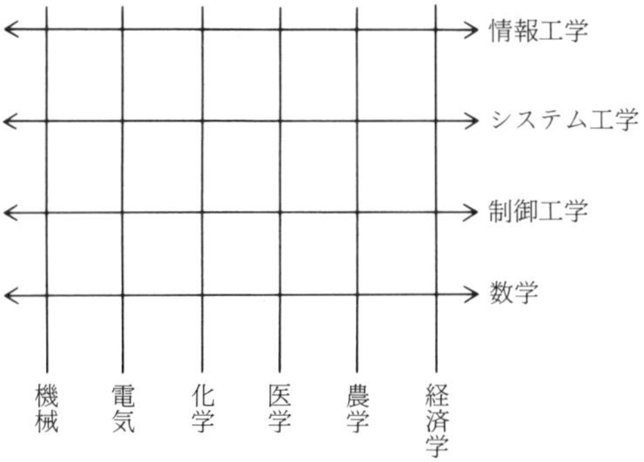

図 1-5　縦糸学問領域と横糸学問領域

1-1-5　非 線 形 系

ところで，ロボットのようなメカトロニクス分野では構造的に制御対象が非線形であったり，制御対象自身は線形系であってもアクチュエータに飽和があるなどということは頻繁に出会う重要で困難な問題である．にもかかわらず，本書では制御対象は線形系，すなわち入力-出力間が線形微分方程式で表される系についてのみ考察する．また，制御動作についても線形方程式で表されるものに限ってしか議論しない．それは解析や設計の困難な非線形系を最初から持ち出してしまっては，制御理論の概念・基本を理解するのが極めて困難となるからである．

しかし，我々が今後扱うであろう制御対象は，上述のように決して線形系としての扱いのみですむものばかりではない．通常このような制御対象は適当な方法によって線形化した後，線形制御理論を適用するのであるが，しかしそれがすべてであると安心したりあきらめてしまわないことが大切と思われる．非線形制御理論の一般論の努力はなされているし，それとは別に対象を限ってその制御対象特有の構造を考慮した優れた制御が可能となったり，より大局的な立場からの制御が検討されたりなど，非線形制御の実用的な検討が各方面で期待されている．あまりにも非線形性を強調しすぎて，どんなものでも非線形としての扱いをしなければならないと考えるのも見通しが悪く袋小路に入ってしまう恐れが多く注意すべきと思われるが，それをいいことに線形化しさえすればすむという安易さにも注意が必要である．

1-2　フィードバック制御系

フィードバック制御系の一般的な構成図を図1-6に示す[2)]．図1-3で取り上げた例を対応して見ていただきたい．

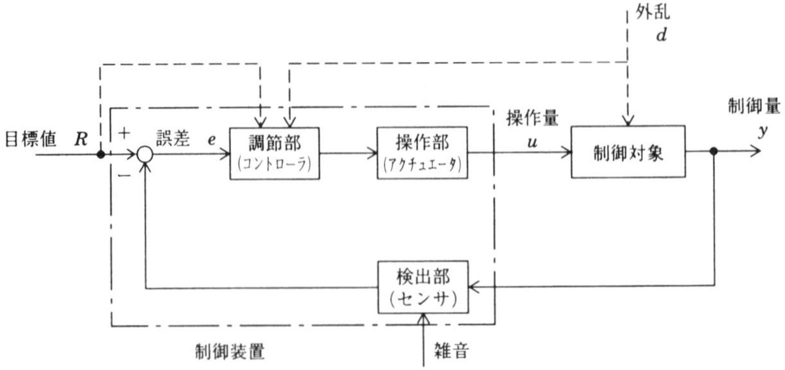

図 1-6　フィードバック制御系の一般的ブロック図

制御対象 (controlled object)：制御の対象となるもの．自動車，部屋，ロボット，ロケット，組織など

制御装置 (control device)：制御を行うため制御対象に付加される装置

調節部(controlling means)：誤差信号に基づいて操作部への操作信号を生成する部分．制御器あるいは補償器，コントローラ (controller) などともいう．

操作部 (final control element)：コントローラからの信号を適切な方法で増幅して制御対象に操作を加える部分．アクチュエータ(actuator)ともいう．

検出部(detecting element)：制御量を検出し目標値との比較のために同じ物理量に変換する部分．センサ (sensor) ともいう．

目標値 (desired signal)：制御対象の出力（制御量）に対する目標となる信号

制御量 (controlled variable, output)：制御される量で目標値に追従させるべき出力信号．速度，角度，電圧，流量など

偏差，誤差 (error signal)：目標値と制御量との差

操作量 (manipulated variable)：制御を行うために制御対象に加える量

外乱 (disturbance)：制御系の状態を乱す望ましくない外部からの信号

雑音 (noise)：制御量などを検出する場合に入ってくる観測雑音

図 1-6 において実線で示された部分が制御系の主たる機能であるフィードバック制御を行う部分である．点線で示したのは外乱や目標値を直接利用するフィードフォワード制御に関する部分である．これは制御対象の出力への外乱や目標値の変化の影響を待たずに，それらの信号が検出できたらすぐに操作信号に適切な情報を与えるものである．ただし，以下に述べる制御系に要求される目的を達成するのは，基本的にはフィードバックの効果に依存するのであって，フィードフォワード制御はそれらが基本的に保証された系に対してさらに性能を上げるために用いられるものである．

一般に，制御系には次の目的が要求される．

① 制御系を安定にする——安定性

② 目標値に制御量を一致させる——目標値追従性

③ 制御対象のパラメータ変動，外乱，観測雑音の影響を受けない——外乱・

パラメータ変動抑制

まず，①の制御系を安定にするということは目的というより必須条件である．制御系が安定でないということは制御量（出力）が発散してしまうことであり，制御どころかシステムの存在価値自体が意味がなくなる．例えば，朝礼やカラオケなど，マイクとスピーカを使う場面で「キーン」とか「ブーン」とかいった耳をつんざくような音を聞くことがあるが，この現象はハウリングと言って，制御系が不安定になる場合である．すなわち，マイクから集音した音声信号が音響設備に入力され，スピーカから拡声され，一度拡声された音声が再びマイクにより集音され，マイク→アンプ→スピーカ→マイク→アンプ→……と正フィードバック（positive feedback）がかかって制御系の出力は発散してしまった場合といえる．この例のように負フィードバック（negative feedback）をかけたつもりでも，目標値信号や外乱，観測雑音などのある周波数成分に対しては正フィードバックがかかってしまう場合がある．したがって，表面的に負フィードバックをかけたというだけでは制御系の安定は保証されない．

これが制御工学のあるいはフィードバック系の難しいところである．だからこそしっかりした制御理論に従って制御系を設計しなければ何もしないより悪い結果を招いてしまうのである．ただ，正フィードバックが次のようにうまく利用されている場合もある．

複利預金—銀行の1年複利預金は元金を預けたあとは1年間の利息を元金に正フィードバックして元金と利息を加えて，これを2年目の元金としている．これを続ければ預金額の総額は雪だるま式にどんどん増えていく．理論的には無限大になる．借金の場合も返済を適切にしないと借金はどんどん増加する．これも正フィードバックになっていると考えられるものである．

発振回路—増幅器の出力信号を正フィードバックすることによって小さな入力信号がどんどん大きくなり発振器が構成される．この場合は幸い用いられている電子素子の出力の飽和のために出力は無限大になることなく，ある一定の出力電圧を出すことができる．

次いで，②の目的を考えるにあたり制御対象のことをすこし述べておこう．制御の対象としてのシステムは大きく分けると静的システム（static system）と動的システム（dynamical system）がある．

静的システムとは，ある時刻におけるシステムの出力がその時刻の入力で決定されるようなシステムである．

例．電気抵抗（$Ri=e$），ダッシュポット（$R_m v=F$）

動的システムとは，ある時刻における出力が他の時刻の入力にも依存するシステムをいう．

例．インダクタンス（$Ldi/dt=e$），キャパシタンス $\left(1/C\int idt=e\right)$，

質量（$Mdv/dt=F$），ばね $\left(k\int vdt=F\right)$，体重計，電流計，

R-L 回路

静的システムは入出力の関係が代数方程式で表現されるものである．すなわち，いま印加した入力がすぐ出力に影響を与え，その後にはなんら影響を与えないので目標値と制御量をつねに過渡状態も定常状態も一致させるということは可能である．一方，動的システムは一般的に入出力関係が微分方程式で記述される．したがって，現在印加された入力は直ちに現在の出力にすべて影響するのではなく将来にわたっても影響を与えることになる．この場合，目標値に制御量を一致させるということは相手をよく知り未来を見て入力を決めなければならないし，さらに過渡状態まで一致させるということは容易でないので，その場合にはせめて定常状態での一致を実現することをまず保証し，過渡状態ではできるかぎり一致させる方向で努力するということになる．

制御工学で主として扱うのは動的システムである．動的システムの制御を考えておけばその特殊な場合として静的システムを扱えるからである．制御量を目標値にできるだけ一致させるためには，制御対象の性質をあらかじめ適切にとらえておいた上で制御系を構成することが望ましい．あらかじめわからない制御対象でもよい制御をしたいという要求が強いのは当然であるし，そのような制御は常に研究の目標であり，学習制御とかインテリジェントコントロールなどとして将来が期待されている．しかし，ここでは制御対象についてはかなりの程度わかっている場合の制御について考える．その場合でも動的システムの制御を考えるとき，それほどやさしいことではない．まず制御対象についての把握が必要であり，このような分野をモデリング（modeling）と称する．制御がうまくいくためには，このモデリングと制御理論の適切な融合が極めて重

要である．このことについては後に分野を限って述べる．

次に③の目的について述べる．すでに述べたように制御系は①と②の目的を達成するように設計されるが，例えば予期しない外乱やパラメータ変動，あるいは当初モデリングで求めた制御対象の性質が実は少し違っていたり，環境の変化や経年変化によりずれてくるという場合がある．このような場合にも制御系はそれらの影響をできるだけ受けないことが望ましい．これを制御系のロバスト性(robustness)という．あるいは制御量を計測するときに計測値に雑音が乗ってしまうことがあり，この影響もまたできるだけ除去することが望まれる．この両者は一般に相反する性質をもつので，両者の妥協点をいかにして求めるかが大切なことになる．以上のようなフィードバック制御系のポイントについては第6章でまとめて説明する．

1-3 アナログ制御とディジタル制御

制御工学は，フィードバック制御とシーケンス制御という大きな分類以外にも，これとは別の観点から連続時間系に対する制御問題を扱うアナログ制御(analog control)と離散時間系に対する制御問題を扱うディジタル制御(digital control) にも分類できる．

アナログ制御は制御系を連続的な信号として扱うものであり，PID 調節計のようにオペアンプや抵抗などで構成したアナログコントローラを用いる場合に適用されるものである．一方，最近ではマイクロエレクトロニクス技術の急速な進歩に伴ってディジタルコンピュータが急速に普及し，これをコントローラとして用いたものがディジタル制御である．アナログ制御とディジタル制御を比較すると，ディジタル制御の方が，ハードウエアの信頼性が高く，アナログ信号のようにノイズや外乱による影響を受けず，ドリフトの除去もでき信号的にも信頼性が高い．またディジタル制御の方がソフトウエアにより制御アルゴリズムの変更が容易なため融通性が高く，制御則の変更や高度化も容易であるなど多くの利点がある．このため最近ではディジタル制御が急速に普及してきている．

ディジタルコンピュータはその内部で信号をある時間おきに離散的に扱うも

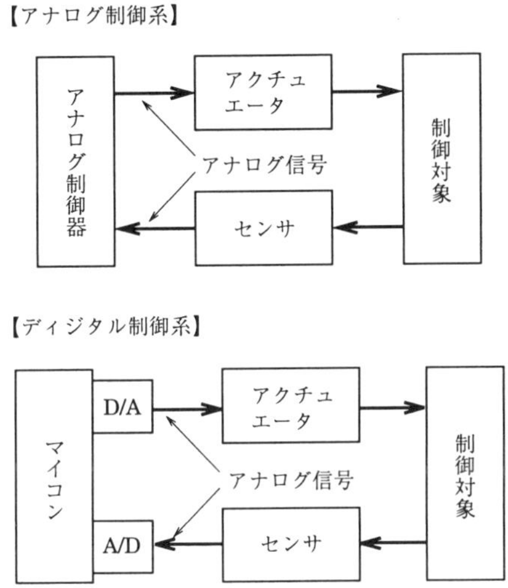

図 1-7　アナログ制御系とディジタル制御系

のであるので，ディジタル制御を行う場合には，アナログ制御と全く同じようには扱えない．すなわち，通常制御しようとする対象はモータにしろプラントにしろ連続的な時間で表されるシステムである．一方，ディジタルコンピュータは離散的な値を扱うものであるので，ディジタル制御を行う場合には，図 1-7 に示すように A/D 変換器を通して制御対象のアナログ量をディジタル量に変換してディジタルコンピュータに入力し，またディジタル量であるディジタルコンピュータの出力を D/A 変換器を通してアナログ量に変換して対象に加えるという操作が必要となる．したがって，ディジタルコンピュータは A/D，D/A 変換器を通して制御対象を認識し，操作するわけであり，それに合わせた制御理論を用いることが必要となる．アナログ制御，ディジタル制御といっても基本的な考え方は同じものであるが，細かい点は異なるので注意が必要である．

1-4　古典制御理論と現代制御理論

フィードバック制御はその理論面から大きく分けて古典制御理論（conventional control theory）と現代制御理論（modern control theory）に分類できる．一般に 1960 年頃以前に集大成された理論が古典制御理論であり，1960 年代以降発展してきた理論が現代制御理論であるといわれている．現代制御理論と古典制御理論の基本的な違いは，制御しようとする対象をその内部はブラックボックスとしてその入出力関係で見るか，あるいはその内部まで表現して制御を考えるかの違いであるといえよう．

従来，古典制御理論は主として周波数領域で理論的展開がなされ，現代制御理論は主として時間領域で理論的展開がなされてきたが，現在では，周波数領域の現代制御理論も整備されてきている．

すでに述べたように，制御の目的は相手を思い通りに動かすことであり，これはメカニカルなシステムから広くは人間の気持ちまで含まれる．そして相手を思い通りに動かすためには，とにかく相手のことをよく知らなければならない．これがいわゆるモデリングであり，相手をよく観察し，相手の性格や特徴をよく把握する必要がある．制御を行う上でこれが最も重要であるといってもよい．そして古典制御では，ある程度経験的な手法により相手の入出力関係を表す伝達関数を用いて相手のモデリングを行い，現代制御理論では，数学的に相手の内部の情報まで利用した状態方程式を用いてモデリングを行う．

通常，制御システムは入力と出力は1つずつとは限らない．例えば，二輪車の運転を考えてみればハンドルの回転と乗り手の重心の移動によって傾きと進行方向を制御していることがわかる．この場合には，システムは2入力2出力となり，しかも入出力の間には相互干渉が生じる．その場合，伝達関数によるモデリングでは内部の相互干渉の様子が完全に表せない．一方，状態方程式によるモデリングは大変手間がかかるが，十分なモデリングができれば相互干渉などは把握できる．さらに状態方程式によるモデリングによると伝達関数によるモデリングではもちえない可制御，可観測という概念が生まれてくる．これは制御対象が本質的に制御できるものであるかどうか，入出力をみて内部の情報の変化がわかるかどうかという概念である．

掃除の時間に手の平の上で箒を逆さまに立てる遊びをしたことのある人も多いと思われるが，これは倒立振子といい，制御の分野ではよく例題として用いられる．この場合，全く同じ棒を2本直列にした倒立振子は可制御であるが，並列にした倒立振子は不可制御となる．また，機械の内部が故障して異常電流が流れていても表面的には正常に動いている場合は不可観測の例である．このように，モデリングは制御をする上で最も重要なものである．モデリングが不十分ではさきに進んでも苦労のみ多く益少なしといった結果になる．完全なモデリングができれば制御の 80 %は終わったといっても差し支えないとさえ思われる．

さて，モデリングにより相手がわかったら今度は相手に合わせた動作で制御を行う．古典制御理論では一般に伝達関数を周波数領域でボード線図などの形で表し，このボード線図の特性を望ましいものにするために位相遅れ補償や位相進み補償などの操作をして制御を行う．すなわち，制御対象の入出力関係の部分的な知識により周波数領域上で制御を行おうとするものである．それに対して，現代制御理論では主として時間的な変化を直接扱い，制御対象の内部の情報を表す変数（これを状態変数という）をすべてフィードバックしてそれぞれの状態変数に乗じるフィードバックゲインによって望ましい特性を得るようにすることが一般的である．この場合，ある種の評価関数を考えてこれを最小にするようなフィードバックゲインを決定する最適制御などは代表的なものとしてよく知られている．

球技でも個人個人は大したことがなくてもチームプレーに優れたチームが勝つように，個々の要素は劣っても全体として優れた制御性能を得るためには制御対象をシステム的にとらえて多変数系として扱うことは重要であるが，現代制御理論によればこのような多入力多出力系の取扱いは 1 入力 1 出力系と同様な容易さで行うことが可能である．一方，古典制御理論では多入力多出力系の取扱いはあまり得意ではないが，古典制御理論の周波数領域における設計にも数多くの利点があり，特に 1 入力 1 出力系においては大きな効果を発揮する．また，古典制御理論は直感的に理解しやすく，経験的に制御系を設計するのが容易であり，現場においては依然として広く用いられている．

最近では，現代制御理論においてもある種の問題に対しては時間領域における取扱いに限界が感じられ，古典制御における周波数領域の取扱いの有利さが見直されており，H_∞ 最適制御などのような周波数領域で制御対象の変動に対しても安定性が保証されるようなロバスト制御の提案もなされている．これらのことから，古典制御理論と現代制御理論の境界は非常にあやふやなものとなっており，今後はそれぞれの有利さを生かして，古典制御理論と現代制御理論を融合させて時間領域と周波数領域，状態空間表現などの融合した制御を追求して行く方向であると思われる．

以上の点から本書では古典制御理論と現代制御理論の両者について記述している．そして第6章までは理解のしやすさなどの観点から1入力1出力系を制御対象として扱い，第7章以降は最適制御理論について述べているので多入力多出力系を対象としている．

1-5　制御発展の流れと本書の内容

フィードバック制御が世界で最初に用いられたのは一説によればB.C.3世紀ごろ古代ギリシアのアレクサンドリアのクテシビオス（Ktesibios）が考案した水時計であるといわれている．このしくみは図1-8に示すようになっており，Bのタンクの水位が一定速度で上昇するためにはAのタンクの水位を常に一定に保つ必要があり，この水位制御にフィードバック制御の原理が用いられている．すなわちうきがセンサとコントローラとアクチュエータをかねており，水

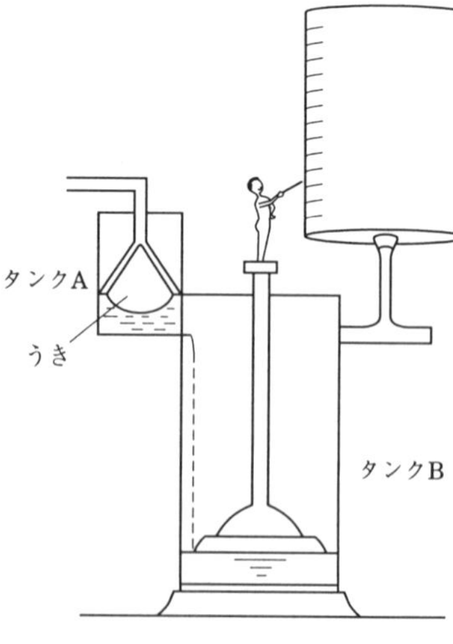

図1-8　クテシビオスの水時計

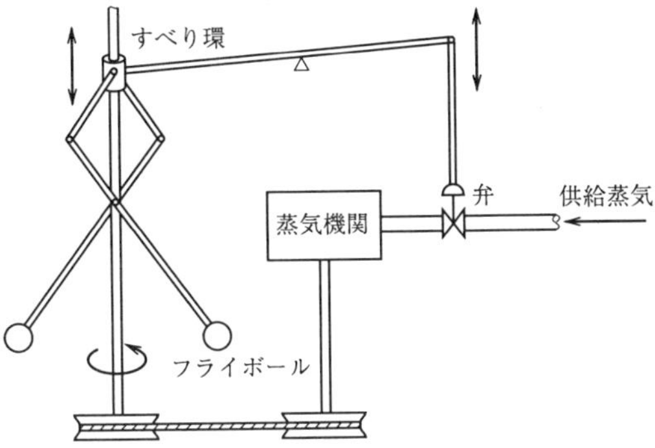

図 1-9　Watt の遠心調速機の原理

位が上昇するとうきが水の流入部に栓をして流入流量を減らし，水位が下降すると水の流入部は開放され流入流量は増えるというように制御がされている．この制御は本書の 6-2 節で学ぶ比例制御である．

しかし，本格的にフィードバック制御が産業界において用いられるようになったのは 1788 年の J. Watt の蒸気機関に用いられた遠心調速機であろう．これは図 1-9 のような機構のものであり，回転速度が速くなるとフライボールが遠心力によって上昇し，これと連動した蒸気弁を閉じるように働き，一方回転速度が落ちるとフライボールが下降し，蒸気弁を開くように作用し，蒸気機関の回転速度を一定に保とうとするものである．すなわちフィードバック制御系になっていることがわかる．しかし，このフィードバック系はときとしてハンチングと呼ばれる不安定現象（回転数の脈動）がみられた．この現象の解明が古典制御理論の先駆けであり，これは J. C. Maxwell (1868) によって試みられ，E. J. Routh (1877) あるいはこれとは独立に A. Hurwitz (1895) によって完全な解が与えられた．これはシステムを記述する代数方程式の根の実部がすべて負であることが安定のための必要十分条件であるというものであり，この安定性の簡便な判別法も開発され Routh-Hurwitz の安定判別法としてよく知られている．またこれらの流れとは別に A. M. Liapunov (1892) によりシステムの微分方程式を解かないで安定判別を行う非線形システムにまで適用できる方法（リアプノフの安定論）が提案されている．これらの問題は安定論として知られており，これらについては第5章で学ぶ．

一方，通信工学の分野において，アメリカのベル研で行われていた長距離通話のための中継用増幅器における研究でH. S. Black（1927）が負フィードバック増幅器を発明し，この安定性の研究からH. Nyquist(1932)，H. W. Bode（1940）により複素関数論を用いて周波数領域における安定問題が論じられた．これはNyquist線図，Bode線図といった図式的な表現によって安定性を判別するものであり，Routh-Hurwitzの方法で対応できないような高次のシステムにも対応でき，さらに安定度の評価ができるなどの利点をもったものである．これらは周波数領域における特性表現および安定性の問題であり，本書では第4章および第5章で学ぶ．

これらの理論は第2次世界大戦中，高射砲の追跡用レーザのサーボ機構に応用されたのを契機として体系化され，プロセス分野におけるJ. G. Ziegler & N. B. Nicholsの限界感度法（1942），ステップ応答法（1943）なども含めて古典制御理論として集大成され1950年代に一応の完成を見た．この古典制御理論は制御対象の入出力特性を表す伝達関数に基づいて構成される制御理論であり，主として周波数領域で考察されるものである．これは各入力に対する出力の応答がどのようになるかを考えて制御を行う方法であり，制御対象の内部はブラックボックスであってその内部で信号がどのような挙動をするかは問題としていないものである．したがって，内部干渉が複雑な多入力多出力系や制御系の最適制御を考える場合には限界があり，このような場合にはシステムの入出力関係だけに着目するのではなくシステムの内部状態をも考慮して制御する必要がある．

このような考えに従ってシステムの内部状態を記述する状態方程式に基づいた新しい制御理論が1960年頃から表れてきた．これを集大成したR. E. Kalmanは状態方程式を用いてシステムが制御できるかどうかの可制御，内部状態が入出力信号から推定できるかどうかの可観測性について論じ，さらに2次形式評価関数を用いた最適レギュレータ(第7章)，それと双対なカルマンフィルタについても提案を行っている．このように状態方程式表現に基づく制御理論を現代制御理論と呼ぶ．現代制御理論はその後，状態フィードバックによる極配置(6-3-1項)，オブザーバ理論(6-3-2項)，サーボ系設計法(一例として第8章)

へと発展し，当初は主として時間領域で論じられてきたが，最近では周波数領域と融合しモデルの不確かさを積極的に考慮したロバスト制御なども用いられている．そしてマイクロコンピュータの進歩により実システムによる実現も容易となっている．この現代制御理論については本書では古典制御理論と分離することなく互いに関連づけながらその基本とするところについて述べることにする．

演習問題

1. シーケンス制御についてフィードバック制御と対比しながら説明せよ．

2. フィードバック制御に要求される目的として，安定性，目標値追従性，外乱・パラメータ変動抑制の3つの目的がある．以下の問いに答えよ．
（1）安定とは何か．
（2）正フィードバックについて例を挙げながら説明せよ．
（3）フィードバック制御系の安定性はどのように判別するか．
（4）静的システムと動的システムについて説明せよ．
（5）フィードバック制御系において定常誤差を零にするためにはどのようなことを考えればよいか．
（6）大きなパラメータ変動に対して，対処するためには2つの考え方がある．それについて述べ，それがどのような制御系として実現されているか述べよ．

3. 最近ではアナログ制御に比べてディジタル制御が多く使われるようになっているが，ディジタル制御の利点を箇条書きにして，簡単な説明を加えよ．

4. フィードバック制御はその理論面からみると1960年代以前に集大成された理論が古典制御理論，1960年代以降発展してきた理論が現代制御理論といわれる．これらは基本的な考え方が異なっているが，両者の違いについて述べよ．

第2章　数学的基礎

第1章でも述べたように，制御工学では制御対象を数学的に記述して一般論を展開する．制御対象や制御系の動特性は一般に微分方程式で記述されるが，微分方程式の形では制御対象の解析や制御系の構成などが非常に複雑となる．そこでこれらを容易にする道具としてラプラス変換がある．ラプラス変換を用いると微分方程式が代数式として扱え，理論展開が簡便にできる．ディジタル制御を前提とした離散時間系においてこのラプラス変換に相当したものが z 変換である．一方，現代制御理論において多入力多出力系などを扱う場合には，多くの状態変数が現れるが，これらの相互関係を表するのに行列を用いることにより，一括計算が可能となり，理論展開に都合がよくなる．

本章では，今後の制御理論の展開の数学的な基礎となるラプラス変換，行列とベクトル，z 変換について簡単に述べる．ここではあくまで本書の今後の理論展開を可能とする範囲にとどめ，厳密な数学的証明は省いてある．

2-1　ラプラス変換

ラプラス変換（Laplace transformation）とは，時間 t で表された関数を複素数 s の関数に変換することである．すなわち，$t<0$ で $x(t)=0$ となるような時間関数 $x(t)$ に対して，

$$X(s)=\int_0^{\infty} x(t)\,e^{-st}dt \tag{2-1}$$

が存在するとき，これを関数 $x(t)$ のラプラス変換といい

$$X(s) = \mathcal{L}[x(t)] \tag{2-2}$$

と表現する．ただし，s は複素数でありラプラス演算子と呼ばれる．ここで，特にラプラス変換が $t<0$ で $x(t)=0$ となる関数について定義されることに注意してほしい．

また，ラプラス逆変換（Laplace inverse transformation）は

$$x(t) = \mathcal{L}^{-1}[X(s)] \tag{2-3}$$

と表す．ラプラス変換が可能なためには

$$\int_0^{\infty} x(t)\,e^{-at}\,dt < \infty \tag{2-4}$$

となる実数 $a(Re(s) \geq a)$ が存在することが必要となる．

2-1-1 ラプラス変換の主な性質

ラプラス変換が制御系の解析，設計において必ず用いられるのは以下のように

① この変換が線形変換であり線形制御理論の展開に都合がよい

② ラプラス変換を用いると微分方程式が s の代数式として扱え，動的システムの記述も代数式で表せる

③ 制御系の出力が s 領域では伝達要素と入力の積で表される

④ 最終値の定理，初期値定理などにより s 領域で最終値や初期値が求められる

などの線形制御理論の展開に都合のよい多くの性質をもつからである．

以下これらについてもう少し詳しく調べてみよう．

(a) 線 形 性

ラプラス変換では線形関係が保たれ，以下の関係が成り立つ．

加法定理

$$\mathcal{L}[ax_1(t) \pm bx_2(t)] = aX_1(s) \pm bX_2(s) \tag{2-5}$$

定数倍

$$\mathcal{L}[kx(t)] = k\mathcal{L}[x(t)] \tag{2-6}$$

ただし，$\mathcal{L}[x_1(t)] = X_1(s)$，$\mathcal{L}[x_2(t)] = X_2(s)$

これは(2-1)式の定義に従えば明らかである．

(b)　微分，積分

$x(t)$ の微分係数のラプラス変換は以下のようになる．

$$\mathcal{L}\left[\frac{dx(t)}{dt}\right]=\int_0^\infty \frac{dx(t)}{dt}e^{-st}dt$$

$$=[x(t)e^{-st}]_0^\infty+s\int_0^\infty x(t)e^{-st}dt$$

$$=sX(s)-x(0) \tag{2-7}$$

一般に n 次の微分係数についても

$$\mathcal{L}\left[\frac{d^nx(t)}{dt^n}\right]=s^nX(s)-\sum_{i=1}^{n}s^{n-i}x^{(i-1)}(0) \tag{2-8}$$

となる．(2-7)，(2-8)式より微分係数のラプラス変換は，すべての初期値が 0 であれば d/dt を s で置き換えればよいことになる．これは微分方程式が s の代数式として取り扱えることを意味する．この性質を用いて，初期値を零として入出力関係式を s の代数式で表したのが伝達関数(transfer function)である．

［例 1］　入力 $u(t)$，出力 $y(t)$ として微分方程式

$$\frac{d^2y(t)}{dt^2}+3\frac{dy(t)}{dt}+2y(t)=u(t) \tag{2-9}$$

で表されるシステムがある．このシステムで $y(0)$，$y^{(1)}(0)$ を零として入出力関係式を s の代数式で表すと次のようになる．

$$\frac{\mathcal{L}[y(t)]}{\mathcal{L}[u(t)]}=\frac{1}{s^2+3s+2} \tag{2-10}$$

(2-10)式が入出力間の伝達関数である．

次に $x(t)$ の定積分のラプラス変換は

$$\mathcal{L}\left[\int_0^t x(\tau)d\tau\right]=\int_0^\infty\left[\int_0^t x(\tau)d\tau\right]e^{-st}dt$$

$$=\left[-\frac{1}{s}e^{-st}\int_0^t x(\tau)d\tau\right]_0^\infty+\frac{1}{s}\int_0^\infty x(t)e^{-st}dt$$

$$=\frac{1}{s}X(s) \tag{2-11}$$

となり，一般に n 重の定積分についても(2-12)式となる．

$$\mathcal{L}\left[\int_0^t \int_0^t \cdots \int_0^t x(t)\,(dt)^n\right] = \frac{1}{s^n}X(s) \qquad (2\text{-}12)$$

定積分のラプラス変換は $\int_0^t \cdot\, dt$ を微分の逆数 $1/s$ で表せばよいことになる．

(c) たたみ込み積分

$\mathcal{L}[x_1(t)]=X_1(s)$，$\mathcal{L}[x_2(t)]=X_2(s)$ とし，$t<0$ で $x_1(t)=0$，$x_2(t)=0$ とすると以下のようになる．

$$\begin{aligned}
&\mathcal{L}\left[\int_0^t x_1(t-\tau)\,x_2(\tau)\,d\tau\right]\\
&=\int_0^\infty\left[\int_0^t x_1(t-\tau)\,x_2(\tau)\,d\tau\right]e^{-st}\,dt\\
&=\int_0^\infty\left[\int_0^\infty x_1(t-\tau)\,x_2(\tau)\,d\tau\right]e^{-st}\,dt \quad (t<\tau \text{ で } x_1(t-\tau)=0 \text{ より})\\
&=\int_0^\infty\left[\int_0^\infty x_1(t-\tau)\,e^{-st}\,dt\right]x_2(\tau)\,d\tau\\
&=\int_0^\infty X_1(s)\,e^{-s\tau}x_2(\tau)\,d\tau \quad (\text{演習問題参照})\\
&=X_1(s)\int_0^\infty x_2(\tau)\,e^{-s\tau}\,d\tau\\
&=X_1(s)\,X_2(s) \qquad (2\text{-}13)
\end{aligned}$$

(2-13)式の左辺をたたみ込み積分（convolution integral）といい，たたみ込み積分は変数の置き換えにより

$$\int_0^t x_1(t-\tau)\,x_2(\tau)\,d\tau=\int_0^t x_1(\tau)\,x_2(t-\tau)\,d\tau \qquad (2\text{-}14)$$

と表すこともできる．

ここで，図 2-1 に示すように $x_2(t)$ を入力信号，$x_1(t)$ をインパルス応答 $x_1(t)$ の伝達要素とすると，時間領域における出力信号は $x_1(t)\,x_2(t)$ ではなく，

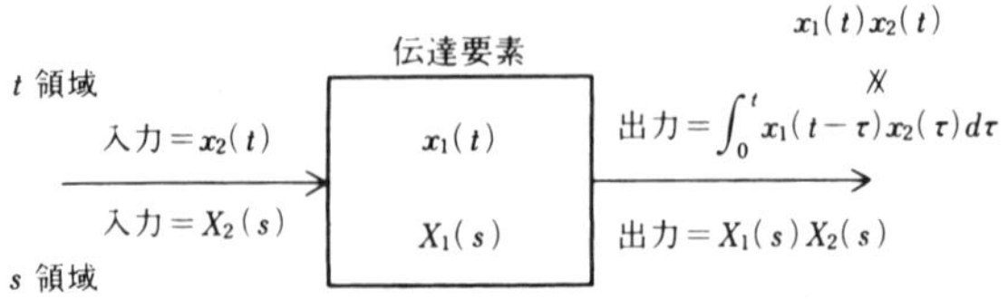

図 2-1　t 領域と s 領域の入出力関係

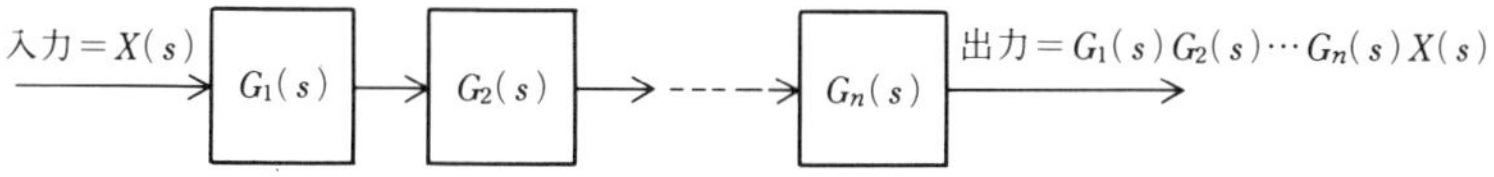

図 2-2 s 領域における入出力関係

$\int_0^t x_1(t-\tau)x_2(\tau)d\tau$ のたたみ込み積分で与えられるが，この計算は時間領域で行おうとすると複雑なものとなる．ところが，これを s 領域で表すと $X_1(s)X_2(s)$ の積で表され，計算が簡単となる．特に図 2-2 のように多くの要素が直列になっている場合には非常に有利である．なお，ここで $X_2(s)$ を入力信号とすると $X_1(s)$ は伝達関数となる．

(d) 最終値の定理

(2-7)式の微分のラプラス変換の結果を用いて

$$\begin{aligned}\lim_{s\to 0}\int_0^\infty \frac{dx(t)}{dt}e^{-st}dt &= \int_0^\infty \frac{dx(t)}{dt}dt \\ &= \lim_{t\to\infty}\int_0^t \frac{dx(t)}{dt}dt \\ &= \lim_{t\to\infty}[x(t)-x(0)] \\ &= \lim_{s\to 0}[sX(s)-x(0)] \end{aligned} \tag{2-15}$$

が成り立つ．これより

$$\lim_{t\to\infty}x(t)=\lim_{s\to 0}sX(s) \tag{2-16}$$

となる．(2-16)式は最終値の定理（final value theorem）と呼ばれ，(2-16)式が成り立つのは $sX(s)$ の分母の根の実部が負の場合に限られる．この定理は極めて重要な定理であり，この定理を用いると s 領域上で定常値の算出が可能となり，定常偏差や出力の定常値の導出などに利用される．

［例 2］ $1/[s(s+2)^2]$ の伝達関数をもつシステムにラプラス変換結果が 1 となる入力（単位インパルス入力）を加えたときの出力の定常値を求める場合，時間領域で行う場合には後に示すようにこれをラプラス逆変換して

$$\mathcal{L}^{-1}\left[\frac{1}{s(s+2)^2}\right]=\frac{1}{4}-\frac{1}{2}te^{-2t}-\frac{1}{4}e^{-2t} \tag{2-17}$$

を求めて，$t\to\infty$ より 1/4 を得る．

しかし，最終値の定理を用いると

$$\lim_{s\to 0} s\frac{1}{s(s+2)^2}=\frac{1}{4} \tag{2-18}$$

と簡単に求まる．

(e) 初期値の定理

(2-7)式の微分のラプラス変換において s を無限大に近づけると

$$\lim_{s\to\infty}\int_0^\infty \frac{dx(t)}{dt}e^{-st}\,dt=0$$
$$=\lim_{s\to\infty}[sX(s)-x(0)] \tag{2-19}$$

が成り立つ．

$$\therefore\quad \lim_{t\to 0}x(t)=\lim_{s\to\infty}sX(s) \tag{2-20}$$

(2-20)式を初期値の定理（initial value theorem）という．

2-1-2 主な関数のラプラス変換

表 2-1 によく使われる関数に対するラプラス変換表を示す．以下にこの中でよく用いる関数について説明を加えておく．この程度を理解しておけばあとはこれらの組合せを考えればよい．

(a) 指数関数

$t\geqq 0$ で e^{-at} となる指数関数のラプラス変換は次式となる．

$$\mathcal{L}[e^{-at}]=\int_0^\infty e^{-at}e^{-st}\,dt=\int_0^\infty e^{-(s+a)t}\,dt$$
$$=\left[-\frac{1}{s+a}e^{-(s+a)t}\right]_0^\infty=\frac{1}{s+a} \tag{2-21}$$

(b) 単位ステップ関数

$t\geqq 0$ で 1 となる関数 $u(t)$ は単位ステップ関数（unit step function）と呼ばれる．このラプラス変換は次式となる．

$$\mathcal{L}[u(t)]=\int_0^\infty 1\cdot e^{-st}\,dt=\left[-\frac{1}{s}e^{-st}\right]_0^\infty=\frac{1}{s} \tag{2-22}$$

表 2-1　ラプラス変換表

	時間関数 $x(t)$ ($t<0$ で $x(t)=0$)	ラプラス変換 $X(s)$
(1)	e^{-at}	$\dfrac{1}{s+a}$
(2)	$u(t)$（単位ステップ関数）	$\dfrac{1}{s}$
(3)	$\delta(t)$（単位インパルス関数）	1
(4)	t	$\dfrac{1}{s^2}$
(5)	t^n	$\dfrac{n!}{s^{n+1}}$
(6)	$\sin\omega t$	$\dfrac{\omega}{s^2+\omega^2}$
(7)	$\cos\omega t$	$\dfrac{s}{s^2+\omega^2}$
(8)	$t^n e^{-at}$	$\dfrac{n!}{(s+a)^{n+1}}$
(9)	$\sin(\omega t+\theta)$	$\dfrac{s\sin\theta+\omega\cos\theta}{s^2+\omega^2}$
(10)	$\cos(\omega t+\theta)$	$\dfrac{s\cos\theta-\omega\sin\theta}{s^2+\omega^2}$
(11)	$e^{-at}\sin\omega t$	$\dfrac{\omega}{(s+a)^2+\omega^2}$
(12)	$e^{-at}\cos\omega t$	$\dfrac{s+a}{(s+a)^2+\omega^2}$

(c)　単位インパルス関数

$\delta(t)$ は単位インパルス関数（unit impulse function）とかデルタ関数（delta function）とか呼ばれ，図 2-3 に示すような面積が 1 となる関数の $\alpha\to 0$ 極限で与えられるものである．この単位インパルス関数については 4-2 節で詳しく説明する．このラプラス変換は以下のようになる[8)]．

$$\mathcal{L}\left[\frac{1}{\alpha}u(t)-\frac{1}{\alpha}u(t-\alpha)\right]=\frac{1}{s\alpha}(1-e^{-s\alpha}) \tag{2-23}$$

ここで $\alpha\to 0$ の極限を取ると次式となる．

$$\lim_{\alpha\to 0}\frac{1}{s\alpha}(1-e^{-s\alpha})=\lim_{\alpha\to 0}\frac{1}{s\alpha}\left[1-\left(1-s\alpha+\frac{1}{2}s^2\alpha^2+\cdots\right)\right]=1 \tag{2-24}$$

$$\therefore\quad \mathcal{L}[\delta(t)]=1$$

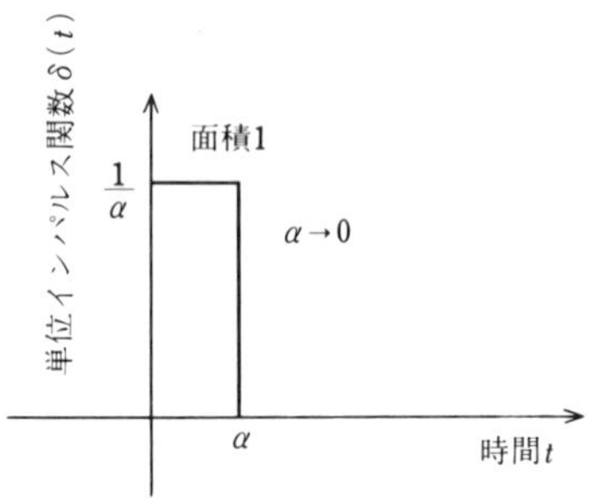

図 2-3 単位インパルス関数

(d) べき関数

$t, t^2, \cdots, t^n$ のべき関数のラプラス変換を考える．t のラプラス変換は

$$\int_0^\infty te^{-st}\,dt = \left[-t\frac{1}{s}e^{-st}\right]_0^\infty + \frac{1}{s}\int_0^\infty e^{-st}\,dt$$

$$= \left[-\frac{1}{s^2}e^{-st}\right]_0^\infty = \frac{1}{s^2} \tag{2-25}$$

となる．この結果は(2-22)式を s で微分して

$$-\int_0^\infty te^{-st}\,dt = -\frac{1}{s^2} \quad \rightarrow \quad \mathcal{L}[t] = \frac{1}{s^2} \tag{2-26}$$

としても得られる．この考え方により，以下これをさらに s で微分していくと

$$\int_0^\infty t^2 e^{-st}\,dt = \frac{2}{s^3} \quad \rightarrow \quad \mathcal{L}[t^2] = \frac{2}{s^3} \tag{2-27}$$

$$-\int_0^\infty t^3 e^{-st}\,dt = -\frac{3\,!}{s^4} \quad \rightarrow \quad \mathcal{L}[t^3] = \frac{3\,!}{s^4} \tag{2-28}$$

$$\mathcal{L}[t^n] = \int t^n e^{-st}\,dt = \frac{n!}{s^{n+1}} \tag{2-29}$$

のように次々と $t^2, \cdots, t^n$ のラプラス変換が求められる．

(e) 正弦波関数

オイラーの公式（Euler's formula）より次式が成り立つ（演習問題参照）．

$$e^{j\omega t} = \cos\omega t + j\sin\omega t \tag{2-30}$$

(2-30)式をラプラス変換して

$$\int_0^\infty e^{j\omega t}e^{-st}\,dt = \int_0^\infty \cos\omega t e^{-st}\,dt + j\int_0^\infty \sin\omega t e^{-st}\,dt$$

$$=\frac{1}{s-j\omega}=\frac{s}{s^2+\omega^2}+j\frac{\omega}{s^2+\omega^2} \tag{2-31}$$

が得られる．この結果を用いて正弦波関数のラプラス変換が次式のように求まる．

$$\mathcal{L}[\cos\omega t]=\frac{s}{s^2+\omega^2} \tag{2-32}$$

$$\mathcal{L}[\sin\omega t]=\frac{\omega}{s^2+\omega^2} \tag{2-33}$$

以上，表 2-1 のラプラス変換表の（1）～（7）まで示したが，（8）は（5）の結果と $\mathcal{L}[e^{-at}x(t)]=X(s+a)$（$s$ 領域での推移定理（演習問題参照）），(11)，(12) はそれぞれ（6），（7）の結果と s 領域での推移定理を用いれば求められる．また（9），(10) は加法定理と（6），（7）の結果を用いればよい．

2-1-3 ラプラス逆変換

s 領域の関数 $X(s)$ からもとの時間関数への変換がラプラス逆変換であり，次式で与えられる．

$$x(t)=\frac{1}{2\pi j}\int_{c-j\infty}^{c+j\infty}X(s)e^{st}\,ds \tag{2-34}$$

実際の計算では，留数法を用いて部分分数に展開して各項ごとにラプラス逆変換を行う．その場合，分母の根に重複したものがない場合とある場合とでは区別が必要である．ここでは例題で示すことにする．

（a） 単根のみの場合

次のように単根のみをもつ関数を考える．

$$X(s)=\frac{1}{s(s+1)(s+2)}=\frac{c_1}{s}+\frac{c_2}{s+1}+\frac{c_3}{s+2} \tag{2-35}$$

ここで，まず c_1 を求める．c_1 の分母である s を両辺に乗じると

$$sX(s)=c_1+\frac{s}{s+1}c_2+\frac{s}{s+2}c_3 \tag{2-36}$$

ここで，c_1/s の極である $s=0$ を代入すると以下のように c_1 が求まる．

$$sX(s)|_{s=0}=c_1=\frac{1}{2} \tag{2-37}$$

c_1 は極 0 に対する留数と呼ばれる．同様に c_2, c_3 を求めると

$$(s+1)X(s)|_{s=-1}=c_2=-1 \tag{2-38}$$

$$(s+2)X(s)|_{s=-2}=c_3=\frac{1}{2} \tag{2-39}$$

$$\therefore \quad X(s)=\frac{1}{2s}-\frac{1}{s+1}+\frac{1}{2(s+2)} \tag{2-40}$$

すなわち，単根のみの場合に部分分数の係数を求めるには，それぞれの部分分数の分母を乗じてその根を代入すればよいことがわかる．このとき表2-1のラプラス変換表（1），（2）より次式のようになる．

$$\mathcal{L}^{-1}\left[\frac{1}{s(s+1)(s+2)}\right]=\frac{1}{2}-e^{-t}+\frac{1}{2}e^{-2t} \tag{2-41}$$

（b） 重根のある場合

次のように重根をもつ関数を考える．

$$X(s)=\frac{1}{s(s+2)^2}=\frac{c_1}{s}+\frac{c_2}{(s+2)^2}+\frac{c_3}{s+2} \tag{2-42}$$

c_1, c_2 の係数については単根の場合と同様にして次のように求まる．

$$sX(s)|_{s=0}=c_1=\frac{1}{4} \tag{2-43}$$

$$(s+2)^2X(s)|_{s=-2}=c_2=-\frac{1}{2} \tag{2-44}$$

c_3 については $s+2$ を $X(s)$ に乗じたとすると

$$(s+2)X(s)=\frac{s+2}{s}c_1+\frac{1}{s+2}c_2+c_3 \tag{2-45}$$

となって c_3 は求まらない．そこで

$$\frac{d}{ds}[(s+2)^2X(s)]=\frac{2s(s+2)-(s+2)^2}{s^2}c_1+c_3 \tag{2-46}$$

とし，(2-46)式で $s=-2$ とすると $c_3=-1/4$ と求まる．したがって

$$\frac{1}{s(s+2)^2}=\frac{1}{4s}-\frac{1}{2(s+2)^2}-\frac{1}{4(s+2)} \tag{2-47}$$

と部分分数に展開でき，ラプラス変換表を用いて次式のように求まる．

$$\mathcal{L}^{-1}\left[\frac{1}{s(s+2)^2}\right]=\frac{1}{4}-\frac{1}{2}te^{-2t}-\frac{1}{4}e^{-2t} \tag{2-48}$$

一般に(2-49)式は(2-50)式のように部分分数に展開される．

$$X(s)=\frac{b_m s^m+b_{m-1}s^{m-1}+\cdots+b_0}{(s+a)^n} \tag{2-49}$$

$$X(s)=\frac{B_n}{(s+a)^n}+\frac{B_{n-1}}{(s+a)^{n-1}}+\cdots+\frac{B_1}{s+a} \tag{2-50}$$

ここで $B_i(i=1,\cdots,n)$ は次式となる．

$$B_i=\frac{1}{(n-i)!}\cdot\left.\frac{d^{n-i}[(s+a)^n X(s)]}{ds^{n-i}}\right|_{s=-a} \tag{2-51}$$

2-1-4 微分方程式の解法

以上で述べたラプラス変換およびラプラス逆変換を用いることにより，常微分方程式の解を求めることが容易となる．その手順としては常微分方程式のラプラス変換を行い，その解のラプラス変換形を求め，それをラプラス逆変換すればよい．ここではその一例を示すことにする．

$t\geqq 0$ において常微分方程式

$$\ddot{x}(t)+3\,\dot{x}(t)+2\,x(t)=1 \tag{2-52}$$

を $x(0)=2$，$x^{(1)}(0)=1$ の初期条件のもとで解くことを考える．まず $\mathcal{L}[x(t)]=X(s)$ として (2-52) 式のラプラス変換形を求めると

$$\{s^2X(s)-2\,s-1\}+3\{sX(s)-2\}+2\,X(s)=\frac{1}{s} \tag{2-53}$$

となる．したがって，解のラプラス変換形 $X(s)$ は

$$X(s)=\frac{2\,s^2+7\,s+1}{s(s^2+3\,s+2)} \tag{2-54}$$

と求まる．(2-54) 式を部分分数に展開すると

$$X(s)=\frac{1}{2\,s}+\frac{4}{s+1}-\frac{5}{2(s+2)} \tag{2-55}$$

となり，(2-55)式をラプラス逆変換して，求める解は次式となる．

$$x(t)=\frac{1}{2}+4\,e^{-t}-\frac{5}{2}\,e^{-2t} \tag{2-56}$$

2-2 行列の基礎

現代制御理論は多入力多出力システムにおいて理論展開を行うことが多く，ま

た制御対象の内部変数の相互関係などをも考慮する必要があるので，これらの多変数系の一括計算が可能となり，理論展開に便利な行列を用いることが多い．ここでは，本書において必要となるごく初歩的なことを述べるにとどめる．さらに学習したい人は他の専門書を参照されたい．

変数や定数を要素 $a_{ij}(i=1,2,3,\cdots,n,\ j=1,2,3,\cdots,m)$ として表し，これを次のように配置したものを行列（matrix）と呼ぶ．

$$\boldsymbol{A}=\begin{bmatrix} a_{11} & a_{12} & \cdots & a_{1m} \\ a_{21} & a_{22} & \cdots & a_{2m} \\ \vdots & \vdots & & \vdots \\ a_{n1} & a_{n2} & \cdots & a_{nm} \end{bmatrix} \tag{2-57}$$

(2-57)式の行列 $\boldsymbol{A}$ は n 行 m 列からなる行列で，n 行 m 列行列，$n\times m$ 行列，$\boldsymbol{A}(n\times m)$ などと表す．$m=1$ のときの行列 $\boldsymbol{a}(n\times 1)$ を（n 次元）列ベクトル（column vector）といい，$n=1$ のときの行列 $\boldsymbol{b}(1\times m)$ を（m 次元）行ベクトル（row vector）と呼び，それぞれ次のように表す．

$$\boldsymbol{a}=\begin{bmatrix} a_1 \\ a_2 \\ \vdots \\ a_n \end{bmatrix} \qquad \boldsymbol{b}=[b_1 \quad b_2 \quad \cdots \quad b_m] \tag{2-58}$$

すべての要素が零の行列およびベクトルを，それぞれ零行列(zero matrix)，零ベクトル(zero vector)といい $\boldsymbol{0}$ で表す．また $n=m$ の行列を正方行列(square matrix）といい，正方行列で対角要素以外の要素がすべて零である行列を対角行列（diagonal matrix）という．また，対角要素がすべて 1 である対角行列を単位行列（unit matrix）といい $\boldsymbol{I}$ で表す．

$\boldsymbol{A}(n\times m)$の行と列を入れ換えてできる $m\times n$ 行列を $\boldsymbol{A}$ の転置行列(transpose matrix)と呼び，$\boldsymbol{A}^T$ で表す．$\boldsymbol{A}=\boldsymbol{A}^T$ が成り立つとき $\boldsymbol{A}$ は対称行列(symmetric matrix）であるという．転置行列については $(\boldsymbol{AB})^T=\boldsymbol{B}^T\boldsymbol{A}^T$ の性質がある．

以下に行列の計算の基本を示す．

（1） 加算，減算

$\boldsymbol{A}(n\times m)$ と $\boldsymbol{B}(n\times m)$ の加減算の結果を $\boldsymbol{C}(n\times m)$ とすると

$$\boldsymbol{C}=\boldsymbol{A}\pm\boldsymbol{B} \tag{2-59}$$

で表される．また，それぞれの行列の i 行 j 列要素をそれぞれ c_{ij}, a_{ij}, b_{ij} で表すと次式となる．

$$c_{ij}=a_{ij}\pm b_{ij} \tag{2-60}$$

（2） スカラー倍

スカラー α と行列 $\boldsymbol{A}(n\times m)$ との積は $\alpha\boldsymbol{A}$ で表され，行列 $\boldsymbol{A}$ のすべての要素が α 倍される．

（3） 乗　算

$\boldsymbol{A}(n\times m)$ と $\boldsymbol{B}(m\times r)$ の乗算の結果を $\boldsymbol{C}(n\times r)$ とすると

$$\boldsymbol{C}=\boldsymbol{AB} \tag{2-61}$$

で表される．それぞれの行列の i 行 j 列要素をそれぞれ c_{ij}, a_{ij}, b_{ij} で表すと

$$c_{ij}=\sum_{k=1}^{m} a_{ik}b_{kj} \tag{2-62}$$

で計算される．$\boldsymbol{A}(2\times 2)$ と $\boldsymbol{B}(2\times 2)$ の積を例として示すと次のようになる．

$$\begin{aligned}\boldsymbol{AB}&=\begin{bmatrix} a_{11} & a_{12} \\ a_{21} & a_{22}\end{bmatrix}\begin{bmatrix} b_{11} & b_{12} \\ b_{21} & b_{22}\end{bmatrix}\\ &=\begin{bmatrix} a_{11}b_{11}+a_{12}b_{21} & a_{11}b_{12}+a_{12}b_{22} \\ a_{21}b_{11}+a_{22}b_{21} & a_{21}b_{12}+a_{22}b_{22}\end{bmatrix}\end{aligned} \tag{2-63}$$

積の交換法則は一般に成立せず，$\boldsymbol{AB}\neq\boldsymbol{BA}$ である．

（4） 行列式

正方行列 $\boldsymbol{A}(n\times n)$ の行列式 (determinant) は $|\boldsymbol{A}|$ または $\det \boldsymbol{A}$ と表される．行列式 $|\boldsymbol{A}|$ は $\boldsymbol{A}$ の i 番目の行について展開すると

$$|\boldsymbol{A}|=\sum_{j=1}^{n}(-1)^{i+j}a_{ij}A_{ij} \tag{2-64}$$

となる．また，j 番目の列について展開すると

$$|\boldsymbol{A}|=\sum_{i=1}^{n}(-1)^{i+j}a_{ij}A_{ij} \tag{2-65}$$

である．ここで，A_{ij} は行列 $\boldsymbol{A}$ の i 行と j 列を除去した行列式を表す．例として $\boldsymbol{A}(2\times 2)$ および $\boldsymbol{A}(3\times 3)$ の行列式を示すとそれぞれ次のようになる．

$$|\boldsymbol{A}|=a_{11}a_{22}-a_{12}a_{21} \tag{2-66}$$

$$\begin{aligned}|\boldsymbol{A}|=&\,a_{11}a_{22}a_{33}+a_{12}a_{23}a_{31}+a_{13}a_{21}a_{32}\\ &-a_{13}a_{22}a_{31}-a_{12}a_{21}a_{33}-a_{11}a_{23}a_{32}\end{aligned} \tag{2-67}$$

行列式については $|\boldsymbol{AB}|=|\boldsymbol{A}||\boldsymbol{B}|$ が成り立つ．

（5）　逆行列

$\boldsymbol{AX}=\boldsymbol{XA}=\boldsymbol{I}$ をみたす正方行列 $\boldsymbol{X}$ を $\boldsymbol{A}$ の逆行列 (inverse matrix) といい，$\boldsymbol{A}^{-1}$ と表記する．この逆行列は $|\boldsymbol{A}|\neq 0$ のとき存在し，このとき $\boldsymbol{A}$ は正則であるという．

$\boldsymbol{A}$ の逆行列 $\boldsymbol{A}^{-1}$ は

$$\boldsymbol{A}^{-1}=\frac{\mathrm{adj}[\boldsymbol{A}]}{|\boldsymbol{A}|} \tag{2-68}$$

で表され，adj[$\boldsymbol{A}$] は $\boldsymbol{A}(n\times n)$ の余因子行列（adjoint matrix）と呼ばれ

$$\mathrm{adj}[\boldsymbol{A}]=\begin{bmatrix} \varDelta_{11} & \varDelta_{21} & \cdots & \varDelta_{n1} \\ \varDelta_{12} & \varDelta_{22} & \cdots & \varDelta_{n2} \\ \vdots & \vdots & & \vdots \\ \varDelta_{1n} & \varDelta_{2n} & \cdots & \varDelta_{nn} \end{bmatrix} \tag{2-69}$$

ただし，$\varDelta_{ij}=(-1)^{i+j}A_{ij}$ であり余因子（cofactor）と呼ばれる．

$\boldsymbol{A}(2\times 2)$ の逆行列は次のようになる．

$$\boldsymbol{A}^{-1}=\frac{1}{a_{11}a_{22}-a_{12}a_{21}}\begin{bmatrix} a_{22} & -a_{12} \\ -a_{21} & a_{11} \end{bmatrix} \tag{2-70}$$

逆行列については $(\boldsymbol{AB})^{-1}=\boldsymbol{B}^{-1}\boldsymbol{A}^{-1}$ が成り立つ．

（6）　行列の微分

第7章以降で最適解を求めるのに行列の偏微分を用いる必要がある．ここではその基本となる行列やベクトルの偏微分について簡単に示しておく．

いま，$L(\boldsymbol{x})$ を列ベクトル $\boldsymbol{x}(n\times 1)$ のスカラ関数とするとき，その偏微分は

$$\frac{\partial L}{\partial \boldsymbol{x}}=\begin{bmatrix} \dfrac{\partial L}{\partial x_1} \\ \vdots \\ \dfrac{\partial L}{\partial x_n} \end{bmatrix} \tag{2-71}$$

と定義される．この定義を用いると，$\boldsymbol{A}(n\times n)$，$\boldsymbol{b}(n\times 1)$ で $\boldsymbol{A}^T=\boldsymbol{A}$ が成り立つとき，

$$\frac{\partial}{\partial \boldsymbol{x}}\boldsymbol{x}^T\boldsymbol{A}\boldsymbol{x}=2\boldsymbol{A}\boldsymbol{x} \tag{2-72}$$

$$\frac{\partial}{\partial \boldsymbol{x}}\boldsymbol{b}^T\boldsymbol{x}=\boldsymbol{b} \tag{2-73}$$

などが成り立つ．

（7）　2 次形式と正定行列，正定関数

$\boldsymbol{A}\,(n\times n)$ を対称行列として，$n\times1$ ベクトル $\boldsymbol{x}=[x_1\,x_2\cdots x_n]$ を用いたスカラ関数

$$\boldsymbol{x}^T\boldsymbol{A}\boldsymbol{x}=\sum_{i=1}^{n}\sum_{j=1}^{n}a_{ij}\,x_i\,x_j \tag{2-74}$$

を $\boldsymbol{x}$ に関する 2 次形式（quadratic form）という．

2 次形式に関して，すべての $\boldsymbol{x}\neq\boldsymbol{0}$ に対して，$\boldsymbol{x}^T\boldsymbol{A}\boldsymbol{x}>0\;(\forall\,\boldsymbol{x}\neq\boldsymbol{0})$ ならば正定 (positive definite)，$\boldsymbol{x}^T\boldsymbol{A}\boldsymbol{x}\geq0\;(\forall\,\boldsymbol{x}\neq\boldsymbol{0})$ ならば半正定（semi - positive definite)，$\boldsymbol{x}^T\boldsymbol{A}\boldsymbol{x}<0\;(\forall\,\boldsymbol{x}\neq\boldsymbol{0})$ ならば負定 (negative definite) という．また 2 次形式の特性は行列 $\boldsymbol{A}$ で決まるので，このとき行列 $\boldsymbol{A}$ をそれぞれ正定行列 (positive definite matrix)，半正定行列（semi-positive definite matrix)，負定行列 (negative matrix) といい，簡単に $\boldsymbol{A}>0,\ \boldsymbol{A}\geq0,\ \boldsymbol{A}\leq0$ などと表記する．

行列 $\boldsymbol{A}$ が正定行列，すなわち $\boldsymbol{A}>0$ のための必要十分条件は，

（a）　行列 $\boldsymbol{A}$ の固有値 $\lambda_i\,(i=1,\cdots,n)$ が $\lambda_i>0\,(\forall\,i)$ となること

あるいは，

（b）　行列 $\boldsymbol{A}$ のすべての主座小行列式（leading principal minor）が正となること，すなわち，

$$a_{11}>0,\ \begin{vmatrix}a_{11} & a_{12}\\ a_{21} & a_{22}\end{vmatrix}>0,\cdots,\begin{bmatrix}a_{11} & a_{12} & \cdots & a_{1n}\\ a_{21} & a_{22} & \cdots & a_{2n}\\ \vdots & \vdots & & \vdots\\ a_{n1} & a_{n2} & \cdots & a_{nn}\end{bmatrix} \tag{2-75}$$

となることである．

なお（b）をシルベスタの判定条件（Sylvester's criterion）という．

さらに一般に $\boldsymbol{x}$ についてのスカラ関数 $V(\boldsymbol{x})$ が，$\partial V(\boldsymbol{x})/\partial x_i\,(i=1,\cdots,n)$ が存在して連続であり $V(\boldsymbol{0})=0$，の条件を満たした上で，すべての $\boldsymbol{x}\neq\boldsymbol{0}$ に対して $V(\boldsymbol{x})>0,\ V(\boldsymbol{x})\geq0,\ V(\boldsymbol{x})\leq0$ が成り立つとき，それぞれ正定関数 (positive definite function)，半正定関数（semi-positive definite function)，負定関数（negative definite function）であるという．

2-3 z 変 換

アナログ信号 $x(t)$ $(t>0)$ を一定時間 T（サンプリング周期）ごとにサンプリングすると $x(0)$，$x(T)$，$x(2T)$，… のサンプル値が生じる．これらのサンプル値列 $\{x(kT)\}$ は図 2-4 に示すようなパルス列で表されるものとする．このとき出力 $x^*(t)$ は (2-76) 式のように信号 $x(t)$ に単位インパルス関数を乗じた信号の和に等しくなる．

$$x^*(t)=x(0)\delta(t)+x(T)\delta(t-T)+\cdots+x(kT)\delta(t-kT)+\cdots$$
$$=\sum_{k=0}^{\infty}x(kT)\delta(t-kT) \tag{2-76}$$

(2-76)式のラプラス変換は単位インパルス関数のラプラス変換の結果を応用すると容易に行え，(2-77) 式のようになる．ただし，$x(kT)$ を T を省略して $x(k)$ と表している．

$$X^*(s)=\mathcal{L}[x^*(t)]=\sum_{k=0}^{\infty}x(k)e^{-kTs} \tag{2-77}$$

ここで

$$z=e^{sT} \tag{2-78}$$

と置いたものを $x(t)$ の z 変換 (z-transformation) $X(z)$ といい次のように表わす．

$$X(z)=\mathcal{Z}[x^*(t)]=\mathcal{Z}[X^*(s)]=\sum_{k=0}^{\infty}x(k)z^{-k} \tag{2-79}$$

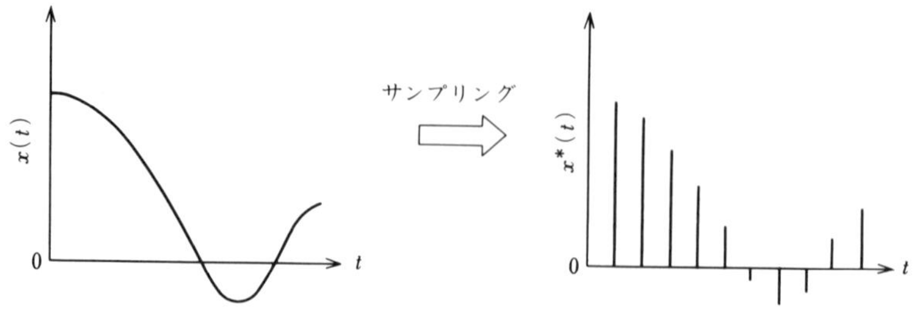

図 2-4 サンプリング

なお，[ ]は $x(t)$，$x(k)$，$X(s)$ などと表されることもある．

以下に代表的な関数の z 変換を示す．

(a) 単位ステップ関数：$x(t)=u(t)$

サンプル値列は 1, 1, … となるので，(2-80)式より以下のようになる．

$$X(z)=\sum_{k=0}^{\infty}1\cdot z^{-k}=\frac{1}{1-z^{-1}}=\frac{z}{z-1} \tag{2-80}$$

(b) 単位ランプ関数：$x(t)=t$

サンプル値列は $0, T, 2T, \cdots$ となるため，

$$X(z)=\sum_{k=0}^{\infty}kTz^{-k}=T(z^{-1}+2z^{-2}+3z^{-3}+\cdots) \tag{2-81}$$

となり，

$$(1-z^{-1})X(z)=\frac{Tz^{-1}}{1-z^{-1}} \tag{2-82}$$

となる．したがって $X(z)$ は以下のようになる．

$$X(z)=\frac{Tz^{-1}}{(1-z^{-1})^2}=\frac{Tz}{(z-1)^2} \tag{2-83}$$

(c) 指数関数：$x(t)=e^{-at}$

サンプル値列は $1, e^{-aT}, e^{-2aT}, \cdots$ となるので，(2-80)式より以下のようになる．

$$X(z)=\sum_{k=0}^{\infty}e^{-akT}z^{-k}=\sum_{k=0}^{\infty}(e^{-aT}z^{-1})^k$$

$$=\frac{1}{1-e^{-aT}z^{-1}}=\frac{z}{z-e^{-aT}} \tag{2-84}$$

(d) 正弦波関数：$x(t)=e^{j\omega t}=\cos\omega t+j\sin\omega t$

$e^{j\omega t}$ の z 変換は(2-84)式の指数関数の場合で $a=-j\omega$ とおけばよいので，

$$X(z)=\sum_{k=0}^{\infty}e^{j\omega kT}z^{-k}=\frac{1}{1-e^{j\omega T}z^{-1}}=\frac{z}{z-e^{j\omega T}} \tag{2-85}$$

となる．(2-85)式は，さらに

$$\frac{z}{z-e^{j\omega T}}=\frac{z}{(z-\cos\omega T)-j\sin\omega T}$$

$$=\frac{z(z-\cos\omega T)+jz\sin\omega T}{z^2-2\cos\omega Tz+1} \tag{2-86}$$

と実部と虚部に分けられるので，正弦波および余弦波の z 変換は

$$\mathscr{Z}[\cos\omega t]=\frac{z(z-\cos\omega T)}{z^2-2\cos\omega Tz+1}$$

$$\mathscr{Z}[\sin\omega t]=\frac{z\sin\omega T}{z^2-2\cos\omega Tz+1} \tag{2-87}$$

となる．

次に z 変換の基本的な性質として単位時間進みと単位時間遅れについて述べる．

いま，1サンプリングだけ時間を進ませて現在値を $x(k+1)$ とするパルス列 $\{x(k+1)\}$ の z 変換を考えると

$$\mathscr{Z}[x(k+1)]=\sum_{k=1}^{\infty}x(k)z^{-(k-1)}=z\sum_{k=0}^{\infty}x(k)z^{-k}-zx(0)$$
$$=z\mathscr{Z}[x(k)]-zx(0) \tag{2-88}$$

となる．したがって，初期値を零とすると z 変換の演算子 z は1サンプリング周期時間を進ませる演算子になっていることがわかる．

同様に単位時間遅れについては，$k<0$ で $x(k)=0$ を考慮して，

$$\mathscr{Z}[x(k-1)]=\sum_{k=1}^{\infty}x(k-1)\,z^{-k}=z^{-1}\sum_{k=1}^{\infty}x(k-1)\,z^{-(k-1)}$$
$$=z^{-1}\sum_{k=0}^{\infty}x(k)\,z^{-k}=z^{-1}\mathscr{Z}[x(k)] \tag{2-89}$$

となり，z^{-1} は1サンプリング周期だけ時間を遅らせる演算子となることがわかる．

演習問題

1．(2-30)式が成り立つことを示せ．

2．$\mathcal{L}[x(t)]=X(s)$ とするとき次の関数のラプラス変換を行え．
　(1)　$e^{-at}x(t)$　　(2)　$x(t-\tau)$　　(3)　$tx(t)$

3．問題2の結果を用いて次の関数のラプラス変換を求めよ．
　(1)　$u(t-8)$ ($u(t)$ は単位ステップ関数)　　(2)　$t\cos 3t$
　(3)　$te^{-5t}\cos 6t$

4. 次に示す常微分方程式がある.

$$\ddot{x}(t)+a\dot{x}(t)+bx(t)=u(t),\ x(0)=d,\ \dot{x}(0)=e$$

(1) $a=5, b=6, d=2, e=1, u(t)=3$ としてこの微分方程式をラプラス変換を用いて解け.

(2) $a=2, b=1, d=2, e=0, u(t)=0$ としてこの微分方程式をラプラス変換を用いて解け.

(3) $a=2, b=2, d=0, e=0, u(t)=\cos 2t$ としてこの微分方程式をラプラス変換を用いて解け.

5. 以下の行列式が成立することを示せ.

(1) $\boldsymbol{A}(n\times n), \boldsymbol{D}(m\times m)$ のとき

$$\begin{vmatrix}\boldsymbol{A} & \boldsymbol{B}\\ \boldsymbol{0} & \boldsymbol{D}\end{vmatrix}=\begin{vmatrix}\boldsymbol{A} & \boldsymbol{0}\\ \boldsymbol{C} & \boldsymbol{D}\end{vmatrix}=|\boldsymbol{A}||\boldsymbol{D}|\neq 0 \qquad (|\boldsymbol{A}|\neq 0, |\boldsymbol{D}|\neq 0)$$

(2) $\boldsymbol{A}(n\times n), \boldsymbol{D}(m\times m)$ のとき

$$\begin{vmatrix}\boldsymbol{A} & \boldsymbol{B}\\ \boldsymbol{C} & \boldsymbol{D}\end{vmatrix}=|\boldsymbol{A}||\boldsymbol{D}-\boldsymbol{C}\boldsymbol{A}^{-1}\boldsymbol{B}| \qquad (|\boldsymbol{A}|\neq 0)$$

$$=|\boldsymbol{D}||\boldsymbol{A}-\boldsymbol{B}\boldsymbol{D}^{-1}\boldsymbol{C}| \qquad (|\boldsymbol{D}|\neq 0)$$

(3) $\boldsymbol{A}(n\times m), \boldsymbol{B}(m\times n)$ のとき

$$|\boldsymbol{I}_n+\boldsymbol{A}\boldsymbol{B}|=|\boldsymbol{I}_m+\boldsymbol{B}\boldsymbol{A}| \qquad (m=1 \text{ のときは } 1+\boldsymbol{B}\boldsymbol{A})$$

6. 以下の逆行列が成り立つことを確かめよ.

(1) $\boldsymbol{A}(n\times n), \boldsymbol{D}(m\times m)$ のとき

$$\begin{bmatrix}\boldsymbol{A} & \boldsymbol{B}\\ \boldsymbol{0} & \boldsymbol{D}\end{bmatrix}^{-1}=\begin{bmatrix}\boldsymbol{A}^{-1} & -\boldsymbol{A}^{-1}\boldsymbol{B}\boldsymbol{D}^{-1}\\ \boldsymbol{0} & \boldsymbol{D}^{-1}\end{bmatrix} \qquad (|\boldsymbol{A}|\neq 0,\ |\boldsymbol{D}|\neq 0)$$

$$\begin{bmatrix}\boldsymbol{A} & \boldsymbol{0}\\ \boldsymbol{C} & \boldsymbol{D}\end{bmatrix}^{-1}=\begin{bmatrix}\boldsymbol{A}^{-1} & \boldsymbol{0}\\ -\boldsymbol{D}^{-1}\boldsymbol{C}\boldsymbol{A}^{-1} & \boldsymbol{D}^{-1}\end{bmatrix} \qquad (|\boldsymbol{A}|\neq 0,\ |\boldsymbol{D}|\neq 0)$$

(2) $\boldsymbol{A}(n\times n), \boldsymbol{B}(n\times m), \boldsymbol{C}(m\times n)$ で $|\boldsymbol{A}|\neq 0$ とき

$$(\boldsymbol{A}+\boldsymbol{B}\boldsymbol{C})^{-1}=\boldsymbol{A}^{-1}-\boldsymbol{A}^{-1}\boldsymbol{B}(\boldsymbol{I}_m+\boldsymbol{C}\boldsymbol{A}^{-1}\boldsymbol{B})^{-1}\boldsymbol{C}\boldsymbol{A}^{-1}$$

7. $k<0$ で $x(k)=0$ として次の差分方程式を解け.

$$x(k)-ax(k-1)=5$$

ただし, $|a|<1$ とする.

第3章　数式モデル

制御をうまく行うためには，制御する相手のことをいかによく知るかということが大切である．フィードバック制御は相手のことがあまりよくわからなくても制御ができる有力な方法ではあるが，しかし相手の基本的な性質はわかっていないと望ましい制御結果を得ることが難しい．本章は制御対象や制御系などのシステムをどのようにとらえ，どのように表現するかについて扱う．制御工学は前章で述べたように，広い分野に関連のある学問・技術であるので，共通の言葉で制御対象を表現したり制御方法を記述しなければならない．本書では制御対象の具体的な表現としては伝達関数と状態方程式を用いる．これからしばしば例として取り上げるDCサーボモータ(直流サーボモータ，direct current servo motor)の原理をまず述べ，それより伝達関数と状態方程式を導出するための準備をする．

3-1　DCサーボモータの原理

DCモータは現在用いられているモータの中では最も精密に制御のできる高性能モータである．DCモータの性能面での優位性はゆるがないものと思われるが，整流子とブラシという機械的な接触部分のあることが実用面での問題となり，省保守，省エネルギーなどを目指してACモータなどに置き換わりつつある．しかし，性能面ではDCモータは常にそれらの目標となるモータであり，性能的にはいわばモータのモデルといえるものである．

本書では比較的小形のDCサーボモータを例題として取り上げる．サーボモー

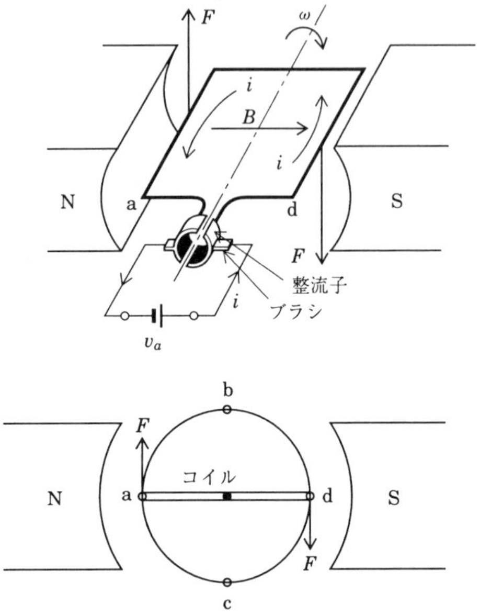

図 3-1　DCサーボモータの原理

タは位置や速度の指令に追従させることを目的としたものであり，永久磁石を用いるものが一般的である．この原理的な構造を図3-1に示す．図で永久磁石により作られた磁界の大きさを磁束密度 B で表す．

固定した永久磁石（固定子）に対応して回転できる電機子（回転子）があり，これには電流を流す巻線が適切に巻かれており，この電流を電機子電流という．この電流の大きさを i とする．図3-1では説明を簡単にするために電機子巻線は1回巻きのコイルで表している．

図に示すように，磁束密度 B と電機子電流 i は直交関係にあるので，このときフレミングの左手の法則により B と i のどちらにも直角の方向に力 F を発生する．この力 F により電機子は回転力（トルク，torque）を受ける．この図のような1回巻きのコイルだけでは電機子は現在の位置（a点）の前後90度の幅，つまりc点からb点までの180度しか回転できないことになる．そこでコイルがb点にきたときコイルの電流方向を切り換えて電流の向きを逆転する．すると電機子コイルは前と同じ方向にトルクを受け回転をすることになる．このように，適切な位置に電機子巻線がきたときに電流の方向を変えるための装置が整流子とブラシである．

同様なコイルを電機子周辺に多数設置し，かつ常に同じ方向のトルクを発生するように必要なコイルに必要な時刻に電機子電流を流すように整流子とブラシをそれぞれ配置することによって電機子は連続回転することになる．さらに電機子巻線が回転すると磁束密度 B の中をコイルが磁界と直角方向に動くことになるので，今度はフレミングの右手の法則によりこのコイルには誘起電圧が発生する．この電圧を逆起電力（counter electromotive force）とも呼ぶ．つまり

コイルに電流──→コイルにトルクが発生──→コイルに逆起電力発生

のように現象が起き，電気的，機械的に平衡状態を求めて DC サーボモータは運動する．

さて，上述した原理をもとにして DC サーボモータの運動を記述する運動方程式を導出する．モータ，パワーエレクトロニクス，ロボットなどにおける運動を記述する場合に，基礎になる法則は機械系に対してはニュートンの法則，電気系に対してはキルヒホッフの法則である．

3-1-1　機　械　系

発生トルクは電機子電流に比例するためニュートンの法則に従って (3-1) 式の運動方程式を得る．

$$\frac{d\theta(t)}{dt}=\omega(t) \tag{3-1 a}$$

$$J\frac{d\omega(t)}{dt}+B\omega(t)=K_T i(t)-T_L(t) \tag{3-1 b}$$

ただし，$\theta(t)$：回転角度，$\omega(t)$：回転角速度，$i(t)$：電機子電流，$T_L(t)$：負荷トルク，J：慣性モーメント，B：粘性制動係数，K_T：トルク定数

3-1-2　電　気　系

電機子回路についてキルヒホッフの法則により次の関係式を得る．なおここでは電機子反作用は考慮に入れないで話を進めている．

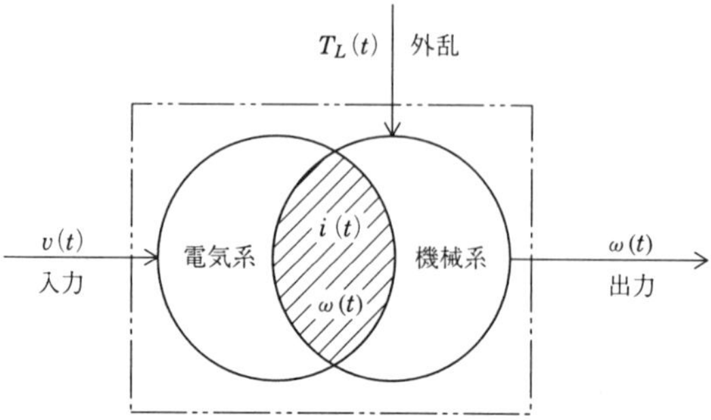

図 3-2　DC サーボモータの概念図

$$L\frac{di(t)}{dt}+Ri(t)=v(t)-K_e\omega(t) \tag{3-2}$$

ただし，$v(t)$：電機子印加電圧，R, L：電機子巻線および回路の全抵抗と全インダクタンス，K_e：逆起電力定数

トルク定数と逆起電力定数は機械系と電気系を統一した単位系(例えばSI単位系）にして表現すれば数値は一致したものとなる．ただし，両者で異なった単位系で表現する場合も見られ，このときは数値は一致しないので注意が必要である．今後はとくに断らない限り $K_t=K_e=K$ として記述する．

以上より DC サーボモータの運動は(3-1)，(3-2)式により記述されることが示された．これを概念的に示すと図 3-2 のようになる．ここで外部から任意に操作できる制御入力として扱える変数は電機子印加電圧 $v(t)$ である．この制御入力を適切に操作して，DC サーボモータの出力である回転角度 $\theta(t)$ あるいは回転角速度 $\omega(t)$ を外乱の存在にもかかわらず目的の値に一致させるように制御することが求められる．ここで，外乱は負荷トルク $T_L(t)$ である．(3-1)，(3-2）式を基にして次節以降で伝達関数や状態方程式を導出する．

整流子とブラシは相対的に運動をしながら機械的接触により電機子電流を流したり切り換えたりする装置である．接触不良，ブラシの摩耗・交換などメンテナンスに注意を払う必要があるために，これらの働きを電子スイッチ（トランジスタなど）に置き換えたものがブラシレスモータ（brushless motor）である．ただし，通常は DC サーボモータの整流子の数に比較して電子スイッチの数は少ないためにトルクの脈動が DC サーボモータに比較すると大きい．DC サーボモータの場合には，整流子は無数にあるという仮定で上の運動方程式を導出している．したがって，ブラシレスモータを厳密に議論する場合には，その運動方程式は上で述べたものとは違った立場で導出する必要があることに注意する．なおリニアDCサーボモータの基本的な原理は上で述べた回転型DCサーボモータと同様であり，その運動方程式は第9章において求めている．

3-2　伝達関数とブロック線図

3-2-1　伝 達 関 数

伝達関数は「すべての初期値を零にしたときの出力信号と入力信号とのラプラス変換の比である」と定義される．線形システムにおいては，入力 $u(t)$ と出力 $y(t)$ との関係は一般に以下のように示される．

$$\frac{d^n y}{dt^n}+a_{n-1}\frac{d^{n-1}y}{dt^{n-1}}+\cdots+a_0 y$$
$$=b_m\frac{d^m u}{dt^m}+b_{m-1}\frac{d^{m-1}u}{dt^{m-1}}+\cdots+b_0 u \qquad (3\text{-}3)$$

ただし，因果律により $n \geqq m$ と表される．

(3-3)式を初期値をすべて零として入出力信号 $u(t)$，$y(t)$ のラプラス変換をそれぞれ $U(s)$，$Y(s)$ としてラプラス変換すると次式となる．

$$\frac{Y(s)}{U(s)}=\frac{b_m s^m+b_{m-1}s^{m-1}+\cdots+b_0}{s^n+a_{n-1}s^{n-1}+\cdots+a_0}=G(s) \qquad (3\text{-}4)$$

ここで，$G(s)$ が伝達関数である．(3-3)式の微分方程式に比べて入出力関係が簡単な代数式で表されていることがわかる．これを図示すると図3-3となり，これをブロック線図（block diagram）という．

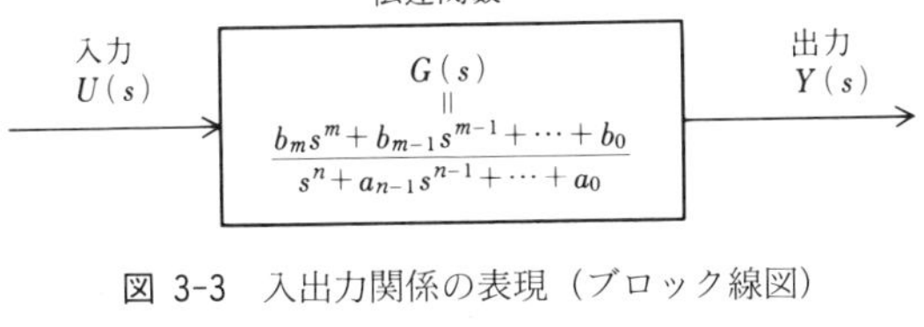

図 3-3　入出力関係の表現（ブロック線図）

伝達関数は制御系の各要素の動的な伝達特性をラプラス変換を用いて s の代数式として表したものであり，これを用いることによって制御系要素のブロック線図による表記が可能となり，制御系の信号の流れが明確になって周波数領域（s の領域，すなわち角周波数 ω で表される領域）における理論的展開が微分方程式を直接に用いる場合に比べて格段に簡単にすることができる．

この伝達関数は信号の伝達のみを示すものであり，エネルギーやパワーの流れを示すものではないことに注意する必要がある．また，入力と出力の物理的性質は同じものであるとは限らない．例えば，入力が電圧であっても出力は電圧であるとは限らず，速度であったり位置であったりすることも多い．

また，この伝達関数は第2章で触れたように，インパルス応答を基にしたたたみ込み積分の周波数領域の表現という側面ももつが，これについては次章で詳しく述べることにする．

(3-4)式の伝達関数においてその分母を特性多項式（characteristic polynomial）といい，(3-4) 式に示す分母を零とおくことによって得られる s に関する方程式を特性方程式（characteristic equation）という．

$$s^n + a_{n-1}s^{n-1} + \cdots + a_0 = 0 \tag{3-5}$$

特性方程式の根はシステムの極（pole）と呼ばれる．また，(3-4)式の分子を零とおいたときの方程式

$$b_m s^m + b_{m-1}s^{m-1} + \cdots + b_0 = 0 \tag{3-6}$$

の根はシステムの零点（zero）と呼ばれる．

極は第5章で学ぶようにシステムの安定性に関係し，きわめて重要である．さらに極は過渡応答にも関係する．一方，零点は過渡応答に関係するが，安定性には関係しない．そして，極の値はフィードバックによって任意に変えることができるが，零点は変えられない．フィードフォワード補償などにより，新たな零点を追加することはできるが，もとからある零点はそのまま残ってしまう．もし，零点の実数部が負であれば(これを最小位相系(minimum phase system)という)，コントローラにシステムの零点と同じ極を持たせることにより，極-零点消去を行って零点を消去することは可能である．しかし零点の実数部が正であれば（これを非最小位相系（non-minimum phase system）という），コントローラが不安定極をもつことになるためこのようなことはできない．

伝達関数はシステムに対する入力と出力の積の数だけ存在する．この入力は制御対象をシステムとするときは操作量や外乱がそれに相当し，制御系をシステムとするときは目標値や外乱が相当する．また一般に出力は制御量である．したがって，それらの伝達関数を区別するために目標値から出力まで(目標値-出力間）の伝達関数，あるいは $R(s)$ から $Y(s)$ まで（$R(s)$-$Y(s)$ 間）の伝達関数などと入力と出力を指定して表す．

［例1］　(3-1)式に示したDCサーボモータの機械系の伝達関数，極，零点を求める．

(3-1)式において負荷トルク T_L を零としてラプラス変換することを考える．

$$\mathcal{L}[\omega(t)]=\Omega(s) \qquad \mathcal{L}[i(t)]=I(s) \tag{3-7}$$

とおくと(3-1)式は，

$$J(s\Omega(s)-\omega(0))+B\Omega(s)=KI(s) \tag{3-8}$$

となり，次式となる．

$$\Omega(s)=\frac{K}{Js+B}I(s)+\frac{J}{Js+B}\omega(0) \tag{3-9}$$

ここで，初期値 $\omega(0)$ を零とおいて $I(s)$ を入力，$\Omega(s)$ を出力とすると，$I(s)$-$\Omega(s)$ 間の伝達関数 $G(s)$ は

$$G(s)=\frac{\Omega(s)}{I_a(s)}=\frac{K}{Js+B} \tag{3-10}$$

となる．(3-10)式の極は $-B/J$ であり，零点は存在しない．

3-2-2　ブロック線図

ブロック線図は信号の伝達の様子を示した系統図である．ブロック線図は図3-3に示したように，信号の伝達のみを矢印線とブロックを用いて表すものであり，ブロックの中には伝達関数が用いられる．ブロック線図は周波数領域において信号の流れを把握し，理論的な展開を行うのに重要な表現法である．

ブロック線図は図3-4に示すような3つの基本単位によって構成される．

（1）　伝達要素（transfer element）

入力信号 $X(s)$ を出力信号 $Y(s)$ に変換する要素．ブロックの中には伝達関

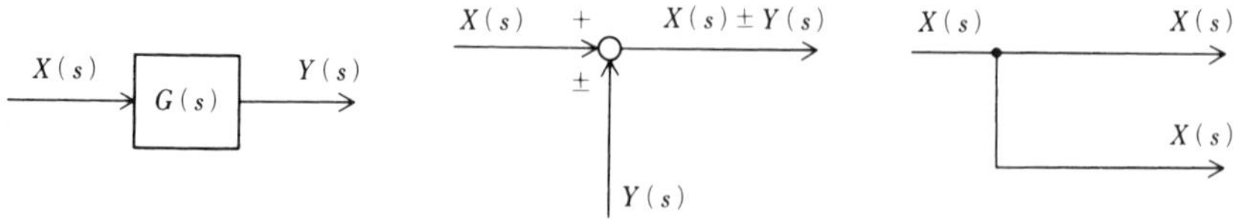

(a) 伝達要素　(b) 加え合わせ点　(c) 引き出し点

図 3-4 ブロック線図の基本単位

数を用いる.

(2) 加え合わせ点

2 つの信号の代数和あるいは代数差を作る部分.

(3) 引き出し点

1 つの信号を 2 つに分岐する部分. 図 3-5 に示す電気回路などでは $i(t)=i_1(t)+i_2(t)$ となり, 信号 (電流) は 2 つに分流するが, 引き出し点は信号 $X(s)$ が単に分岐することに注意が必要である.

加え合わせ点, 引き出し点はブロックを結合するために用いられる. また, 信号は必ず矢印によって示される一方向に伝達される.

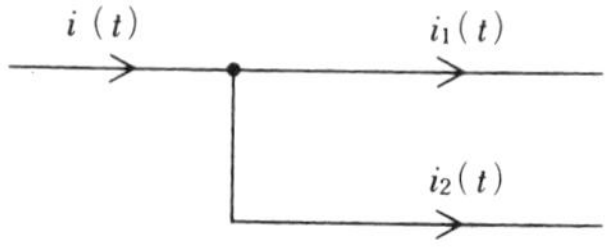

図 3-5 電気回路の場合

ブロック線図の結合に関しては次に示すような基本的な 3 つの結合方式が用いられる.

(a) 直 列 結 合

図 3-6 に示すように, 伝達要素 $G_1(s)$ と $G_2(s)$ が直列に結合された場合には第 1 の要素の出力が第 2 の要素の入力になっている. このとき

$$Y(s)=G_2(s)Z(s) \tag{3-11}$$

$$Z(s)=G_1(s)X(s) \tag{3-12}$$

より

$$Y(s)=G_2(s)G_1(s)X(s)=G_1(s)G_2(s)X(s)$$
$$=G(s)X(s) \tag{3-13}$$

となり, 2 つの伝達関数の積を伝達関数とする 1 つのブロックにまとめること

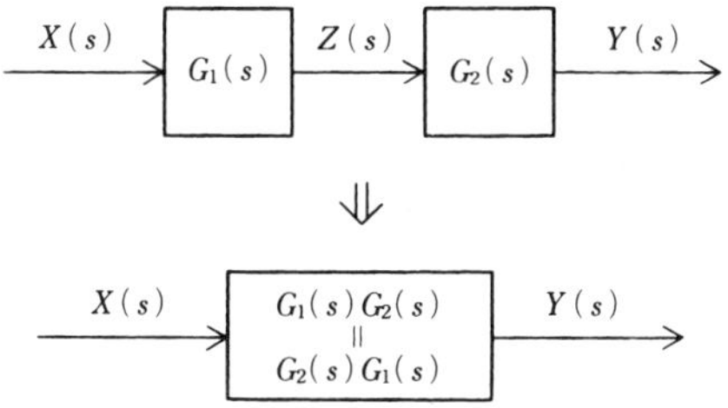

図 3-6　ブロック線図の直列結合

ができる．一般的に伝達要素が直列に結合された場合には全体の伝達関数はそれぞれの伝達要素の積となる．

（b）　並 列 結 合

図 3-7 に示すように，伝達要素 $G_1(s)$ と $G_2(s)$ が並列に結合された場合には

$$Y(s)=G_1(s)X(s)\pm G_2(s)X(s)=[G_1(s)\pm G_2(s)]X(s)$$
$$=G(s)X(s) \tag{3-14}$$

となり，2 つの伝達関数の和を伝達関数とするブロックにまとめることができる．一般的に伝達要素が並列に結合された場合には全体の伝達関数はそれぞれの伝達関数の和に等しい．

（c）　フィードバック結合

図 3-8 に示すように，2 つの伝達要素をフィードバック形に結合したもので

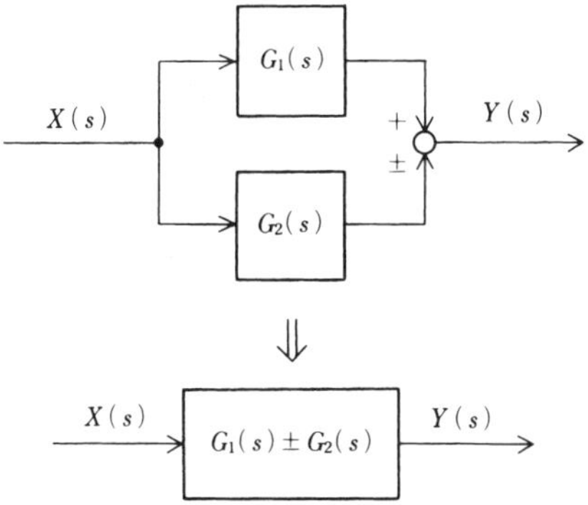

図 3-7　ブロック線図の並列結合

あり，

$$Y(s)=G_1(s)Z(s) \tag{3-15}$$

$$W(s)=G_2(s)Y(s) \tag{3-16}$$

$$Z(s)=X(s)\mp W(s) \tag{3-17}$$

であるから次式となる．

$$Y(s)=\frac{G_1(s)}{1\pm G_1(s)G_2(s)}X(s)=G(s)X(s) \tag{3-18}$$

複号が図3-8の加え合わせ点におけるものと逆になっていることに注意が必要である．

これらの基本的な結合法則を用いることによりブロック線図の等価変換が可能となり，複雑なブロック線図を1つの伝達関数にまとめて表すことが可能になる．ここで図3-9(a)に示す基本的なフィードバック制御系について考える．まず，直列結合の部分について変形を行うと（b）となり，（b）に対してフィードバック結合の変形を行うと（c）となって，この制御系の $R(s)$-$Y(s)$ 間の伝達関数は

$$\frac{Y(s)}{R(s)}=\frac{G_c(s)G(s)}{1+G_c(s)G(s)H(s)} \tag{3-19}$$

と求まる．一方，定常誤差などを求めるときに必要となる $R(s)$-$E(s)$ 間の伝達関数は（a）を（d）から（f）のように変形することにより，同様にして

$$\frac{E(s)}{R(s)}=\frac{1}{1+G_c(s)G(s)H(s)} \tag{3-20}$$

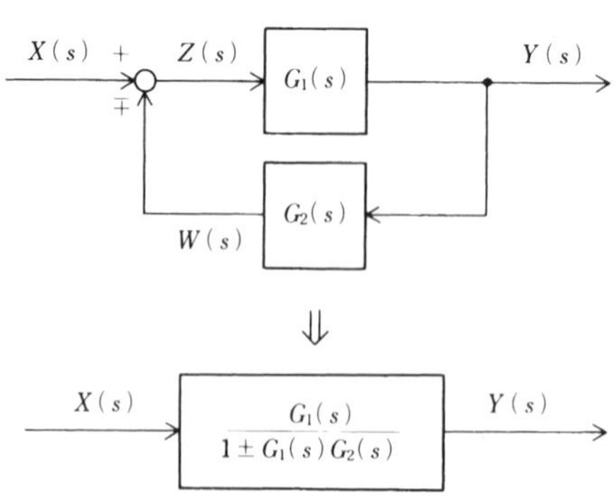

図 3-8 ブロック線図のフィードバック結合

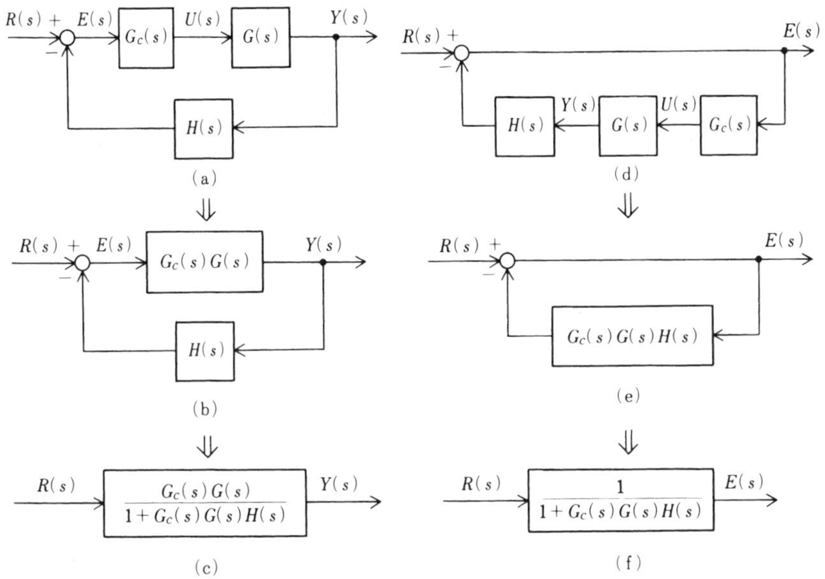

図 3-9 基本的なフィードバック制御系のブロック線図の等価変形

と求まる．(3-20)式は等価変形によって直列結合とフィードバック結合の形に変形して求めたが，図 3-9（a）から，

$$E(s)=R(s)-H(s)Y(s)=R(s)-H(s)G_c(s)G(s)E(s) \qquad (3\text{-}21)$$

のように代数式から中間変数を消去して(3-20)式を求めることもでき，複数の入出力がある場合やパターン化が困難な複雑なブロック線図を扱う場合はこの方がやりやすい場合もある．

次にこの制御系に図 3-10（a）のように外乱が入った場合を考える．この場合には，制御系への入力は目標値 $R(s)$ と外乱 $D(s)$ と考えることができる．このとき，出力を $Y(s)$ とすれば，線形性より重ね合わせの原理（Principle of superposition）が成立するため，$Y(s)$ は $D(s)=0$ とした出力と $R(s)=0$ とした出力を別々に求めて加えればよい．$D(s)=0$ の場合は(3-19)式となる．$R(s)=0$ の場合は図 3-10（b）のように変形でき，

$$Y(s)=\frac{G(s)}{1+G_c(s)G(s)H(s)}D(s) \qquad (3\text{-}22)$$

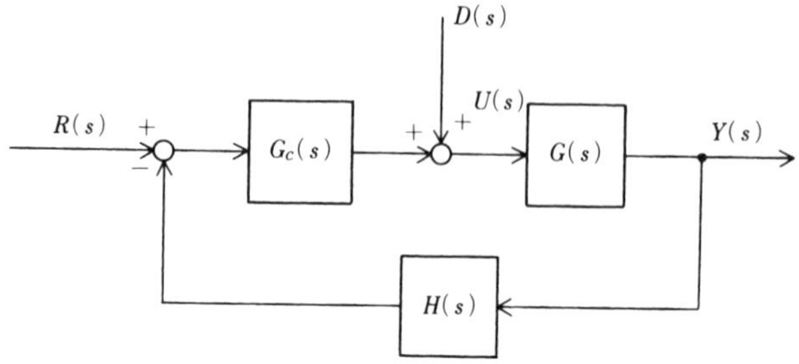

(a)

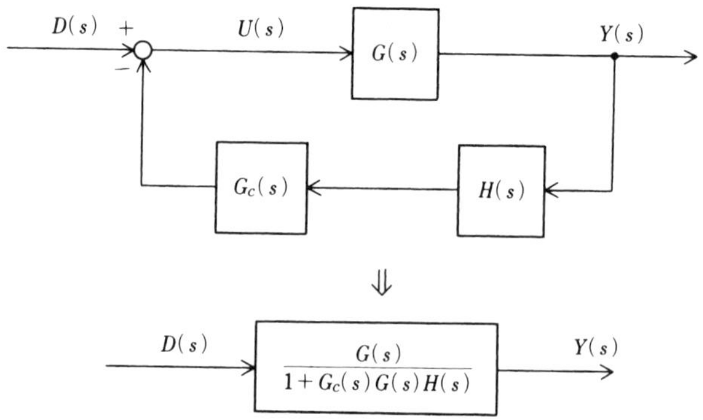

(R(s)=0)

(b)

図 3-10 外乱のある場合のフィードバック制御系のブロック線図

となり，これらを加え合わせると次式となる．

$$Y(s)=\frac{G_c(s)\,G(s)}{1+G_c(s)\,G(s)\,H(s)}R(s)+\frac{G(s)}{1+G_c(s)\,G(s)\,H(s)}D(s) \tag{3-23}$$

この場合も(3-21)式と同じように図3-10（a）から

$$Y(s)=G(s)\,U(s)=G(s)\,[D(s)+G_c(s)\{R(s)-H(s)\,Y(s)\}] \tag{3-24}$$

が成り立つことを用いれば，直接(3-23)式を求めることもできる．

3-2-3　DC サーボモータのブロック線図と伝達関数

次にこの本で例として取り上げている DC サーボモータのブロック線図とその変形について考えよう．いま(3-1)，(3-2)式を初期値を零としてラプラス変換することを考える．ここで

$$\mathcal{L}[\omega(t)]=\Omega(s) \qquad \mathcal{L}[i(t)]=I(s)$$

$$\mathcal{L}[T_L(t)]=T_L(s) \qquad \mathcal{L}[v(t)]=V(s) \tag{3-25}$$

とすると次式となる．

$$Js\Omega(s)+B\Omega(s)+T_L(s)=KI(s) \tag{3-26}$$

$$LsI(s)+RI(s)+K\Omega(s)=V(s) \tag{3-27}$$

(3-26)，(3-27)式をブロック線図で表すと図 3-11 (a) のようになる．通常，モータ自体の粘性制動係数は小さいので無視してこれを（b）のように表すこともある．この場合，3-2-2 より回転速度 $\Omega(s)$ を出力とする DC サーボモータの伝達特性を求めると（3-28）式のようになる．

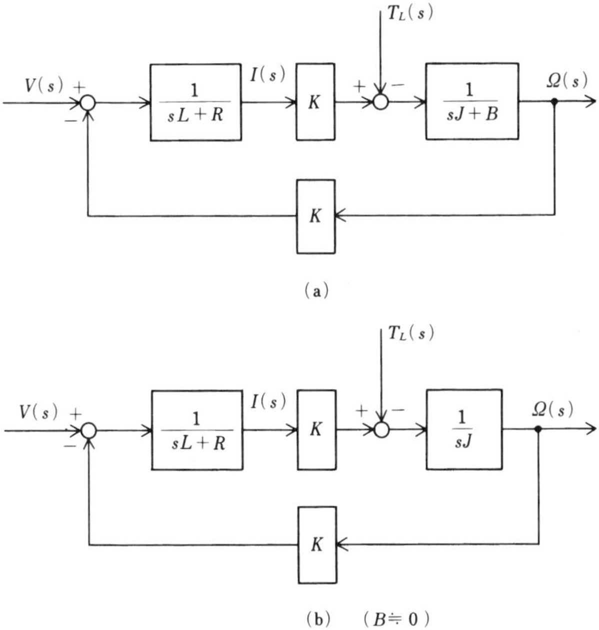

図 3-11　DC サーボモータのブロック線図（全体）

$$\Omega(s)=\frac{K}{LJs^2+RJs+K^2}V(s)-\frac{Ls+R}{LJs^2+RJs+K^2}T_L(s) \tag{3-28}$$

3-3 状態方程式

3-3-1 状態方程式

古典制御理論においては一般にシステムをラプラス演算子 s を用いたブロック線図で表現し，これを等価変形して求めた伝達関数に基づいて制御系の構成がなされるが，現代制御理論においてはシステムの内部状態にも着目した状態方程式 (state equation) に基づいて制御系の構成がなされる．この状態方程式は連立一階微分方程式で表現されるものである．

いま，3-1節において示したDCサーボモータについて考える．回転角速度を出力としたDCサーボモータの基礎式は (3-1)，(3-2) 式で与えられ，ここで

$$x_1(t)=\omega(t) \qquad x_2(t)=i(t) \qquad u(t)=v(t) \tag{3-29}$$

とおくと，これらは行列を用いて(3-30)式のように表現される．

$$\begin{bmatrix}\dot{x}_1(t)\\ \dot{x}_2(t)\end{bmatrix}=\begin{bmatrix}-B/J & K/J\\ -K/L & -R/L\end{bmatrix}\begin{bmatrix}x_1(t)\\ x_2(t)\end{bmatrix}+\begin{bmatrix}0\\ 1/L\end{bmatrix}u(t)+\begin{bmatrix}-1/J\\ 0\end{bmatrix}T_L(t) \tag{3-30 a}$$

また，出力を $y(t)$ で表すと $x_1(t)$ が出力となるから

$$y(t)=[1 \quad 0]\begin{bmatrix}x_1(t)\\ x_2(t)\end{bmatrix} \tag{3-30 b}$$

と表せる．このような表記を状態空間表現といい，$u(t)$ を入力変数 (input variable)，$y(t)$ を出力変数 (output variable)，$x_1(t)$，$x_2(t)$ のような中間変数を状態変数(state variable)という．また，(3-30 a)式を状態方程式(state equation)，(3-30 b) 式を出力方程式 (output equation) という．

DCサーボモータにおいては，現在時刻の回転速度 $y(t)\,(=x_1(t))$ がいくらかわかるためには，初期時刻から現在時刻までに加えられた入力 $u(t)$ と初期時刻における回転速度 $x_1(0)$，電機子電流 $x_2(0)$ の情報が必要である．$x_1(t)$，$x_2(t)$ は初期時刻を任意に考えれば過去の入力の影響を時々刻々記憶する変数で

あるともいえる．このように，動的システムにおいてシステムの振舞いを知るのに必要な情報を表す変数が状態変数であり，その個数がシステムの次数となる．(3-28)式の伝達関数表現では初期値の情報が用いられていないので，ある入力を入れた場合に回転速度がいくらになるかわからないことになる．

いま，(3-30)式を一般化して考えると $u(t)$ を入力，$y(t)$ を出力，$d(t)$ を外乱とし，n 個の状態変数をもつ 1 入力 1 出力システムは行列 $\boldsymbol{A}(n\times n)$，列ベクトル $\boldsymbol{b}(n\times 1)$，$\boldsymbol{e}(n\times 1)$，行ベクトル $\boldsymbol{c}(1\times n)$，状態変数ベクトル $\boldsymbol{x}(t)\,(n\times 1)$ を用いて(3-31)式のように表現できる．

$$\dot{\boldsymbol{x}}(t)=\boldsymbol{A}\boldsymbol{x}(t)+\boldsymbol{b}u(t)+\boldsymbol{e}d(t) \tag{3-31 a}$$

$$y(t)=\boldsymbol{c}\boldsymbol{x}(t) \tag{3-31 b}$$

r 入力 m 出力 q 外乱の多入力多出力システムの場合には $\boldsymbol{b},\boldsymbol{c},\boldsymbol{e}$ ベクトルの代わりに $\boldsymbol{B}(n\times r)$，$\boldsymbol{C}(m\times n)$，$\boldsymbol{E}(n\times q)$ 行列を用いればよい．

3-3-2 状態変数線図

図 3-11（b）において積分要素 $1/s$ が単独でブロック線図の中に表れるような形に変形すると，例えば図 3-12（a）のように表現できる．$1/s$ のブロックを積分器 (integrator) と呼ぶことにする．いま，時間領域における積分器を図 3-12（b）のように表し，これを用いて図 3-12（a）を時間領域へ変換すると図 3-12（c）のようになる．図（c）は当然のことながら図（b）の積分器を用いて(3-1)，(3-2)式から直接描いたものと一致している（ただし $B=0$）．図（c）のように時間領域で信号の伝達の様子を表した線図を状態変数線図 (state variable diagram) という．図（c）の状態変数線図を見ると積分器の後の変数が状態変数となっていることがわかる．したがって，

状態変数の数＝積分器の数
　　　　　　＝連立微分方程式の連立数
　　　　　　＝状態方程式の次数

がいえる．

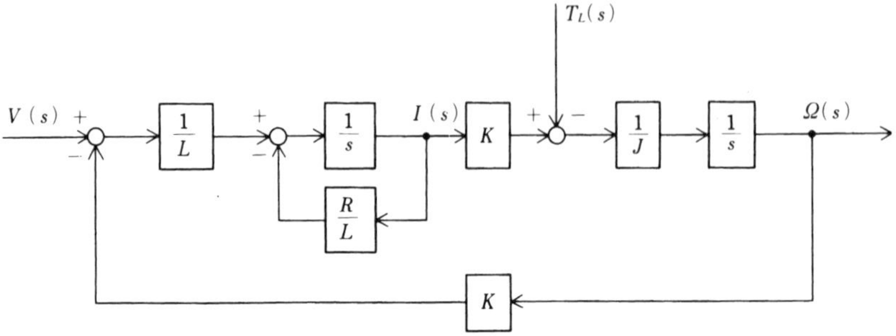

(a) ブロック線図

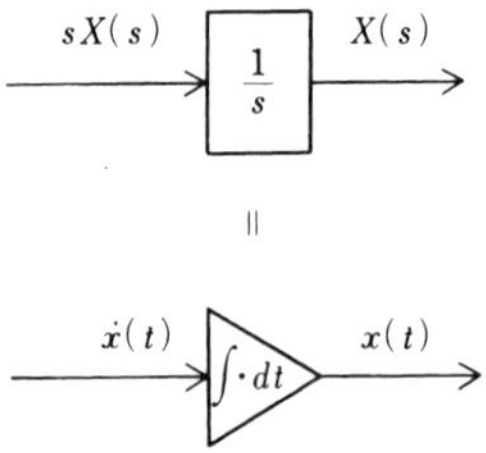

(b) s 領域と t 領域の積分器

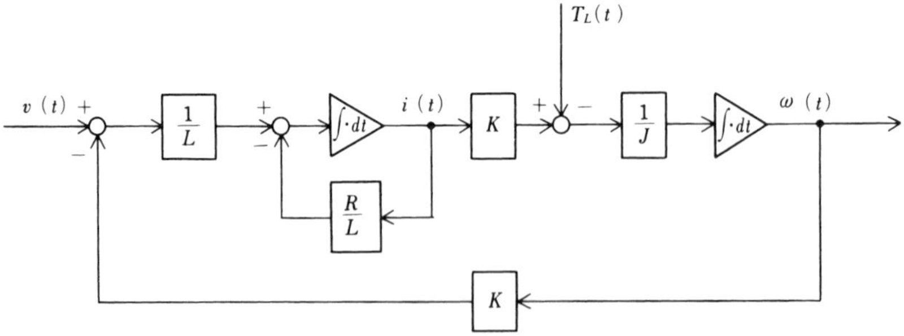

(c) 状態変数線図

図 3-12 ブロック線図と状態変数線図

3-3-3 状態方程式と伝達関数

状態空間による表現はシステムを内部からとらえているのに対して，伝達関数による表現はシステムをその入出力からとらえている．したがって，状態空間表現を内部表現（internal description），伝達関数表現を外部表現（external description）ともいう．

ここでは状態空間表現(3-31)式と伝達関数の関係を調べて見よう．

(3-31)式をラプラス変換すると次式となる．

$$s\boldsymbol{X}(s)-\boldsymbol{x}(0)=\boldsymbol{A}\boldsymbol{X}(s)+\boldsymbol{b}U(s)+\boldsymbol{e}D(s) \tag{3-32 a}$$

$$Y(s)=\boldsymbol{c}\boldsymbol{X}(s) \tag{3-32 b}$$

ただし，$\mathcal{L}[\boldsymbol{x}(t)]=\boldsymbol{X}(s)$，$\mathcal{L}[u(t)]=U(s)$，

$\mathcal{L}[y(t)]=Y(s)$，$\mathcal{L}[d(t)]=D(s)$

これらを解くと次のようになる．

$$\boldsymbol{X}(s)=[s\boldsymbol{I}-\boldsymbol{A}]^{-1}\boldsymbol{x}(0)+[s\boldsymbol{I}-\boldsymbol{A}]^{-1}\boldsymbol{b}U(s)+[s\boldsymbol{I}-\boldsymbol{A}]^{-1}\boldsymbol{e}D(s) \tag{3-33}$$

$$Y(s)=\boldsymbol{c}[s\boldsymbol{I}-\boldsymbol{A}]^{-1}\boldsymbol{x}(0)+\boldsymbol{c}[s\boldsymbol{I}-\boldsymbol{A}]^{-1}\boldsymbol{b}U(s)+\boldsymbol{c}[s\boldsymbol{I}-\boldsymbol{A}]^{-1}\boldsymbol{e}D(s) \tag{3-34}$$

これが s 領域における状態方程式と出力方程式の解となる．伝達関数はすべての初期値を零としたときのシステムの入力（外乱も含めて）-出力間のラプラス変換の比であるから $\boldsymbol{x}(0)=\boldsymbol{0}$ とおくと（3-34）式より以下となる．

$$Y(s)=\boldsymbol{c}[s\boldsymbol{I}-\boldsymbol{A}]^{-1}\boldsymbol{b}U(s)+\boldsymbol{c}[s\boldsymbol{I}-\boldsymbol{A}]^{-1}\boldsymbol{e}D(s) \tag{3-35}$$

したがって，入力-出力間の伝達関数 $G(s)$ は

$$G(s)=\frac{Y(s)}{U(s)}=\boldsymbol{c}[s\boldsymbol{I}-\boldsymbol{A}]^{-1}\boldsymbol{b} \tag{3-36}$$

となり，外乱-出力間の伝達関数 $G_D(s)$ は

$$G_D(s)=\frac{Y(s)}{D(s)}=\boldsymbol{c}[s\boldsymbol{I}-\boldsymbol{A}]^{-1}\boldsymbol{e} \tag{3-37}$$

となる．(3-36)式において逆行列の部分を行列式と余因子行列を用いると

$$G(s)=\frac{\boldsymbol{c}\,\mathrm{adj}(s\boldsymbol{I}-\boldsymbol{A})\,\boldsymbol{b}}{\det(s\boldsymbol{I}-\boldsymbol{A})} \tag{3-38}$$

と表せる．(3-38)式において

$$\det(s\boldsymbol{I}-\boldsymbol{A})=0 \tag{3-39}$$

が特性方程式であり，その根がシステムの極である．また

$$\boldsymbol{c}\,\mathrm{adj}(s\boldsymbol{I}-\boldsymbol{A})\,\boldsymbol{b}=0 \tag{3-40}$$

の根が零点である．(3-37)式の場合も全く同様である．

［例2］ (3-30)式の状態方程式を用いてDCサーボモータの伝達関数を求め，その極と零点を求める．

(3-30)式の状態方程式において $B=0$ とする．伝達関数は

$$\begin{aligned} G(s) &= \boldsymbol{c}[s\boldsymbol{I}-\boldsymbol{A}]^{-1}\boldsymbol{b} \\ &= [1\quad 0]\begin{bmatrix} s & -K/J \\ K/L & s+R/L \end{bmatrix}^{-1}\begin{bmatrix} 0 \\ 1/L \end{bmatrix} \\ &= \frac{K}{LJs^2+RJs+K^2} \end{aligned} \tag{3-41}$$

および

$$\begin{aligned} G_D(s) &= \boldsymbol{c}[s\boldsymbol{I}-\boldsymbol{A}]^{-1}\boldsymbol{e} \\ &= [1\quad 0]\begin{bmatrix} s & -K/J \\ K/L & s+R/L \end{bmatrix}^{-1}\begin{bmatrix} -1/J \\ 0 \end{bmatrix} \\ &= -\frac{Ls+R}{LJs^2+RJs+K^2} \end{aligned} \tag{3-42}$$

となり(3-28)式の結果に一致する．このDCサーボモータの極は以下のようになる．

$$s=\frac{-R\pm\sqrt{R^2-4\,LK^2/J}}{2\,L} \tag{3-43}$$

零点は入力-出力間の伝達関数においては存在せず，外乱-出力間の伝達関数においては $s=-R/L$ となる．

3-3-4 状態方程式の解

s 領域における解はすでに(3-33)，(3-34)式において求めたが，ここでは時間領域における状態方程式の解を求めよう．

入力項を零とおいた

$$\dot{\boldsymbol{x}}(t)=\boldsymbol{A}\boldsymbol{x}(t) \tag{3-44}$$

を自由系 (free system) というが，$t=0$ での初期値 $\boldsymbol{x}(0)$ が与えられたとしてこれをラプラス変換すると

$$\boldsymbol{X}(s)=[s\boldsymbol{I}-\boldsymbol{A}]^{-1}\boldsymbol{x}(0) \tag{3-45}$$

となるので，まずこの時間解を求める．(3-44)式がスカラーの場合（$\dot{x}(t)=ax(t), t=0$ での初期値 $x(0)$）にはその解は容易に

$$x(t)=e^{at}x(0) \tag{3-46}$$

と求まる．これを行列の場合に拡張すると

$$\boldsymbol{x}(t)=e^{\boldsymbol{A}t}\boldsymbol{x}(0) \tag{3-47}$$

となる．ただし，$e^{\boldsymbol{A}t}$ はスカラーの指数関数のテイラー展開の公式

$$e^{at}=1+at+\frac{1}{2\,!}(at)^2+\cdots+\frac{1}{n\,!}(at)^n+\cdots \tag{3-48}$$

を行列関数の場合に拡張した

$$e^{\boldsymbol{A}t}=\boldsymbol{I}+\boldsymbol{A}t+\frac{1}{2\,!}(\boldsymbol{A}t)^2+\cdots+\frac{1}{n\,!}(\boldsymbol{A}t)^n+\cdots \tag{3-49}$$

で定義されるものであり，行列指数関数 (matrix exponential function) と呼ばれる．行列指数関数はその定義式から

$$\frac{d}{dt}e^{\boldsymbol{A}t}=\boldsymbol{A}e^{\boldsymbol{A}t}=e^{\boldsymbol{A}t}\boldsymbol{A} \tag{3-50}$$

$$e^{\boldsymbol{0}}=\boldsymbol{I} \tag{3-51}$$

などが成り立ち，(3-47)式が成立することも容易に確かめられる．(演習問題参照)

したがって，(3-45)式と(3-47)式を比較することにより次式が成立する．

$$\mathcal{L}^{-1}[[s\boldsymbol{I}-\boldsymbol{A}]^{-1}]=e^{\boldsymbol{A}t} \tag{3-52}$$

(3-52)式の性質を用いて，さらに(2-13)式のたたみ込み積分のラプラス変換の結果を用いると，状態方程式(3-31)式の時間領域の解 $\boldsymbol{x}(t)$ は $t=0$ での初期値 $\boldsymbol{x}(0)$ とすると次のように求まる．

$$\begin{aligned}\boldsymbol{x}(t)=e^{\boldsymbol{A}t}\boldsymbol{x}(0)&+\int_0^t e^{\boldsymbol{A}(t-\tau)}\boldsymbol{b}u(\tau)\,d\tau\\&+\int_0^t e^{\boldsymbol{A}(t-\tau)}\boldsymbol{e}d(\tau)\,d\tau\end{aligned} \tag{3-53}$$

なお，(3-31 a) 式は

$$e^{-\boldsymbol{A}t}[\dot{\boldsymbol{x}}(t)-\boldsymbol{A}\boldsymbol{x}(t)]=e^{-\boldsymbol{A}t}[\boldsymbol{b}u(t)+\boldsymbol{e}d(t)] \tag{3-54}$$

と変形でき，(3-54)式の左辺は

$$e^{-At}[\dot{\boldsymbol{x}}(t)-\boldsymbol{A}\boldsymbol{x}(t)]=\frac{d}{dt}[e^{-At}\boldsymbol{x}(t)] \tag{3-55}$$

となるので，この性質を用いて両辺を積分しても(3-53)式は求められる．

なお初期値として $t=t_0$ のとき $\boldsymbol{x}(t_0)$ が与えられるすると時間領域の解 $\boldsymbol{x}(t)$ は

$$\boldsymbol{x}(t)=e^{\boldsymbol{A}(t-t_0)}\boldsymbol{x}(t_0)+\int_{t_0}^{t}e^{\boldsymbol{A}(t-\tau)}\boldsymbol{b}u(\tau)d\tau+\int_{t_0}^{t}e^{\boldsymbol{A}(t-\tau)}\boldsymbol{e}d(\tau)d\tau \tag{3-56}$$

となる（演習問題参照）．

3-3-5　実現問題

3-3-3項では状態方程式が与えられたとき，伝達関数を求めることを考えたが，ここではこれとは逆に伝達関数が与えられたとき，それに対する状態方程式を求めることを考えよう．このような問題を実現(realization)問題という．1つの伝達関数に対する状態方程式は一意でなく無数にあるが，その中で最小次数のものを最小実現（minimal realization）という．最小実現にも無数のものがあり，実現を行ったときの状態変数は必ずしも物理的なものに対応しているとは限らない．例えば，DCサーボモータの場合，(3-30) 式の状態方程式によれば状態変数は回転速度 $\omega(t)$ と電機子電流 $i(t)$ という物理量に対応しているが，これらの代わりに

$$\begin{aligned} z_1(t)&=3\,\omega(t)+0.5\,i(t)\\ z_2(t)&=2\,\omega(t)+i(t) \end{aligned} \tag{3-57}$$

と $\omega(t)$ と $i(t)$ の線形結合の形で与えられる変数 $z_1(t)$，$z_2(t)$ を状態変数としても状態方程式は成り立つ．それらのうち代表的な形として，いくつかの正準形（canonical form）が知られている．ここでは，このような問題について考えてみよう．

いま，伝達関数 $G(s)$ が既約で以下に示すような一般的な形で与えられたとする．ここで，分子の次数が $m(<n-1)$ のときには $b_{m+1}=\cdots=b_{n-1}=0$ とする．

$$G(s)=\frac{Y(s)}{U(s)}=\frac{b_{n-1}s^{n-1}+\cdots+b_0}{s^n+a_{n-1}s^{n-1}+\cdots+a_0} \tag{3-58}$$

(a) 対角正準形

いま，$G(s)$ の極 $\lambda_i (i=1,\cdots,n)$ がすべて異なっているとして，これを部分分数に展開する．

$$\frac{Y(s)}{U(s)}=\frac{\alpha_1}{s-\lambda_1}+\frac{\alpha_2}{s-\lambda_2}+\cdots+\frac{\alpha_n}{s-\lambda_n} \tag{3-59}$$

ただし，$\alpha_i=(s-\lambda_i)G(s)|_{s=\lambda_i}$

ここで，$x_i(t)\,(i=1,\cdots,n)$ なる状態変数を導入して，$\mathcal{L}[x_i(t)]=X_i(s)$ として，

$$X_i(s)=\frac{1}{s-\lambda_i}U(s) \tag{3-60}$$

とおくと(3-59)式は次式となる．

$$Y(s)=\alpha_1X_1(s)+\alpha_2X_2(s)+\cdots+\alpha_nX_n(s) \tag{3-61}$$

(3-60)，(3-61)式をラプラス逆変換すると

$$\dot{x}_i(t)=\lambda_ix_i(t)+u(t) \tag{3-62}$$

$$y(t)=\alpha_1x_1(t)+\alpha_2x_2(t)+\cdots+\alpha_nx_n(t) \tag{3-63}$$

となり，列ベクトル $\boldsymbol{x}^T(t)=[x_1(t)\ \ x_2(t)\ \ \cdots\ \ x_n(t)]$ を用いてこれらをまとめると次式となる．

$$\dot{\boldsymbol{x}}(t)=\begin{bmatrix}\lambda_1 & 0 & \cdots & 0\\ 0 & \lambda_2 & \ddots & \vdots\\ \vdots & \ddots & \ddots & 0\\ 0 & \cdots & 0 & \lambda_n\end{bmatrix}\boldsymbol{x}(t)+\begin{bmatrix}1\\ 1\\ \vdots\\ 1\end{bmatrix}u(t) \tag{3-64 a}$$

$$y(t)=[\alpha_1\ \ \alpha_2\ \ \cdots\ \ \alpha_n]\boldsymbol{x}(t) \tag{3-64 b}$$

(3-64)式が対角正準形（diagonal canonical form）である．ここではすべての極は異なっているとしたが，重複する極をもつ場合にはジョルダン標準形(Jordan canonical form) と呼ばれる形となる．

(b) 可制御正準形

伝達関数 $G(s)$ を

$$\frac{W(s)}{U(s)}=\frac{1}{s^n+a_{n-1}s^{n-1}+\cdots+a_0} \tag{3-65}$$

および

$$\frac{Y(s)}{W(s)}=b_{n-1}s^{n-1}+\cdots+b_0 \tag{3-66}$$

に分解する．ただし，$\mathcal{L}[w(t)]=W(s)$

ここで，次のような状態変数 $x_i(t)\,(i=1,\cdots,n)$ を導入する．

$$\begin{aligned} x_1(t)&=w(t)\\ x_2(t)&=w^{(1)}(t)\\ &\ \vdots\\ x_n(t)&=w^{(n-1)}(t)\end{aligned} \tag{3-67}$$

(3-65)，(3-66)式をラプラス逆変換しこれらの状態変数を用いると

$$\dot{x}_n(t)=-a_{n-1}x_n(t)-\cdots-a_0x_1(t)+u(t) \tag{3-68}$$

$$y(t)=b_{n-1}x_n(t)+\cdots+b_0x_1(t) \tag{3-69}$$

となり，これらをまとめると次式のようになる．

$$\dot{\boldsymbol{x}}(t)=\begin{bmatrix} 0 & 1 & 0 & \cdots & 0\\ \vdots & \ddots & \ddots & \ddots & \vdots\\ \vdots & & \ddots & \ddots & 0\\ 0 & \cdots & \cdots & 0 & 1\\ -a_0 & \cdots & \cdots & \cdots & -a_{n-1}\end{bmatrix}\boldsymbol{x}(t)+\begin{bmatrix}0\\ \vdots\\ \vdots\\ 0\\ 1\end{bmatrix}u(t) \tag{3-70 a}$$

$$y(t)=[b_0\ \ \cdots\ \ b_{n-1}]\boldsymbol{x}(t) \tag{3-70 b}$$

(3-70)式が同伴正準形（companion canonical form）あるいは可制御正準形（controllable canonical form）と呼ばれる．（3-70）式と（3-58）式を比較すると明らかなように，可制御正準形においては用いている係数が伝達関数と一意に対応しており，制御系の極配置などはこの可制御正準形に変換したのちに行うことも多い．

（c） 可観測正準形

伝達関数 $G(s)$ を

$$s^nY(s)=s^{n-1}\{b_{n-1}U(s)-a_{n-1}Y(s)\}+\cdots+\{b_0U(s)-a_0Y(s)\} \tag{3-71}$$

と変形する．ここで次式を満たすような状態変数 $x_i(t)\,(i=1,\cdots,n)$ を導入して，$\mathcal{L}[x_i(t)]=X_i(s)$ とすると，

$$sX_i(s)=\{b_{i-1}U(s)-a_{i-1}Y(s)\}+X_{i-1}(s) \tag{3-72}$$

より（ただし，$x_0(t)=0$），

$$
\begin{aligned}
\dot{x}_1(t) &= b_0 u(t) - a_0 y(t) \\
\dot{x}_2(t) &= b_1 u(t) - a_1 y(t) + x_1(t) \\
&\vdots \\
\dot{x}_n(t) &= b_{n-1} u(t) - a_{n-1} y(t) + x_{n-1}(t) \\
&= \dot{y}(t)
\end{aligned}
\tag{3-73}
$$

となり，これらをまとめると次式のようになる．

$$
\dot{\boldsymbol{x}}(t) = \begin{bmatrix} 0 & \cdots\cdots & 0 & -a_0 \\ 1 & \ddots & \vdots & -a_1 \\ 0 & \ddots & \vdots & \vdots \\ \vdots & \ddots & 0 & \vdots \\ 0 & \cdots\ 0 & 1 & -a_{n-1} \end{bmatrix} \boldsymbol{x}(t) + \begin{bmatrix} b_0 \\ b_1 \\ \vdots \\ b_{n-1} \end{bmatrix} u(t) \tag{3-74 a}
$$

$$
y(t) = [\,0 \cdots\cdots 0 \quad 1\,]\,\boldsymbol{x}(t) \tag{3-74 b}
$$

(3-74) 式が可観測正準形（observable canonical form）と呼ばれる．可制御正準形と対応関係は異なっているが，用いている係数が伝達関数と一意に対応していることがわかる．

3-4 状態変数変換と可制御性，可観測性

3-3-5 項では伝達関数から状態空間表現を得る実現問題について述べたが，このような正準形式はある状態空間表現が与えられたときに状態変数の選び方を代えること，すなわち状態変数の変換を行うことによっても得られる．ここでは，このような線形の状態変数変換について考えよう．

3-4-1 状態変数変換

いま，状態変数 $x_1(t)$ と $x_2(t)$ をもつシステムがあったとしよう．このとき状態変数としては例えば $z_1(t)=x_1(t)+x_2(t)$ と $z_2(t)=x_1(t)-2\,x_2(t)$ を選んでも状態空間表現は成立する．そして，ある特別の状態変数を選んだ場合が正準形となるわけである．これらの状態変数変換(座標変換，state variable transformation）を一般化すると，状態変数 $\boldsymbol{x}(t)$ を新しい状態変数 $\boldsymbol{z}(t)$ に変換する場合，正則行列 $\boldsymbol{T}(n\times n)$ を用いて

$$
\boldsymbol{x}(t) = \boldsymbol{T}\boldsymbol{z}(t) \tag{3-75}
$$

と表せる．そして状態空間表現

$$\dot{\boldsymbol{x}}(t)=\boldsymbol{A}\boldsymbol{x}(t)+\boldsymbol{b}u(t) \tag{3-76 a}$$

$$y(t)=\boldsymbol{c}\boldsymbol{x}(t) \tag{3-76 b}$$

に対して(3-75)式の座標変換を行えば次式となる．

$$\dot{\boldsymbol{z}}(t)=\tilde{\boldsymbol{A}}\boldsymbol{z}(t)+\tilde{\boldsymbol{b}}u(t) \tag{3-77 a}$$

$$y(t)=\tilde{\boldsymbol{c}}\boldsymbol{z}(t) \tag{3-77 b}$$

ただし，$\tilde{\boldsymbol{A}}=\boldsymbol{T}^{-1}\boldsymbol{A}\boldsymbol{T}$，$\tilde{\boldsymbol{b}}=\boldsymbol{T}^{-1}\boldsymbol{b}$，$\tilde{\boldsymbol{c}}=\boldsymbol{c}\boldsymbol{T}$

この $\boldsymbol{T}$ の選び方は任意であり，特別に選んだ場合が理論展開に都合のよい正準形となる．

このような状態変数変換を行ってもシステムの内部の記述が変わるだけで入出力特性は不変である．すなわち

$$\begin{aligned}G(s)&=\tilde{\boldsymbol{c}}[s\boldsymbol{I}-\tilde{\boldsymbol{A}}]^{-1}\tilde{\boldsymbol{b}}\\&=\boldsymbol{c}\boldsymbol{T}[s\boldsymbol{I}-\boldsymbol{T}^{-1}\boldsymbol{A}\boldsymbol{T}]^{-1}\boldsymbol{T}^{-1}\boldsymbol{b}\\&=\boldsymbol{c}\boldsymbol{T}[\boldsymbol{T}^{-1}(s\boldsymbol{I}-A)\boldsymbol{T}]^{-1}\boldsymbol{T}^{-1}\boldsymbol{b}\\&=\boldsymbol{c}[s\boldsymbol{I}-\boldsymbol{A}]^{-1}\boldsymbol{b}\end{aligned} \tag{3-78}$$

となって伝達関数は不変であることがわかる．

3-4-2　対角正準形と可制御性，可観測性

$\boldsymbol{A}(n\times n)$ が相異なる n 個の固有値 $\lambda_i(i=1,\cdots,n)$ をもち，λ_i に対する固有ベクトルを $\boldsymbol{v}_i(n\times 1)$ とする．このとき変換行列 $\boldsymbol{T}$ として

$$\boldsymbol{T}=[\boldsymbol{v}_1\quad \boldsymbol{v}_2\quad \cdots\quad \boldsymbol{v}_n] \tag{3-79}$$

を選ぶと

$$\boldsymbol{A}\boldsymbol{v}_i=\lambda_i\boldsymbol{v}_i \tag{3-80}$$

より(3-81)式を得る．

$$\tilde{\boldsymbol{A}}=\boldsymbol{T}^{-1}\boldsymbol{A}\boldsymbol{T}=\begin{bmatrix}\lambda_1 & 0 & \cdots & 0\\ 0 & \lambda_2 & \ddots & \vdots\\ \vdots & \ddots & \ddots & 0\\ 0 & \cdots & 0 & \lambda_n\end{bmatrix} \tag{3-81}$$

$\tilde{\boldsymbol{b}},\tilde{\boldsymbol{c}}$ は特別な形とならず

$$\tilde{\boldsymbol{b}}=[b_1\quad b_2\quad \cdots\quad b_n]^T \tag{3-82}$$

$$\tilde{\boldsymbol{c}}=[c_1 \quad c_2 \quad \cdots \quad c_n] \tag{3-83}$$

とすると，変換された状態空間表現は次式となる．

$$\dot{\boldsymbol{z}}(t)=\begin{bmatrix} \lambda_1 & 0 & \cdots & 0 \\ 0 & \lambda_2 & \ddots & \vdots \\ \vdots & \ddots & \ddots & 0 \\ 0 & \cdots & 0 & \lambda_n \end{bmatrix}\boldsymbol{z}(t)+\begin{bmatrix} b_1 \\ b_2 \\ \vdots \\ b_n \end{bmatrix}u(t) \tag{3-84 a}$$

$$y(t)=[c_1 \quad c_2 \quad \cdots \quad c_n]\boldsymbol{z}(t) \tag{3-84 b}$$

これを対角正準形といい，(3-64)式に示したものは $\boldsymbol{b}$ の要素をすべて 1 と選んだ特別なものである．ここで $z_i(t)$ をモードと呼ぶこともある．この対角正準形の状態変数線図を図 3-13 に示す．状態変数 $z_i(t)\,(i=1,\cdots,n)$ は互いに干渉されない構造になっていることがわかる．

そしてこの状態変数 $z_i(t)$ はそれぞれ b_i を通じて入力 $u(t)$ とつながっており，c_i を通じて出力 $y(t)$ に影響を与えていることがわかる．もし，1 つでも b_i が零となっていれば，それにつながっている状態変数 $z_i(t)$ は入力 $u(t)$ によって制御できないことになる．これをシステムは不可制御 (uncontrollable)

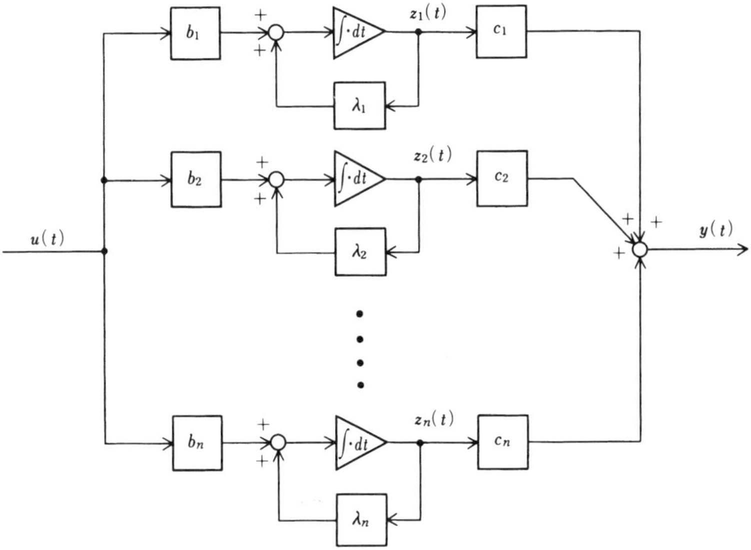

図 3-13 対角正準形の状態変数線図

であるという．逆にすべての b_i が零でなければすべての状態変数 $z_i(t)$ は入力 $u(t)$ によって制御できるのでシステムは可制御（controllable）となる．同様に1つでも c_i が零となっていればそれにつながっている $z_i(t)$ は出力 $y(t)$ に影響を及ぼすことができない．すなわち，出力の変化を見て $z_i(t)$ の変化を観測できないことになる．これをシステムは不可観測（unobservable）であるという．逆にすべての c_i が零でなければ可観測（observable）であるという．

もう少し広く考えると，制御や観測できない $z_i(t)$ が安定であれば，すなわち時間とともに発散せずに零に収束する場合には，システム全体に悪影響を及ぼさない．このような場合，システムは不可制御ないし不可観測ではあるが可安定（stabilizable）ないし可検出（detectable）であるという．

以上では対角正準形を用いて可制御，可観測について論じたが，可制御性の条件をもう少し一般化すると以下のようにいうことができる．

(a-1) 可制御性行列（controllability matrix）を

$$\boldsymbol{U}_c=[\boldsymbol{b} \quad \boldsymbol{A}\boldsymbol{b} \quad \cdots \quad \boldsymbol{A}^{n-1}\boldsymbol{b}](n\times n) \tag{3-85}$$

と定義し，$\boldsymbol{U}_c$ のランクが n（フルランク，1入力1出力の場合には $|\boldsymbol{U}_c|\neq 0$，すなわち $\boldsymbol{U}_c$ が正則であることと等価）であれば(3-76)式のシステムは可制御である．

(a-2) $\boldsymbol{A}$ のすべての固有値 λ_i に対して

$$\mathrm{rank}[\boldsymbol{A}-\lambda_i\boldsymbol{I} \quad \boldsymbol{b}]=n \tag{3-86}$$

となれば(3-76)式のシステムは可制御である．

対角正準形において，b_i がすべて零でないという条件とこれらの条件はすべて等価なものとなる（演習問題参照）．また (a-1)，(a-2) の判別条件はシステムが多入力多出力の場合にもそのまま拡張可能である．なお，可制御性の条件は $\boldsymbol{A}$ と $\boldsymbol{b}$ のみによって決まるため，(3-76)式のシステムが可制御であることを $(\boldsymbol{A}, \boldsymbol{b})$ は可制御であるなどともいう．

一方，可観測性の条件についても可制御性の場合と同様に以下のようにいうことができる．

(b-1) 可観測性行列（observability matrix）を

$$\boldsymbol{U}_o=\begin{bmatrix}\boldsymbol{c}\\ \boldsymbol{cA}\\ \vdots\\ \boldsymbol{cA}^{n-1}\end{bmatrix}(n\times n) \tag{3-87}$$

と定義し，$\boldsymbol{U}_o$ のランクが n(フルランク，1入力1出力の場合には $|\boldsymbol{U}_o|\neq 0$ すなわち $\boldsymbol{U}_o$ が正則であることと等価)であれば(3-76)式のシステムは可観測である．

(b-2)　$\boldsymbol{A}$ のすべての固有値 λ_i に対して

$$\mathrm{rank}\begin{bmatrix}\boldsymbol{A}-\lambda_i\boldsymbol{I}\\ \boldsymbol{c}\end{bmatrix}=n \tag{3-88}$$

となれば(3-76)式のシステムは可観測である．

同様に対角正準形において，c_i がすべて零でないという条件とこれらはすべて等価なものとなる．また (b-1)，(b-2) の判別条件はシステムが多入力多出力の場合にもそのまま拡張可能である．なお，可観測性の条件は．$\boldsymbol{A}$ と $\boldsymbol{c}$ のみによって決まるため，(3-76)式のシステムが可観測であることを$(\boldsymbol{c},\boldsymbol{A})$は可観測であるなどともいう．

図 3-13 において，可制御かつ可観測でない場合には，信号が途中で断絶する部分が出てくるが，伝達関数はシステムの入出力関係を示すものであるからそのような部分は伝達関数には表れてこない．実際に伝達関数を求めた場合に，そのようなモードは伝達関数の分母と分子が極-零点消去(pole-zero cancelation)をおこして，状態方程式の次数より信号の流れが途中で断絶しているモード分だけ伝達関数の方が次数が低くなってしまう．

例として次のような1入力1出力システムを考える．

$$\dot{\boldsymbol{x}}(t)=\begin{bmatrix}-2 & -9\\ -1 & -2\end{bmatrix}\boldsymbol{x}(t)+\begin{bmatrix}0\\ 1\end{bmatrix}u(t) \tag{3-89 a}$$

$$y(t)=[1\quad -3]\boldsymbol{x}(t) \tag{3-89 b}$$

これを対角正準形に変換すると

$$\dot{\boldsymbol{z}}(t)=\begin{bmatrix}1 & 0\\ 0 & -5\end{bmatrix}\boldsymbol{z}(t)+\begin{bmatrix}1/2\\ 1/2\end{bmatrix}u(t) \tag{3-90 a}$$

$$y(t)=[-6\quad 0]\boldsymbol{z}(t) \tag{3-90 b}$$

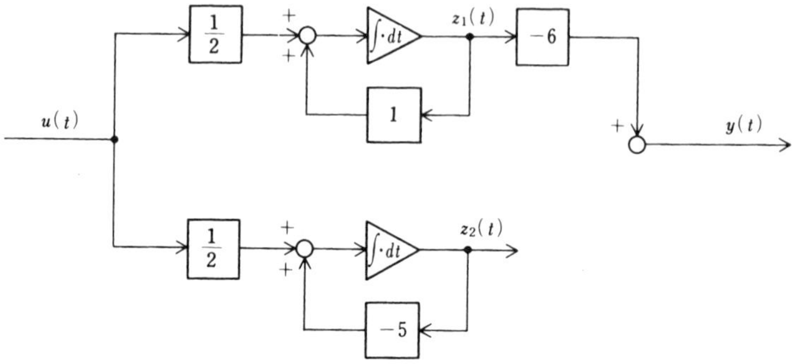

図 3-14 可制御・不可観測システムの状態変数線図

となり，状態変数線図で表すと図 3-14 に示すようになり，可制御かつ不可観測なシステムとなっていることがわかる．このシステムの伝達関数を求めると

$$G(s)=\frac{-3(s+5)}{(s-1)(s+5)}=\frac{-3}{s-1} \tag{3-91}$$

となって極-零点消去をおこしており，信号の流れがつながっている部分だけ表れていることがわかる．

3-4-3 可制御，可観測正準形

(a) 可制御正準形

$\boldsymbol{A}$ の特性多項式は

$$|s\boldsymbol{I}-\boldsymbol{A}|=s^n+a_{n-1}s^{n-1}+\cdots+a_0 \tag{3-92}$$

となる．

ここで可制御であることを前提とする．そのとき $\boldsymbol{U}_c$ は正則でありその逆行列を

$$\boldsymbol{U}_c^{-1}=\begin{bmatrix}\boldsymbol{l}_1^T\\ \boldsymbol{l}_2^T\\ \vdots\\ \boldsymbol{l}_n^T\end{bmatrix} \tag{3-93}$$

として，最下行ベクトル $\boldsymbol{l}_n^T$ を用いて，変換行列 $\boldsymbol{T}$ を

$$\boldsymbol{T}=\begin{bmatrix}\boldsymbol{l}_n{}^T\\ \boldsymbol{l}_n{}^T\boldsymbol{A}\\ \vdots\\ \boldsymbol{l}_n{}^T\boldsymbol{A}^{n-1}\end{bmatrix}^{-1} \tag{3-94}$$

と構成する．そうすると

$$\boldsymbol{T}^{-1}\boldsymbol{A}=\begin{bmatrix}\boldsymbol{l}_n{}^T\boldsymbol{A}\\ \boldsymbol{l}_n{}^T\boldsymbol{A}^2\\ \vdots\\ \boldsymbol{l}_n{}^T\boldsymbol{A}^n\end{bmatrix}=\begin{bmatrix}0 & 1 & 0 & \cdots & 0\\ \vdots & \ddots & \ddots & \ddots & \vdots\\ & & & & 0\\ 0 & \cdots & & 0 & 1\\ -a_0 & \cdots & & \cdots & -a_{n-1}\end{bmatrix}\begin{bmatrix}\boldsymbol{l}_n{}^T\\ \boldsymbol{l}_n{}^T\boldsymbol{A}\\ \vdots\\ \boldsymbol{l}_n{}^T\boldsymbol{A}^{n-1}\end{bmatrix} \tag{3-95}$$

より

$$\tilde{\boldsymbol{A}}=\boldsymbol{T}^{-1}\boldsymbol{A}\boldsymbol{T}=\begin{bmatrix}0 & 1 & 0 & \cdots & 0\\ \vdots & \ddots & \ddots & \ddots & \vdots\\ & & & & 0\\ 0 & \cdots & & 0 & 1\\ -a_0 & \cdots & & \cdots & -a_{n-1}\end{bmatrix} \tag{3-96}$$

が成り立つ．なおここでケーリー・ハミルトンの定理(Cayley-Hamilton theorem)

$$\boldsymbol{A}^n=-a_{n-1}\boldsymbol{A}^{n-1}-a_{n-2}\boldsymbol{A}^{n-2}-\cdots-a_0\boldsymbol{I} \tag{3-97}$$

を用いている（演習問題参照）．

また，$\boldsymbol{U}_c{}^{-1}\boldsymbol{U}_c=\boldsymbol{I}$ の最下行ベクトルを取ると

$$\boldsymbol{l}_n{}^T[\boldsymbol{b}\quad \boldsymbol{A}\boldsymbol{b}\quad \cdots\quad \boldsymbol{A}^{n-1}\boldsymbol{b}]=[0\quad 0\quad \cdots\quad 0\quad 1] \tag{3-98}$$

より

$$\tilde{\boldsymbol{b}}=\boldsymbol{T}^{-1}\boldsymbol{b}=\begin{bmatrix}0\\ \vdots\\ 0\\ 1\end{bmatrix} \tag{3-99}$$

したがって，

$$\dot{\boldsymbol{z}}(t)=\begin{bmatrix}0 & 1 & 0 & \cdots & 0\\ \vdots & \ddots & \ddots & \ddots & \vdots\\ & & & & 0\\ 0 & \cdots & & 0 & 1\\ -a_0 & \cdots & & \cdots & -a_{n-1}\end{bmatrix}\boldsymbol{z}(t)+\begin{bmatrix}0\\ \vdots\\ 0\\ 1\end{bmatrix}u(t) \tag{3-100 a}$$

$$y(t)=[b_0\quad \cdots\quad b_{n-1}]\boldsymbol{z}(t) \tag{3-100 b}$$

となる．この正準形は可制御を前提としているので可制御正準形と呼ばれる．

(b) 可観測正準形

ここでは可観測を前提とし，それゆえ $\boldsymbol{U}_o$ は正則でありその逆行列を

$$\boldsymbol{U}_o^{-1}=[\boldsymbol{m}_1 \quad \boldsymbol{m}_2 \quad \cdots \quad \boldsymbol{m}_n] \tag{3-101}$$

としてその最右列ベクトル $\boldsymbol{m}_n$ を用いて，変換行列 $\boldsymbol{T}$ を

$$\boldsymbol{T}=[\boldsymbol{m}_n \quad \boldsymbol{A}\boldsymbol{m}_n \quad \boldsymbol{A}^{n-1}\boldsymbol{m}_n] \tag{3-102}$$

と構成する．以下可制御正準形の構成と同様にして

$$\dot{\boldsymbol{z}}(t)=\begin{bmatrix} 0 & \cdots & 0 & -a_0 \\ 1 & \ddots & \vdots & -a_1 \\ 0 & \ddots & 0 & \vdots \\ \vdots & \ddots & & \vdots \\ 0 & \cdots 0 & 1 & -a_{n-1} \end{bmatrix}\boldsymbol{z}(t)+\begin{bmatrix} b_0 \\ b_1 \\ \vdots \\ b_{n-1} \end{bmatrix}u(t) \tag{3-103 a}$$

$$y(t)=[0 \quad \cdots \quad 0 \quad 1]\boldsymbol{z}(t) \tag{3-103 b}$$

となる．この状態空間表現は可観測を前提としているので可観測正準形と呼ばれる．

可制御正準形と可観測正準形を比較すると可制御正準形の $\boldsymbol{A}, \boldsymbol{b}, \boldsymbol{c}$ と可観測正準形の $\boldsymbol{A}^T, \boldsymbol{c}^T, \boldsymbol{b}^T$ がそれぞれ等しいものとなっていることがわかる．これらの関係を双対性の関係という．すなわち，(3-76)式で与えられるシステムに対して

$$\dot{\boldsymbol{x}}(t)=\boldsymbol{A}^T\boldsymbol{x}(t)+\boldsymbol{c}^Tu(t) \tag{3-104 a}$$

$$y(t)=\boldsymbol{b}^T\boldsymbol{x}(t) \tag{3-104 b}$$

を双対システム（dual system）と呼び，(3-76) 式のシステムの可制御性と可観測性がそれぞれ (3-104) 式の双対システムの可観測性，可制御性に等しくなる．

例として次のようなシステムを考えてみよう．

$$\dot{\boldsymbol{x}}(t)=\begin{bmatrix} 2 & -1 \\ -2 & 3 \end{bmatrix}\boldsymbol{x}(t)+\begin{bmatrix} 2 \\ 1 \end{bmatrix}u(t) \tag{3-105 a}$$

$$y(t)=[3 \quad 1]x(t) \tag{3-105 b}$$

このシステムの可制御性行列，可観測性行列はそれぞれ

$$\boldsymbol{U}_c=\begin{bmatrix} 2 & 3 \\ 1 & -1 \end{bmatrix} \qquad \boldsymbol{U}_o=\begin{bmatrix} 3 & 1 \\ 4 & 0 \end{bmatrix} \tag{3-106}$$

となり，このシステムは可制御，可観測である．

まず，このシステムの可制御正準形を求めることを考える．(3-93)式より

$$\boldsymbol{U}_C^{-1}=\begin{bmatrix}\boldsymbol{l}_1^T\\ \boldsymbol{l}_2^T\end{bmatrix}=\frac{1}{5}\begin{bmatrix}1 & 3\\ 1 & -2\end{bmatrix} \tag{3-107}$$

となり，変換行列は

$$\boldsymbol{T}=\begin{bmatrix}\boldsymbol{l}_2^T\\ \boldsymbol{l}_2^T\boldsymbol{A}\end{bmatrix}^{-1}=\left\{\frac{1}{5}\begin{bmatrix}1 & -2\\ 6 & -7\end{bmatrix}\right\}^{-1}=\begin{bmatrix}-7 & 2\\ -6 & 1\end{bmatrix} \tag{3-108}$$

となる．これを用いて

$$\tilde{\boldsymbol{A}}=\boldsymbol{T}^{-1}\boldsymbol{A}\boldsymbol{T}=\begin{bmatrix}0 & 1\\ -4 & 5\end{bmatrix}$$

$$\tilde{\boldsymbol{b}}=\boldsymbol{T}^{-1}\boldsymbol{b}=\begin{bmatrix}0\\ 1\end{bmatrix}\qquad \tilde{\boldsymbol{c}}=\boldsymbol{c}\boldsymbol{T}=[-27\quad 7] \tag{3-109}$$

より可制御正準形は次式のように表せる．

$$\dot{\boldsymbol{z}}(t)=\begin{bmatrix}0 & 1\\ -4 & 5\end{bmatrix}\boldsymbol{z}(t)+\begin{bmatrix}0\\ 1\end{bmatrix}u(t) \tag{3-110 a}$$

$$y(t)=[-27\quad 7]\boldsymbol{z}(t) \tag{3-110 b}$$

同様にして可観測正準形は

$$\dot{\boldsymbol{z}}(t)=\begin{bmatrix}0 & -4\\ 1 & 5\end{bmatrix}\boldsymbol{z}(t)+\begin{bmatrix}-27\\ 7\end{bmatrix}u(t) \tag{3-111 a}$$

$$y(t)=[0\quad 1]\boldsymbol{z}(t) \tag{3-111 b}$$

となる．また，入出力間の伝達関数は次式となる．

$$G(s)=\frac{7s-27}{s^2-5s+4} \tag{3-112}$$

3-5　離散時間表現

最近，マイクロエレクトロニクスの急速な進歩に伴って，制御においてもコントローラとしてディジタルコンピュータを用いたディジタル制御が多く用いられようになってきており，今後ますますその傾向は強まると思われる．従来のアナログ制御によれば制御装置の部分はハードウエアによって構成する必要があるが，ディジタル制御の場合にはソフトウエアによってそれを構成するた

め，古典制御理論に基づく制御則にしろ現代制御理論に基づくような複雑な制御則にしろ容易に実現できることになる．

ディジタル制御系（digital control system）の実際的な構成を図3-15に示す．制御対象はほとんどすべての場合アナログの連続信号で表される．これに対してディジタルコンピュータは信号を離散的にしか扱えない．したがって，制御対象とコントローラの間で信号をアナログ量からディジタル量へおよびディジタル量からアナログ量へ変換する装置が必要となる．これらがA/D変換器およびD/A変換器である．A/D変換器は一定時間間隔（サンプリング周期）ごとに連続な信号を離散時間信号に変換し（サンプラ），量子化（アナログ量に最も近いディジタル量を割り当てること，例えば，1Vごとの分解能の場合2.1Vに2Vを割り当て，3.7Vに4Vを割り当てるなど）して符号化（値を2進数などで表すこと）し，アナログ量をディジタル符号に変換する．一方，D/A変換器はサンプリング周期（sampling period）ごとにディジタル符号で与えられる信号をアナログ量に戻し，次の信号が入るまでこれを保持（零次ホールド）する．

したがって，ディジタル制御（digital control）を行う場合にはこれらの特性を考慮した表現を行う必要がある．すなわち，図3-16の点線の部分に示すように，制御対象にA/D変換器を加えたシステムを新たに制御対象と考える．この

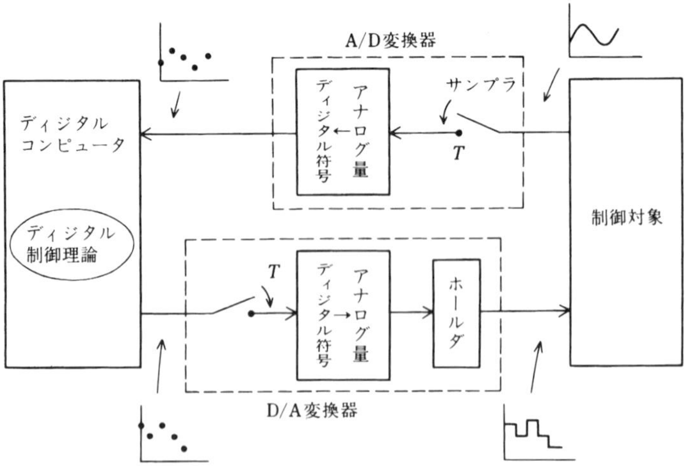

図 3-15　ディジタル制御系の概念図

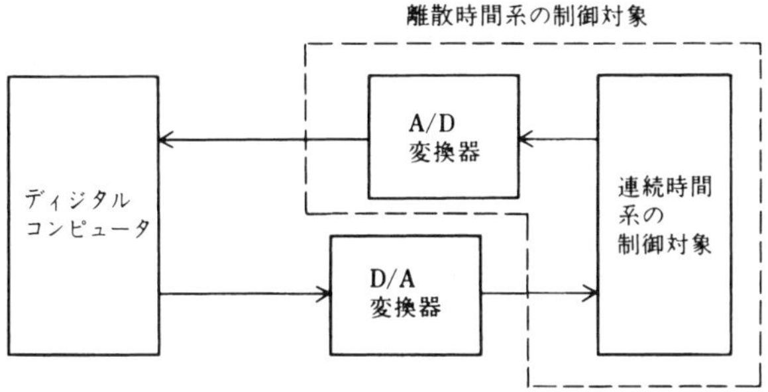

図 3-16　連続時間系の離散化の概念

ように見なすと新たな制御対象の入力はサンプリング周期ごとに与えられ，次の信号が入るまで保持されて階段状入力となり，その状態変数はサンプリング周期ごとに抽出されるものとなることがわかる．したがって，このようなシステムの表現は，サンプリング周期ごとに記述される離散時間表現を行えばよいことがわかる．本節ではこれについて考えて見よう．

いま，連続時間の状態方程式が(3-113)式のように与えられるとする．

$$\dot{\boldsymbol{x}}(t)=\boldsymbol{A}_c\boldsymbol{x}(t)+\boldsymbol{b}_c u(t)+\boldsymbol{e}_c d(t) \tag{3-113 a}$$

$$y(t)=\boldsymbol{c}\boldsymbol{x}(t) \tag{3-113 b}$$

この状態方程式の解は（3-53）式においてすでに求めたように

$$\boldsymbol{x}(t)=e^{\boldsymbol{A}_c t}\boldsymbol{x}(0)+\int_0^t e^{\boldsymbol{A}_c(t-\tau)}\boldsymbol{b}_c u(\tau)\,d\tau + \int_0^t e^{\boldsymbol{A}_c(t-\tau)}\boldsymbol{e}_c d(\tau)\,d\tau \tag{3-114}$$

となる．ここで，制御入力 $u(t)$ はサンプリング周期 T 内で一定となり，

$$u(t)=u(k) \qquad kT\leqq t<(k+1)T \qquad (k=0,1,2,\cdots) \tag{3-115}$$

と表される．また，外乱信号もサンプリング周期 T 内で一定と見なすと

$$d(t)=d(k) \qquad kT\leqq t<(k+1)T \tag{3-116}$$

となり，(3-114) 式において 0 を kT，t を $(k+1)T$ とおいてさらにこれらの関係を用いると

$$\boldsymbol{x}(k+1)=\boldsymbol{A}\boldsymbol{x}(k)+\boldsymbol{b}u(k)+\boldsymbol{e}d(k) \tag{3-117 a}$$

$$y(k)=\boldsymbol{c}\boldsymbol{x}(k) \tag{3-117 b}$$

ただし，$\boldsymbol{A}=e^{\boldsymbol{A}_c T}$，$\boldsymbol{b}=\int_0^T e^{\boldsymbol{A}_c\tau}d\tau\cdot\boldsymbol{b}_c$，$\boldsymbol{e}=\int_0^T e^{\boldsymbol{A}_c\tau}d\tau\cdot\boldsymbol{e}_c$

の離散時間表現を得る．ただし，kT を k で表しており，以下このような表記を用いる．この連続時間系(continuous-time system)を離散時間系(discrete-time system)に変換した離散時間表現は連続時間表現が一階微分方程式で記述されていたのに対して，一階差分方程式で記述されている．

(3-117)式の係数を実際に求める場合には，(3-49)式の行列指数関数の定義で $t=T$ として $\boldsymbol{A}$ を求め，$\boldsymbol{b}, \boldsymbol{e}$ については以下のようにして求めればよい．

$$\boldsymbol{b}=\int_0^T e^{\boldsymbol{A}_c\tau}d\tau\cdot\boldsymbol{b}_c=\left(\boldsymbol{I}T+\frac{1}{2\,!}\boldsymbol{A}_c T^2+\frac{1}{3\,!}\boldsymbol{A}_c{}^2 T^3+\cdots\right)\boldsymbol{b}_c \tag{3-118}$$

$$\boldsymbol{e}=\int_0^T e^{\boldsymbol{A}_c\tau}d\tau\cdot\boldsymbol{e}_c=\left(\boldsymbol{I}T+\frac{1}{2\,!}\boldsymbol{A}_c T^2+\frac{1}{3\,!}\boldsymbol{A}_c{}^2 T^3+\cdots\right)\boldsymbol{e}_c \tag{3-119}$$

なお $|\boldsymbol{A}_c|\neq 0$ のときは，求めた $\boldsymbol{A}$ を用いて，$\boldsymbol{b}=\boldsymbol{A}_c{}^{-1}[\boldsymbol{A}-\boldsymbol{I}]\boldsymbol{b}_c$，$\boldsymbol{e}=\boldsymbol{A}_c{}^{-1}[\boldsymbol{A}-\boldsymbol{I}]\boldsymbol{e}_c$ と $\boldsymbol{b}$，$\boldsymbol{e}$ を計算することもできる．

[例3] 実際の直流サーボモータの状態方程式について，その離散時間系への変換を考える．

いま100W，24V，5.7A，3000rpmの定格をもつDCサーボモータを取り上げる．そのパラメータは

$J=5.0\times10^{-4}\,\mathrm{kgm^2}$　　$B=2.0\times10^{-2}\,\mathrm{kgm^2/s}$

$R=0.65\,\Omega$　　$L=0.7\times10^{-3}\,\mathrm{H}$

$K=6.27\times10^{-2}\,\mathrm{Nm/A(Vs/rad)}$

である．これを(3-30)式に用いると

$$\dot{\boldsymbol{x}}(t)=\begin{bmatrix}-4.0\times10^{1} & 1.25\times10^{2}\\ -8.96\times10^{1} & -9.29\times10^{2}\end{bmatrix}\boldsymbol{x}(t)+\begin{bmatrix}0\\ 1.43\times10^{3}\end{bmatrix}u(t)+\begin{bmatrix}-2.00\times10^{3}\\ 0\end{bmatrix}d(t) \tag{3-120}$$

となり，このシステムをサンプリング周期0.5msで離散化すると次式が得られる．

$$\boldsymbol{x}(k+1)=\begin{bmatrix}9.80\times10^{-1} & 4.96\times10^{-2}\\ -3.54\times10^{-2} & 6.28\times10^{-1}\end{bmatrix}\boldsymbol{x}(k)$$

$$+\begin{bmatrix}1.92\times10^{-2}\\5.71\times10^{-1}\end{bmatrix}u(t)+\begin{bmatrix}-9.90\times10^{-1}\\1.92\times10^{-2}\end{bmatrix}d(t) \qquad (3\text{-}121)$$

またサンプリング周期 1 ms で離散化すると以下となる．

$$\boldsymbol{x}(k+1)=\begin{bmatrix}9.57\times10^{-1} & 7.97\times10^{-2}\\-5.69\times10^{-2} & 3.92\times10^{-1}\end{bmatrix}\boldsymbol{x}(k)$$

$$+\begin{bmatrix}6.62\times10^{-2}\\9.29\times10^{-1}\end{bmatrix}u(t)+\begin{bmatrix}-1.96\\6.62\times10^{-2}\end{bmatrix}d(t) \qquad (3\text{-}122)$$

いま，(3-117)式を z 変換すると以下のようになる．

$$z\boldsymbol{X}(z)-z\boldsymbol{x}(0)=\boldsymbol{A}\boldsymbol{X}(z)+\boldsymbol{b}U(z)+\boldsymbol{e}D(z) \qquad (3\text{-}123\text{ a})$$

$$Y(z)=\boldsymbol{c}\boldsymbol{X}(z) \qquad (3\text{-}123\text{ b})$$

ただし，$\mathcal{Z}[\boldsymbol{x}(k)]=\boldsymbol{X}(z)$，$\mathcal{Z}[u(k)]=U(z)$，$\mathcal{Z}[y(k)]=Y(z)$

これらを $\boldsymbol{x}(0)=\boldsymbol{0}$ として解くと次式となる．

$$Y(z)=\boldsymbol{c}[z\boldsymbol{I}-\boldsymbol{A}]^{-1}\boldsymbol{b}U(z)+\boldsymbol{c}[z\boldsymbol{I}-\boldsymbol{A}]^{-1}\boldsymbol{e}D(z) \qquad (3\text{-}124)$$

連続時間系の伝達関数に相当したものが離散時間系ではパルス伝達関数(pulse transfer function) であり，入力-出力間のパルス伝達関数 $G(z)$ および外乱-出力間のパルス伝達関数 $G_D(z)$ はそれぞれ次のようになる．

$$G(z)=\frac{Y(z)}{U(z)}=\boldsymbol{c}[z\boldsymbol{I}-\boldsymbol{A}]^{-1}\boldsymbol{b} \qquad (3\text{-}125)$$

$$G_D(z)=\frac{Y(z)}{D(z)}=\boldsymbol{c}[z\boldsymbol{I}-\boldsymbol{A}]^{-1}\boldsymbol{e} \qquad (3\text{-}126)$$

なお，(3-125)，(3-126)式は連続系の(3-36)，(3-37)式に対応したものとなる．

ディジタル制御理論は本節で述べたことを基本として構成されていくが，本章で述べた実現問題，可制御性，可観測性，正準形などは基本的には連続時間系のものと同様の形となるので，これらについては本書では省略する．

演 習 問 題

1. 図に示すブロック線図を等価変換して簡単化し $R(s)$-$Y(s)$ 間の伝達関数を求めよ

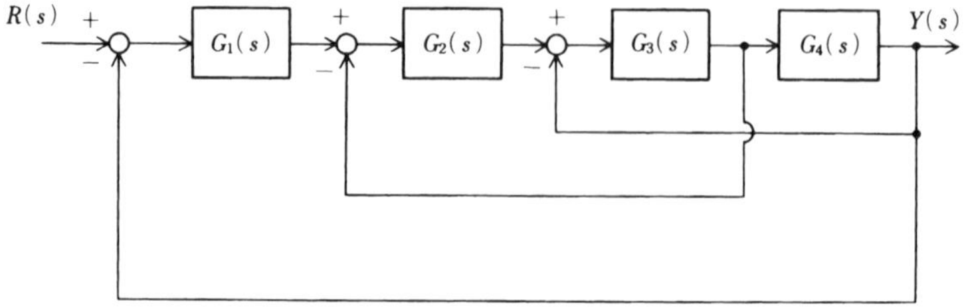

2.　下図に示すブロック線図がある．このブロック線図の入出力関係は

$$Y(s)=G_R(s)R(s)+G_D(s)D(s)$$

で与えられる．ただし，伝達要素の（s）は省略している．

（1）　$G_R(s)$ を求めよ．

（2）　$G_D(s)$ を求めよ．

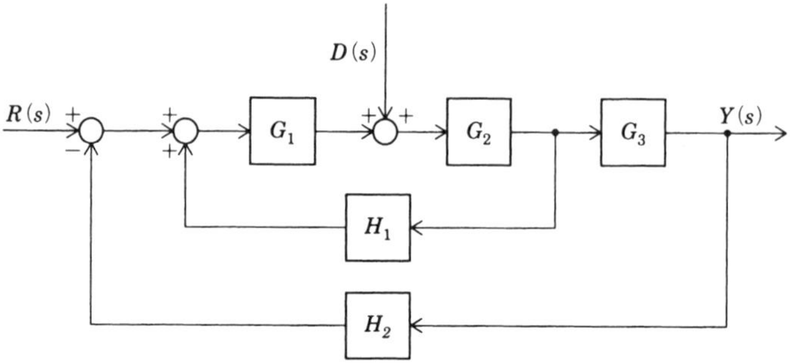

3.　(3-50)，(3-51) 式を証明せよ．

4.　初期値を $t=t_0$ のとき $\boldsymbol{x}(t_0)$ としたときの状態方程式の解 (3-56) 式を求めよ

5.　$\dot{\boldsymbol{x}}(t)=\begin{bmatrix}0 & 1\\ -2 & -3\end{bmatrix}\boldsymbol{x}(t)+\begin{bmatrix}0\\ 1\end{bmatrix}u(t)$，$\boldsymbol{x}(0)=\begin{bmatrix}1\\ 0\end{bmatrix}$

で与えられるシステムがある．

（1）　行列指数関数を求めよ．

（2）　単位ステップ関数を入力したときの $\boldsymbol{x}(t)$ を求めよ．

6．可制御性の条件について，対角正準形において b_i がすべて零でないという条件と (3-85) 式の条件が一致することを示せ．

7．(3-85) 式の条件と (3-86) 式の条件が一致することを示せ．

8．(3-97) 式のケーリー・ハミルトンの定理を示せ．

9．下図のような系がある．次のように変数を定義するとき以下の設問に答えよ．
M：質量，D：粘性摩擦係数，K：ばね定数

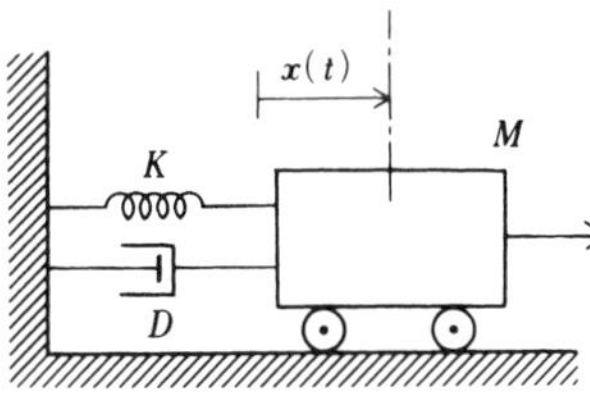

質量 M の物体を力 $u(t)$ で引いた場合を考え，平衡点からの変位を $x(t)$ とする．$u(t)$ をこの系に対する入力，$x(t)$ を出力とする．また，状態変数として $x(t)$ と $\dot{x}(t)$ をとり，これを $x_1(t)$，$x_2(t)$ とする．ただし，床におけるころがりまさつは無視する．

(1) このシステムの状態方程式，出力方程式を求めよ．

(2) このシステムの状態変数線図を描け．

(3) (2)で求めた状態変数線図をブロック線図に変換せよ．

(4) ブロック線図を変換し指定された入力-出力間の伝達関数を求めよ．

10．図に示すタンク系がある．次のように変数を定義するとき，以下の設問に答えよ．
A_1，A_2：各タンク1およびタンク2の断面積，R_1，R_2：各パイプの流出抵抗，u：入力＝タンク1への流入流量，y：出力＝タンク2からの流出流量，x_1，x_2：状態変数＝各タンクの水位，なお，各パイプの流出抵抗は (水位)/(流出流量) で定義する．

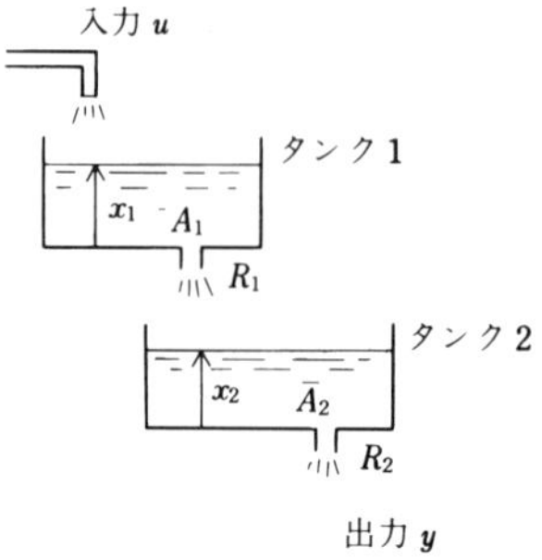

（1） このシステムの状態方程式を求めよ．

（2） このシステムの状態変数線図を描け．

（3） （1）で求めた式をラプラス変換し，ブロック線図を描け．

（4） ブロック線図を等価変換し，入力-出力間の伝達関数を求めよ．

（5） 一般にシステムの状態方程式を

$$\dot{\boldsymbol{x}}(t)=\boldsymbol{A}\boldsymbol{x}(t)+\boldsymbol{b}u(t)$$
$$y(t)=\boldsymbol{c}\boldsymbol{x}(t)$$

と表現したとき，この式をラプラス変換して，伝達関数を求めよ．その結果を利用して図のタンク系の伝達関数を求めよ．

（6） このタンク系の極を求めよ．

11. $\dot{\boldsymbol{x}}(t)=\begin{bmatrix}-3 & -4\\ -1 & -3\end{bmatrix}\boldsymbol{x}(t)+\begin{bmatrix}2\\ 1\end{bmatrix}u(t)$

$y(t)=[1 \quad -1]\boldsymbol{x}(t)$ において

（1） このシステムの固有値 λ_1，λ_2 およびそれらに対する固有ベクトル $\boldsymbol{v}_1$，$\boldsymbol{v}_2$ を求めよ．

（2） $\boldsymbol{x}(t)=\boldsymbol{T}\boldsymbol{z}(t)=[\boldsymbol{v}_1 \quad \boldsymbol{v}_2]\boldsymbol{z}(t)$ の状態変数変換を行うことによりこのシステムを対角正準形に変換せよ．

（3） 対角正準形に変換したシステムの状態変数線図を描け．

（4） （3）で求めた状態変数線図を用いてこのシステムの可制御性，可観測性を調べよ．

（5） 可制御行列，可観測行列を用いてこのシステムの可制御性，可観測性を調べよ．

第4章　特性表現

前章では制御対象や制御系などのシステムを伝達関数や状態方程式などの形で表現することを学んだが，本章ではこれらのシステムに入力信号を印加したときに，入力信号の時間変化に応じて出力信号がどのような応答を示すかを調べることでシステムの特性をとらえることを考える．

システムの応答を調べるための標準的な入力信号としてはインパルス入力やステップ入力，正弦波入力などがよく用いられる．このうち，インパルス入力やステップ入力はシステムの過渡応答を調べるために用いられ，正弦波入力はいろいろな周波数の正弦波に対する定常的な周波数応答によってシステムの特性をとらえようとするために用いられる．

ここでは与えられたシステムの伝達関数や状態方程式から，システムの時間応答や周波数応答をどのように求めるかを述べ，求めた応答の表現やそれを用いたシステムの特性の解析などについて述べる．

4-1　過渡応答

伝達関数 $G(s)$ の伝達要素に入力信号 $U(s)$ が印加された場合の出力の時間応答 $y(t)$ が一定の状態すなわち定常状態に達するまでの過渡的経過を過渡応答 (transient response) という．

ここで伝達要素の出力 $Y(s)$ は前章で示したように次のように表現される．

$$Y(s)=G(s)\,U(s) \tag{4-1}$$

特に $U(s)$ がステップ信号であるとき $Y(s)$ はステップ応答 (step response) と

いう．そして過渡応答波形の形は伝達関数 $G(s)$ により決定される．(4-1) 式の時間領域での表現はこれをラプラス逆変換することによって次式のようになる．

$$y(t)=\mathcal{L}^{-1}\{G(s)\,U(s)\} \tag{4-2}$$

ここでまず1次遅れ要素(first order lag element)の過渡応答を調べる．一般的に1次遅れ要素は次のように表される．

$$G(s)=\frac{K}{Ts+1} \tag{4-3}$$

ただし，K はゲイン定数 (gain constant)，T は時定数 (time constant) と呼ばれる．

［例1］　1次遅れ要素の例として図4-1のRC回路を考えてみる．

キルヒホッフの法則により入力電圧 $e_i(t)$ と出力電圧 $e_o(t)$ の間の関係は次式となる．

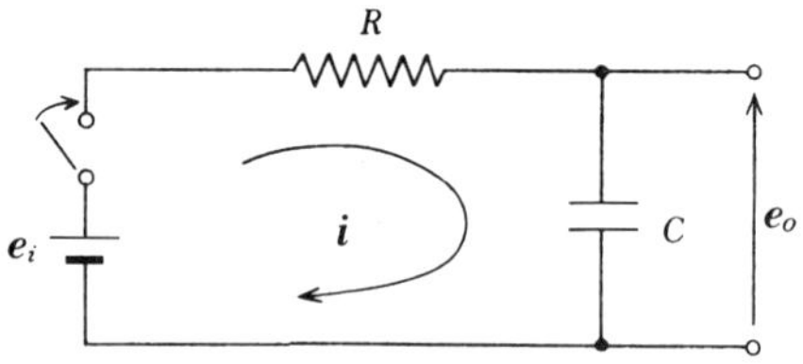

図 4-1　RC 回路

$$RC\frac{de_o(t)}{dt}+e_o(t)=e_i(t) \tag{4-4}$$

これをラプラス変換すれば，その伝達関数は (4-3) 式に対応したものとなり $K=1$，$T=RC$ となる．例えば，$R=5\,\mathrm{k\Omega}$，$C=2\,\mu\mathrm{F}$ とすると $T=10\,\mathrm{ms}$ となる．

入力信号を単位ステップ信号と考えるとそのラプラス変換は $U(s)=1/s$ である．ゆえに $Y(s)$ は次式となる．

$$Y(s)=\frac{K}{s(Ts+1)} \tag{4-5}$$

ここで，右辺を部分分数展開すると，

$$Y(s)=K\left(\frac{1}{s}-\frac{1}{s+(1/T)}\right) \tag{4-6}$$

となり，両辺のラプラス逆変換を行うと次式を得る．

$$y(t)=K(1-e^{-t/T}) \tag{4-7}$$

(4-7)式を図示したのが図4-2である．特に $t=T$ のとき，出力 $y(t)$ は最終値 $y(\infty)$ の約63.2％になる．時定数は1次遅れ要素のステップ応答において，

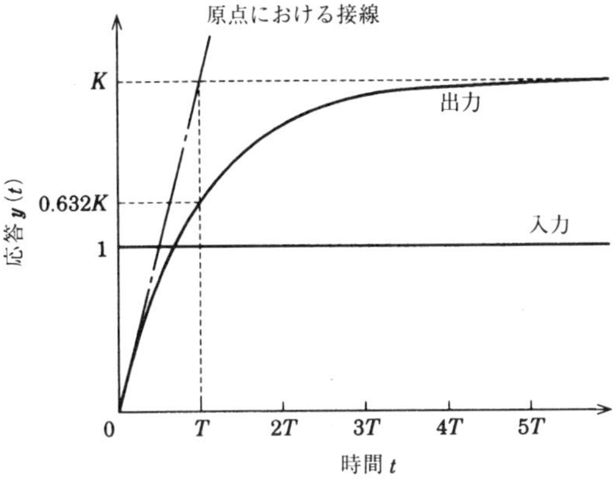

図 4-2　1 次遅れ系のステップ応答

出力が最終値の約 63.2 %に達するまでの時間であるといえる．つまり，時定数が小さいほど速く最終値に到達することがわかる．また，時定数は $y(t)$ の $t=0$ における接線がその最終値 $y(\infty)=K$ と交わる時間とも等しい．すなわち (4-8) 式が成り立つ．

$$\left.\frac{dy(t)}{dt}\right|_{t=0}=\left.\frac{K}{T}e^{-t/T}\right|_{t=0}=\frac{K}{T} \tag{4-8}$$

1 次遅れ要素のステップ応答は必ず (4-7) 式の形になることが明らかであるのでその応答波形は同じであり，ゲイン定数と時定数の大小により最終値と応答の速さが変化する．

［例 2］ 3-1 節で述べた DC サーボモータの時定数について考えてみる．DC サーボモータの時定数には電気的時定数と機械的時定数がよく用いられている．

(3-2) 式でモータを拘束した $\omega(t)=0$ の場合を考えると電気系のみの特性を考えることができる．このとき (3-27) 式のようにおいて $V(s)$-$I(s)$ 間の伝達関数を求めると

$$\frac{I(s)}{V(s)}=\frac{1}{Ls+R}=\frac{1/R}{(L/R)s+1} \tag{4-9}$$

より電気的時定数 (electrical time constant) τ_e は以下のようになる．

$$\tau_e=\frac{L}{R} \tag{4-10}$$

次に粘性制動係数 B を小さいとして無視して，機械的時定数（mechanical time constant）について考えてみる．図 3-11（b）のブロック線図には電気的遅れと機械的遅れが含まれているので，電気的遅れを無視して機械的な遅れを見るために $L=0$ とおいて $V(s)$-$\Omega(s)$ 間の伝達関数を求めると

$$\frac{\Omega(s)}{V(s)}=\frac{K}{RJs+K^2}=\frac{1/K}{(RJ/K^2)s+1} \tag{4-11}$$

となることから機械的時定数 τ_m は次のように求められる．

$$\tau_m=\frac{JR}{K^2} \tag{4-12}$$

機械的時定数に比較して電気的時定数がかなり小さい場合には考察を簡単にするために電気的時定数を零とおいて議論する場合もある．

次に 2 次遅れ要素（second order lag element）について調べる．

一般的に 2 次遅れ要素（零点のない場合）は次の標準形で表わされる．

$$G(s)=\frac{{\omega_n}^2}{s^2+2\zeta\omega_n s+{\omega_n}^2} \tag{4-13}$$

ただし，ζ は減衰係数あるいは制動係数（damping ratio），ω_n は固有角周波数（natural angular frequency）と呼ばれる．

［例 3］　2 次遅れ要素の例として図 4-3 の RLC 回路を取り上げる．入力電圧 $e_i(t)$ と出力電圧 $e_o(t)$ の関係を表す方程式は次のようになる．

$$L\frac{di(t)}{dt}+Ri(t)+\frac{1}{C}\int i(t)\,dt=e_i(t) \tag{4-14 a}$$

$$\frac{1}{C}\int i(t)\,dt=e_o(t) \tag{4-14 b}$$

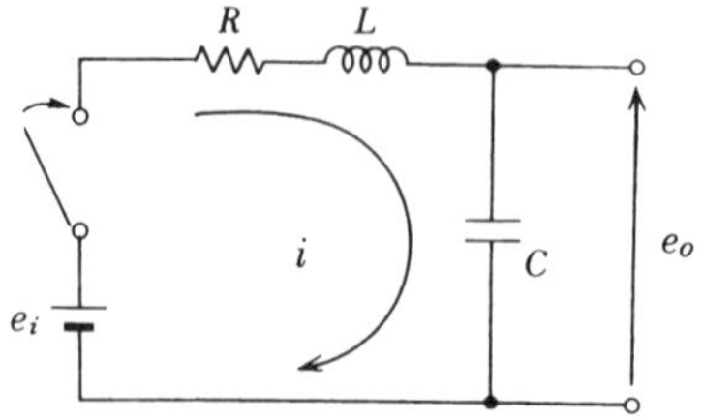

図 4-3　2 次遅れ系の例（RLC 回路）

これより，

$$LC\frac{d^2e_o(t)}{dt^2}+RC\frac{de_o(t)}{dt}+e_o(t)=e_i(t) \tag{4-15}$$

の関係が得られ，入力電圧から出力電圧までの伝達関数は次のように求まる．

$$G(s)=\frac{E_o(s)}{E_i(s)}=\frac{1}{LCs^2+RCs+1}=\frac{1/LC}{s^2+(R/L)s+1/LC} \tag{4-16}$$

ここで，$\zeta=(R/2)\cdot\sqrt{C/L}$，$\omega_n=1/\sqrt{LC}$ となる．

［例 4］ 図 4-4 の機械系を考える．ある平衡位置 x_0 からの質量 m の物体の変位を x とし，これに外力 f が働いた場合を考える．k をばね定数，c をダッシュポットの粘性定数，g を重力加速度とすると定常状態では $mg=kx_0$ が成り立つ．したがって，ニュートンの法則を適用して次式を得る．

$$m\frac{d^2(x+x_0)}{dt^2}=mg-k(x+x_0)-c\frac{d(x+x_0)}{dt}+f \tag{4-17}$$

ゆえに次式となる．

$$m\frac{d^2x(t)}{dt^2}=-kx(t)-c\frac{dx(t)}{dt}+f(t) \tag{4-18}$$

上式をラプラス変換して外力から変位までの伝達関数は次のように求まる．

$$G(s)=\frac{X(s)}{F(s)}=\frac{1}{ms^2+cs+k}=\frac{1}{k}\cdot\frac{k/m}{s^2+c/m\cdot s+k/m} \tag{4-19}$$

ここで，$\zeta=c/2\sqrt{mk}$，$\omega_n=\sqrt{k/m}$ となり，標準形に $1/k$ を乗じたものとなる．

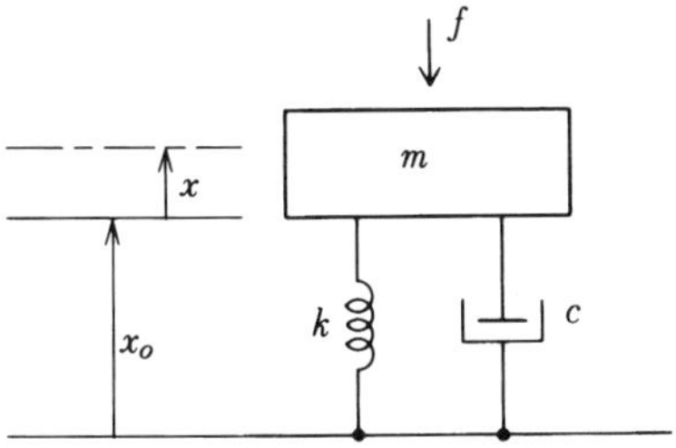

図 4-4　2 次遅れ系の例（機械系）

［例 5］ (3-28) 式に示したように DC サーボモータも 2 次遅れ系となる．(3-28) 式を時定数 τ_e と τ_m を用いて表すと次式のようになる．

$$\Omega(s)=\frac{1/K}{\tau_e\tau_m s^2+\tau_m s+1}V(s)-\frac{(\tau_e\tau_m s+\tau_m)/J}{\tau_e\tau_m s^2+\tau_m s+1}T_L(s) \tag{4-20}$$

ここで $V(s)$-$\Omega(s)$ 間の伝達関数を考えると $\zeta=(1/2)\cdot\sqrt{\tau_m/\tau_e}$，$\omega_n=1/\sqrt{\tau_e\tau_m}$ となり，標準系に $1/K$ を乗じたものとなる．

2次遅れ標準形の2つの極は $\zeta>1$ のとき相異なる実根，$\zeta=1$ のとき重根，$0\leq\zeta<1$ のとき共役複素根になり，それらによりステップ応答が典型的に変化するのでそれぞれの場合について以下に述べる．

（i） 2実根の場合（$\zeta>1$）

$$Y(s)=\frac{{\omega_n}^2}{(s-\alpha)(s-\beta)}U(s) \tag{4-21}$$

ここで，$\alpha=(-\zeta+\sqrt{\zeta^2-1})\omega_n$，$\beta=(-\zeta-\sqrt{\zeta^2-1})\omega_n$

$U(s)$ として単位ステップ信号を考え，(4-21) 式を部分分数展開する．

$$\begin{aligned}Y(s)&=\frac{{\omega_n}^2}{(s-\alpha)(s-\beta)}\frac{1}{s}\\&=\frac{1}{s}+\frac{\beta}{\alpha-\beta}\frac{1}{s-\alpha}-\frac{\alpha}{\alpha-\beta}\frac{1}{s-\beta}\end{aligned} \tag{4-22}$$

(4-22) 式をラプラス逆変換をして次式を得る．

$$\begin{aligned}y(t)&=1+\frac{1}{\alpha-\beta}(\beta e^{\alpha t}-\alpha e^{\beta t})=1-\frac{1}{2\sqrt{\zeta^2-1}}\{(\zeta+\sqrt{\zeta^2-1})e^{\sqrt{\zeta^2-1}\,\omega_n t}\\&\quad-(\zeta-\sqrt{\zeta^2-1})e^{-\sqrt{\zeta^2-1}\,\omega_n t}\}e^{-\zeta\omega_n t}\end{aligned} \tag{4-23}$$

（ii） 重根の場合（$\zeta=1$）

この場合には入出力関係は次のようになる．

$$Y(s)=\frac{{\omega_n}^2}{(s+\omega_n)^2}U(s) \tag{4-24}$$

$U(s)$ として単位ステップ信号を考えて (4-24) 式は次のように展開される．

$$Y(s)=\frac{{\omega_n}^2}{s(s+\omega_n)^2}=\frac{1}{s}-\frac{1}{s+\omega_n}-\frac{\omega_n}{(s+\omega_n)^2} \tag{4-25}$$

ゆえに次式が成り立つ．

$$y(t)=1-e^{-\omega_n t}(1+\omega_n t) \tag{4-26}$$

（iii） 共役複素根の場合（$0\leq\zeta<1$）

根を

$$\gamma+j\delta=(-\zeta+j\sqrt{1-\zeta^2})\omega_n,\quad \gamma-j\delta=(-\zeta-j\sqrt{1-\zeta^2})\omega_n \tag{4-27}$$

とおく．

$U(s)$ として単位ステップ信号を考え，2 実根の場合と同様に考えると

$$
\begin{aligned}
y(t) &= 1+\frac{1}{j2\delta}\{(\gamma-j\delta)e^{(\gamma+j\delta)t}-(\gamma+j\delta)e^{(\gamma-j\delta)t}\} \\
&= 1+\frac{1}{j2\delta}\{\gamma e^{\gamma t}(e^{j\delta t}-e^{-j\delta t})-j\delta e^{\gamma t}(e^{j\delta t}+e^{-j\delta t})\} \\
&= 1-e^{\gamma t}(\cos\delta t-\frac{\gamma}{\delta}\sin\delta t) \\
&= 1-e^{-\zeta\omega_n t}\left\{\cos(\sqrt{1-\zeta^2}\,\omega_n t)+\frac{\zeta}{\sqrt{1-\zeta^2}}\sin(\sqrt{1-\zeta^2}\,\omega_n t)\right\} \\
&= 1-\frac{1}{\sqrt{1-\zeta^2}}e^{-\zeta\omega_n t}\sin\left(\sqrt{1-\zeta^2}\,\omega_n t+\tan^{-1}\frac{\sqrt{1-\zeta^2}}{\zeta}\right) \qquad (4\text{-}28)
\end{aligned}
$$

となる．なお(4-28)式は

$$
\begin{aligned}
Y(s) &= \frac{\omega_n^2}{s^2+2\zeta\omega_n s+\omega_n^2}\frac{1}{s}=\frac{1}{s}-\frac{s+2\zeta\omega_n}{s^2+2\zeta\omega_n s+\omega_n^2} \\
&= \frac{1}{s}-\frac{s+\zeta\omega_n}{(s+\zeta\omega_n)^2+(1-\zeta^2)\omega_n^2}-\frac{\zeta}{\sqrt{1-\zeta^2}}\frac{\sqrt{1-\zeta^2}\,\omega_n}{(s+\zeta\omega_n)^2+(1-\zeta^2)\omega_n^2}
\end{aligned}
$$

(4-29)

と展開して，表 2-1 のラプラス変換表の (11)，(12) を用いることによっても得られる．

なお，(4-28)式は $\zeta=0$ のときには

$$y(t)=1-\cos\omega_n t \qquad (4\text{-}30)$$

となる．

以上の代表的な応答波形を図 4-5 に示す．$\zeta>1$ の場合には非振動的で定常値に単調に漸近するが，速応性に欠ける．この状態を過制動 (over damping) という．$\zeta=1$ のときは非振動で最も速い応答になり，この状態を臨海制動(critical damping)という．$0<\zeta<1$ の場合は振幅が指数関数的に減衰する減衰振動となる．この状態を不足制動 (under damping) という．さらに $\zeta=0$ のときは減衰のない持続振動となる．

その他いろいろな要素のステップ応答は，伝達関数が与えられていれば上述した方法によって計算することができる．以上は伝達関数が与えられた場合の

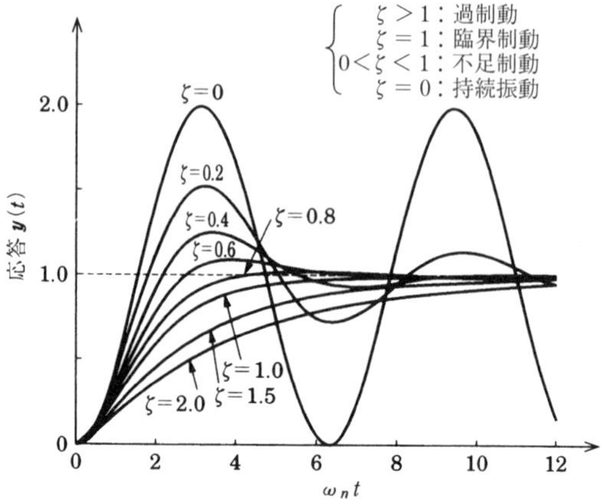

図 4-5 2次遅れ系のステップ応答

話であるが，伝達関数が与えられていない場合には，制御要素の入力側に実際にステップ信号を印加して出力信号を測定することになる．その出力波形を観察することによって伝達要素を推定することができることになる．このように，入出力信号から伝達要素の伝達関数や状態方程式を求めようとする分野を総称してシステム同定 (system identification) と呼ぶ．システム同定の方法にはこのようなステップ応答から求めるものや 4-3 節で述べる周波数応答から求めるものなどを含めて種々の方法がある．詳しくは専門の書物を参考にして欲しい．

ここでは伝達関数を用いて解析を行なったが，状態方程式に基づく解析では伝達関数にはない情報，つまり初期状態 $x(t_0)$ と外乱信号 $d(t)$ に関する情報を入力信号と同時に扱うことができる．これは伝達関数というものが前にも述べたように，初期条件をすべて零とした場合に定義されており普通は伝達関数というと入力信号と出力信号間のものを指し，外乱信号と出力間の伝達関数は改めて求めなければならないことが多いためである．この点から見ると状態方程式の方がシステムの表現としてより基本的である．

4-2 インパルス応答・重み関数・伝達関数

これまでは代表的な信号として単位ステップ信号を取り上げその応答をステ

ップ応答として求めた．ここでは伝達関数と密接な関係があり第2章で述べた単位インパルス信号に対するインパルス応答を扱う．まず，次のようなパルス関数を考える．

$$\delta_\alpha(t)=\begin{cases}0 & t<0\\ 1/\alpha & 0\leq t\leq\alpha\\ 0 & \alpha<t\end{cases} \tag{4-31}$$

ここで，$\alpha\to 0$ の極限，すなわちパルス幅 α を零，パルス高さ $1/\alpha$ を無限大とした極限の関数が単位インパルス関数である．

$$\delta(t)=\lim_{\alpha\to 0}\delta_\alpha(t) \tag{4-32}$$

これを形式的に書くと次のようになる．

$$\delta(t)=\begin{cases}\infty & t=0\\ 0 & t\neq 0\end{cases} \tag{4-33}$$

$$\int_{-\infty}^{+\infty}\delta(t)\,dt=1$$

$$\left.\begin{aligned}\int_{-\infty}^{+\infty}f(t)\,\delta(t)\,dt&=f(0)\\ \int_{-\infty}^{+\infty}f(t)\,\delta(t-\tau)\,dt&=f(\tau)\end{aligned}\right\} \tag{4-34}$$

$\delta_\alpha(t)$ は単位面積をもつパルスであり，図 4-6（a）のように幅が α，高さが $1/\alpha$（面積が1）のパルス関数である．$\delta(t)$ はそこにおいて $\alpha\to 0$ の極限を考えた場合の関数であり，図 4-6（b）のように単に矢印にて示す．ある制御対象にこの単位インパルス関数が印加されたときの応答を（単位）インパルス応答

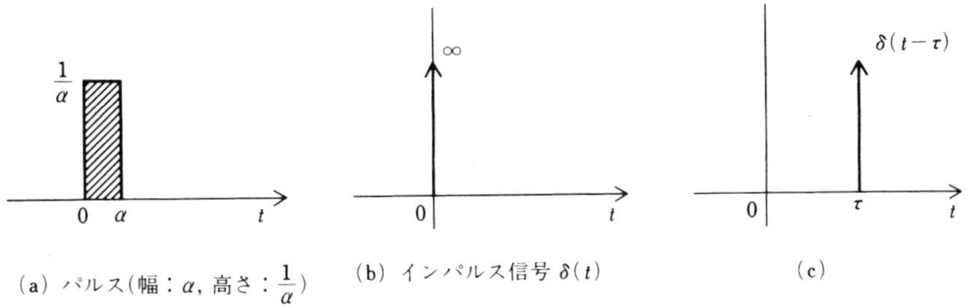

（a）パルス（幅：α，高さ：$\frac{1}{\alpha}$）　（b）インパルス信号 $\delta(t)$　（c）

図 4-6　インパルス関数

図 4-7　インパルス応答

(unit impulse response) というが (図 4-7)，制御対象の性質を知ろうとするときに非常によく使われる方法である．例えば，ハンマーで車輪をたたいてその音を聞いて車輪のヒビ割れの有無を調べたり，スイカをコンコンとたたくなども同じである．このときハンマーや手でたたく信号は決して図 4-6 (b) に示すような理想的なインパルス信号ではないが，対象の応答の速さに比較して相対的にインパルス信号と見なせれば実際上十分であるといえる．このようなインパルス応答をここでは $g(t)$ と書くことにする．また，この $g(t)$ を重み関数あるいは荷重関数 (weighting function) と呼ぶ．

インパルス応答の重要さはそれ自体が対象の性質を表しているとともに，インパルス応答を知ることによりその対象の任意の信号に対する応答を容易に求めることができることである．インパルス応答を積分すればステップ応答になるのでその点ではステップ応答でも同じことである．しかし，実験で求めたステップ応答が微分できるかという実際的な観点からはインパルス応答の方が重要である．いまある対象のインパルス応答 $g(t)$ がわかっている場合に，その対象に $u(t)$ なる任意の入力が印加された場合の出力信号 $y(t)$ を求めてみよう(図 4-8)．(3-53)式において初期状態 $\boldsymbol{x}(0)=\boldsymbol{0}$ とし，外乱は考えないとすると任意の入力 $u(t)$ に対する出力は次のようになる．

$$y(t)=\int_0^t \boldsymbol{c}e^{\boldsymbol{A}(t-\tau)}\boldsymbol{b}u(\tau)\,d\tau \tag{4-35}$$

ここで，

$$g(t)=\boldsymbol{c}e^{At}\boldsymbol{b} \tag{4-36}$$

とおけば(4-35)式は次のようになる．

$$y(t)=\int_0^t g(t-\tau)\,u(\tau)\,d\tau \tag{4-37}$$

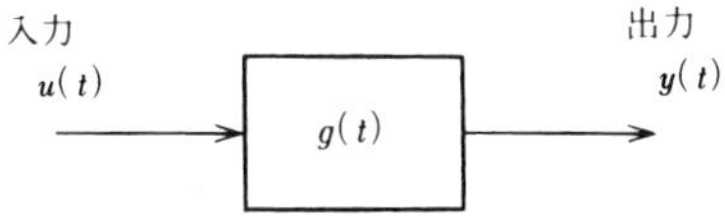

図 4-8 重み関数 $g(t)$

ここで，$u(t)=\delta(t)$ とおくと，上式は

$$y(t)=\int_0^t g(t-\tau)\,\delta(\tau)\,d\tau=g(t) \tag{4-38}$$

となり $g(t)$ は単位インパルス信号に対する(3-53)式の系の応答，すなわち単位インパルス応答となっていることがわかる．そして初期状態が $\boldsymbol{x}(0)=\boldsymbol{0}$ であるとき，インパルス応答が $g(t)$ である系の任意の入力 $u(t)$ に対する出力 $y(t)$ は(4-37)式により表されることがわかる．(4-37)式は入力 $u(t)$ とインパルス応答 $g(t)$ とのたたみ込み積分という．

(4-37)式のラプラス変換を求めると (2-13) 式により次式となる．

$$Y(s)=G(s)\,U(s) \tag{4-39}$$

ただし，$Y(s)=\mathcal{L}[y(t)]$，$U(s)=\mathcal{L}[u(t)]$，$G(s)=\mathcal{L}[g(t)]$：伝達関数

すなわち，(4-1)式で用いた関係は実はシステムのインパルス応答を基にしたたたみこみ積分の s 領域での表現にほかならないことがわかる．

4-3 周波数応答

前節までは制御対象または制御系の特性を表すのにそれらにインパルス関数，ステップ関数などの代表的な信号を印加してその応答，すなわち過渡応答に注目する方法について述べてきた．一方，正弦波信号も代表的な信号である．なぜならば任意の周期信号はフーリエ級数展開できることからわかるように，種々の周波数や振幅をもった正弦波の合成と考えることができるからである．そこで次は制御対象に正弦波信号を印加した場合について検討する．

いま図 4-9 に示すような $G(s)$ の伝達関数をもつ線形システムに $u(t)=R\sin\omega t$ の正弦波信号が印加される場合に，出力 $y(t)$ の定常応答はどのようになるであろうか．

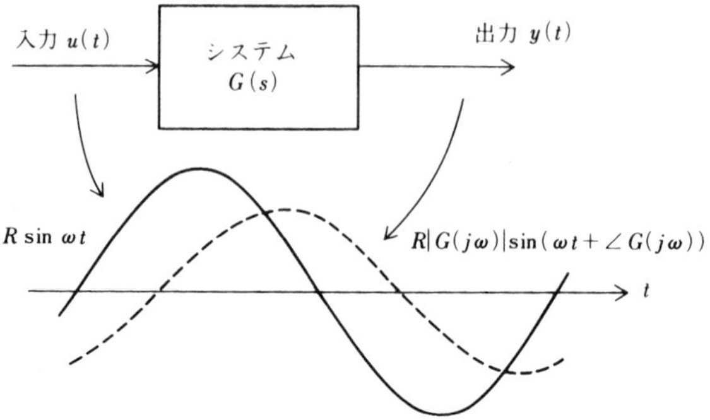

図 4-9 周波数応答

$\mathcal{L}^{-1}[G(s)]=g(t)$ とすると，この伝達関数に入力 $u(t)$ を印加したときの出力 $y(t)$ の応答は（2-13），（2-14）式より以下のようになる．

$$y(t)=\int_0^t g(t-\tau)\,u(\tau)\,d\tau=\int_0^t g(\tau)\,u(t-\tau)\,d\tau \tag{4-40}$$

時間が十分経過したときの $y(t)$ の定常応答は（4-40）式で $t\to\infty$ として

$$y(t)=\int_0^\infty g(\tau)\,u(t-\tau)\,d\tau \tag{4-41}$$

となる．

ここで入力 $u(t)$ として，

$$u(t)=Re^{j\omega t}$$
$$=R\cos\omega t+jR\sin\omega t \tag{4-42}$$

を考える．$u(t)$ の虚数部が $R\sin\omega t$ であるので，出力 $y(t)$ の虚数部をとれば正弦波信号に対する応答となる．このとき

$$y(t)=\int_0^\infty g(\tau)\,Re^{j\omega(t-\tau)}d\tau$$
$$=Re^{j\omega t}\int_0^\infty g(\tau)\,e^{-j\omega\tau}d\tau \tag{4-43}$$

となるが，ここで $\int_0^\infty g(\tau)\,e^{-j\omega\tau}d\tau$ はラプラス変換の定義において $s=j\omega$ とおいたものとなるため，

$$G(j\omega)=\int_0^\infty g(\tau)\,e^{-j\omega\tau}d\tau \tag{4-44}$$

と書くことができる．したがって $u(t)=Re^{j\omega t}$ を印加したときの出力の定常応答は，

$$y(t)=Re^{j\omega t}G(j\omega) \tag{4-45}$$

となる．

ここで

$$G(j\omega)=|G(j\omega)|e^{j\angle G(j\omega)} \tag{4-46}$$

とおくと，(4-45) 式は

$$\begin{aligned} y(t) &= R|G(j\omega)|e^{j(\omega t+\angle G(j\omega))} \\ &= R|G(j\omega)|\cos(\omega t+\angle G(j\omega))+jR|G(j\omega)|\sin(\omega t+\angle G(j\omega)) \end{aligned} \tag{4-47}$$

となる．この虚数部をとると

$$y(t)=R|G(j\omega)|\sin(\omega t+\angle G(j\omega)) \tag{4-48}$$

となってこれが $u(t)=R\sin\omega t$ の正弦波信号が印加される場合の出力 $y(t)$ の定常応答である．(4-48) 式を見ると入力が正弦波信号であれば出力 $y(t)$ は入力信号と同じ角周波数の正弦波信号となり，その振幅は $|G(j\omega)|$ 倍され，位相は $\angle G(j\omega)$ だけずれることが示されている．

このように正弦波信号を入力したときの出力の定常応答を周波数応答 (frequency response) と呼び，入力の角周波数を変化させたときのこの振幅と位相の変化の特性を周波数特性 (frequency characteristics) と呼ぶ．

また $G(j\omega)$ を伝達関数 $G(s)$ をもつシステムの周波数伝達関数 (frequency transfer function) という．これは物理的には周波数応答そのものを表している．いま，制御対象あるいは制御系の伝達関数が与えられているとすると，その周波数応答はその伝達関数において s の代わりに $j\omega$ を代入するだけで求められることとなるが，これはちょうど電気回路の解析において Ldi/dt の微分を $j\omega$ で，$(1/C)\int idt$ の積分を $1/j\omega$ で置き換えて定常状態の解析をするのに対応している．電気回路においても，定常状態の電流や電圧などを求めるときにそのような演算を行っているのである．ただし，どちらの場合も入力信号は正弦波に限っての話である点に注意する．伝達関数が与えられていない場合にシステム同定などによりシステムの特性を知るためには，上述のことからわかるように

システムに正弦波信号を印加して定常状態における出力信号の振幅と位相を種々の周波数に対して測定すればよいことになる．例えば，オーディオアンプやスピーカの周波数特性などを実測するなどはこれにあたる．

4-4 周波数特性

システムの性質は周波数伝達関数 $G(j\omega)$ の絶対値と位相角あるいはその実数部と虚数部により表現できることがわかった．これらは角周波数 ω の関数であるから，この2つの量をすべての周波数（実際上は広い範囲）について同時に表現することによってそのシステムの特性を示すことができるわけである．この方法は過渡応答法のように直観的ではないが，いろいろな情報を読み取るためには少し慣れると極めて有用である．このような周波数特性についていくつかの表現方法があるが，よく用いられている2つの方法についてのみ述べる．

(a) ナイキスト線図・ベクトル軌跡

角周波数 ω が決まると複素数である周波数応答

$$G(j\omega)=Re[G(j\omega)]+jIm[G(j\omega)]=\alpha(\omega)+j\beta(\omega) \tag{4-49}$$

が決まる．複素平面上において複素ベクトル $G(j\omega)$ は点 $(\alpha, j\beta)$ を先端とするベクトルで表され，ω を変えるとその先端はある軌跡を描く．ω を0から∞まで変化したときの軌跡をベクトル軌跡 (vector locus)，$-\infty$から$+\infty$まで変化させたときの軌跡をナイキスト線図 (Nyquist diagram) という．しかし，$-\infty$から0までの軌跡は実軸に関して対称であるので実際上軌跡は0から$+\infty$まで描けばよい．

(b) ボード線図

横軸に $\log_{10}\omega$ をとり，縦軸には振幅比（ゲインと呼ぶ）$|G(j\omega)|$ の対数量と位相差 $\angle G(j\omega)$ の2つの量を表示するものをボード線図 (Bode diagrams) という．

$$\text{ボード線図}\begin{cases}\text{ゲイン線図}：20\log_{10}|G(j\omega)| & [\text{dB}]\\ \text{位相線図}：\angle G(j\omega) & [^\circ]\end{cases} \tag{4-50}$$

ここで，ゲインはデシベル (decibel, dB) という単位を使う．X に対して $20\log_{10}X$ を X のデシベル表現という．$X=1$ という値を基準にとると，$X=1$ は

0 dB，$X=10$ は 20 dB，$X=100$ は 40 dB，$X=0.1$ は −20 dB，$X=0.01$ は −40 dB などである．また，周波数が 10 倍となる範囲を 1 デカード (decade)，2 倍となる範囲を 1 オクターブ (octave) という．ボード線図のゲイン線図の勾配を示すのに 20 dB/dec というような表示があるが，これは周波数が 10 倍変化するときゲインが 20 dB 変化するという意味である．ボード線図の利点は次のようである．

（1） 角周波数とゲインが対数量で表されているので，広い範囲の角周波数とゲインをコンパクトに表すことができる．

（2） ゲインが対数量で表されているので，ゲインの積はゲイン線図上では代数和となる．また，位相についても線図上での和となる．例えば，$G(s)=G_1(s)G_2(s)$ のボード線図を描く場合には次のようになる．

$$G(j\omega)=|G(j\omega)|\,e^{j\angle G(j\omega)} \tag{4-51}$$

と書くと

$$G_1(j\omega)=|G_1(j\omega)|\,e^{j\angle G_1(j\omega)},\quad G_2(j\omega)=|G_2(j\omega)|\,e^{j\angle G_2(j\omega)} \tag{4-52}$$

であるので，ゲインと位相は和で計算される．

$$20\log_{10}|G|=20\log_{10}|G_1|\cdot|G_2|=20\log_{10}|G_1|+20\log_{10}|G_2| \tag{4-53}$$
$$\angle G=\angle G_1+\angle G_2$$

通常，定係数線形システムの伝達関数は積分要素，1 次要素，2 次要素などによって表されるから，これらの基本的要素のボード線図を知っていれば一般の線形系のボード線図は線図上でそれらの和として簡単に求めることができる．

（3） ゲイン線図の大略は折れ線近似により簡単に知ることができる場合が多い．ただし，位相線図についてはそのような近似は普通使えない．

以下にベクトル軌跡とボード線図の具体例を示す．

［例 6］ 1 次遅れ要素の場合には以下の各式が成り立つ．

伝達関数

$$G(s)=\frac{1}{1+Ts} \tag{4-54}$$

周波数伝達関数

$$G(j\omega)=\frac{1}{1+j\omega T} \tag{4-55}$$

ゲイン

$$|G(j\omega)|=\frac{1}{\sqrt{1+\omega^2T^2}} \tag{4-56}$$

位相

$$\angle G(j\omega)=-\tan^{-1}(\omega T) \tag{4-57}$$

ベクトル軌跡は図 4-10(a)に，ボード線図は図 4-10(b)に示す．ここでボード線図のゲインを求めるにあたって次のような近似が有用である．

$$g=20\log_{10}|G(j\omega)|=20\log_{10}(1+\omega^2T^2)^{-1/2}$$

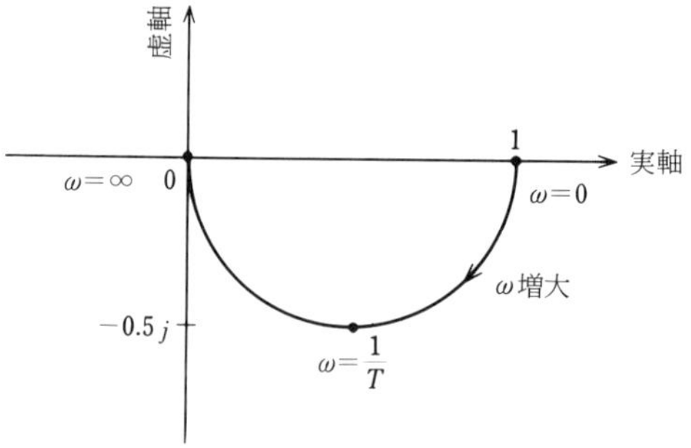

(a) ベクトル軌跡

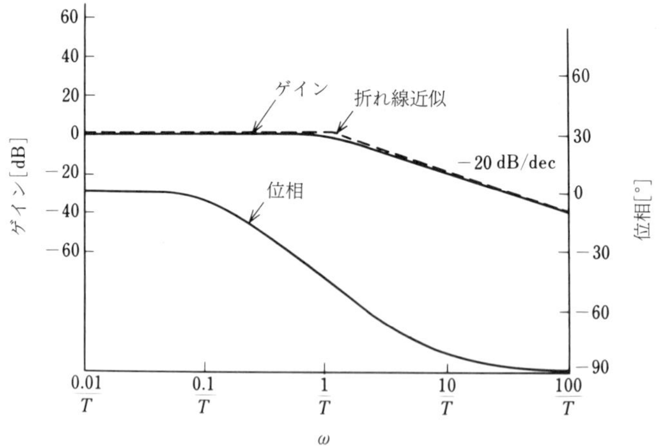

(b) ボード線図

図 4-10 1次遅れ要素 $G(s)=1/(1+Ts)$ のベクトル軌跡とボード線図

$$= -10 \log_{10}(1+\omega^2 T^2) \tag{4-58}$$

ここで，$\omega T \ll 1$ のとき　$g \fallingdotseq 0$ dB

　　　$\omega T \gg 1$ のとき　$g \fallingdotseq -20 \log_{10}(\omega T)$

　この近似を $\omega T<1, \omega T>1$ というように置き換えて描かれたのが図 4-10 の折れ点線であり，正確に描かれたのが太線である．その差の最大値は $\omega=1/T$ のとき 3.01 dB くらいであり折れ線近似がかなり有効であることがわかる．ボード線図はこのようにゲインに関しては折れ線近似が可能であるのが有利な点である．なお $\omega=1/T$ を折点角周波数(break point angular frequency)という．

［例 7］　2 次遅れ要素の場合には以下の各式が成り立つ．

伝達関数

$$G(s) = \frac{\omega_n{}^2}{s^2+2\,\zeta\omega_n s+\omega_n{}^2} \tag{4-59}$$

周波数伝達関数

$$G(j\omega) = \frac{\omega_n{}^2}{(j\omega)^2+2\,\zeta\omega_n(j\omega)+\omega_n{}^2}$$

$$= \frac{(\omega_n{}^2-\omega^2)\,\omega_n{}^2}{(\omega_n{}^2-\omega^2)^2+(2\,\zeta\omega\omega_n)^2} - j\frac{2\,\zeta\omega\omega_n{}^3}{(\omega_n{}^2-\omega^2)^2+(2\,\zeta\omega\omega_n)^2}$$

$$= \frac{1-(\omega/\omega_n)^2}{\{1-(\omega/\omega_n)^2\}^2+\{2\,\zeta(\omega/\omega_n)\}^2}$$

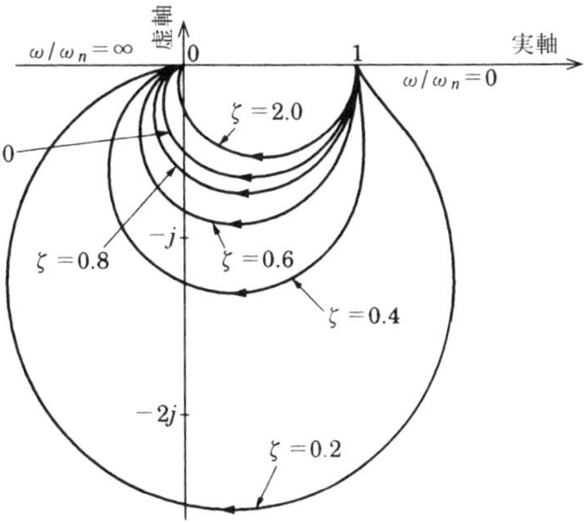

（a）ベクトル軌跡

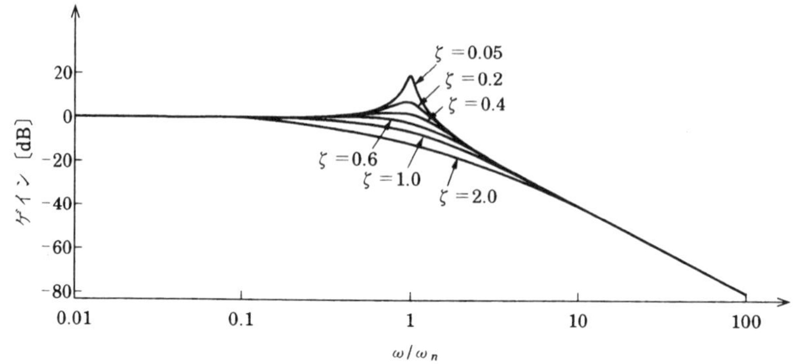

（b）　ボード線図（ゲイン線図）

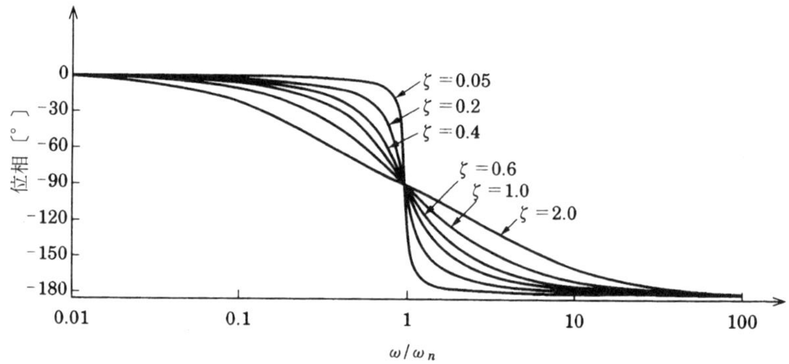

（c）　ボード線図（位相線図）

図 4-11　2次遅れ要素 $G(s)=\omega_n{}^2/(s^2+2\zeta\omega_n s+\omega_n{}^2)$ のベクトル軌跡とボード線図（ゲイン線図，位相線図）

$$-j\frac{2\zeta(\omega/\omega_n)}{\{1-(\omega/\omega_n)^2\}^2+\{2\zeta(\omega/\omega_n)\}^2} \qquad (4\text{-}60)$$

このベクトル軌跡は図4-11(a)に，ボード線図は図4-11(b)(c)に示される．減衰係数 ζ の大きさによってボード線図の形が非常に違うことに注意する．なお，図4-5に示した2次遅れ要素のステップ応答と対応させると特徴がよりとらえやすい．

［例 8］　むだ時間要素（dead time element）の場合には以下の各式が成り立つ．

伝達関数

$$G(s)=e^{-sL} \tag{4-61}$$

周波数伝達関数

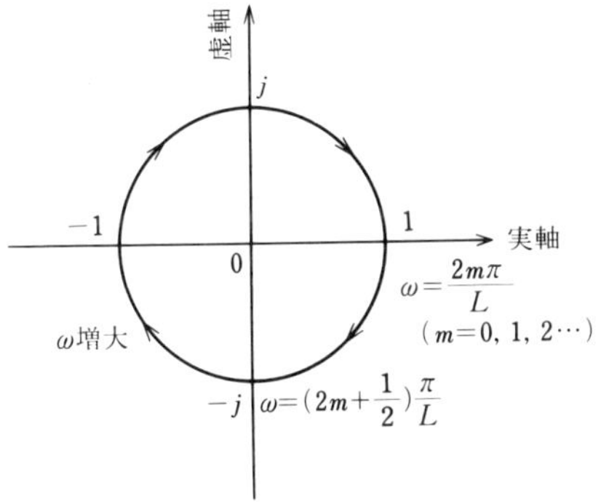

（a）　ベクトル軌跡

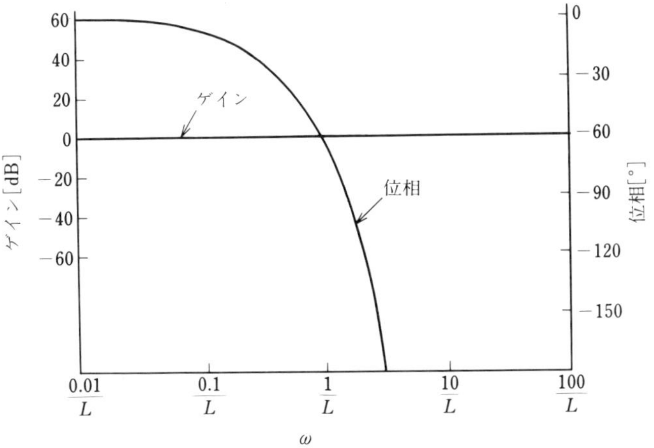

（b）　ボード線図

図 4-12　むだ時間要素 $G(s)=e^{-SL}$ のベクトル軌跡とボード線図

$$G(j\omega)=e^{-j\omega L}=\cos\omega L-j\sin\omega L \tag{4-62}$$

ゲイン

$$|G(j\omega)|=1 \tag{4-63}$$

位相

$$\angle G(j\omega)=-\omega L \tag{4-64}$$

ベクトル軌跡は図 4-12(a)に，ボード線図は図 4-12(b)に示される．

4-5　閉ループ系の周波数特性

以上は特に開ループ系と閉ループ系の区別をつけないで述べてきたが，大体においてこれらは開ループ系の周波数特性を意識していることが多い．ここでは，図 4-13 のような閉ループ系の周波数特性についてその要点をまとめておく．この場合の閉ループ周波数伝達関数は次のようになる．

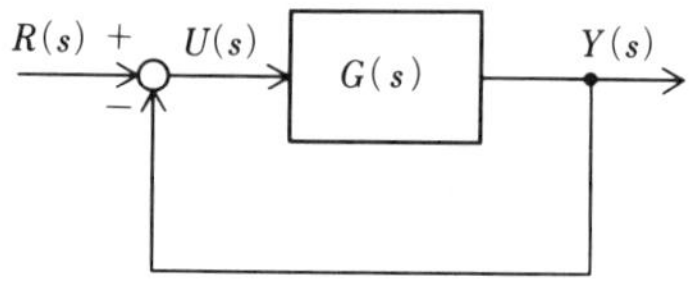

図 4-13　単一フィードバック系

$$W(j\omega)=\frac{G(j\omega)}{1+G(j\omega)} \tag{4-65}$$

ここで，$G(j\omega)=ge^{j\theta}$，$g=|G(j\omega)|$，$\theta=\angle G(j\omega)$とおいて(4-65)式に代入して整理すると次式となる．

$$W(j\omega)=\frac{g\cos\theta+jg\sin\theta}{(1+g\cos\theta)+jg\sin\theta}=Me^{j\phi} \tag{4-66}$$

ここで，次の M と ϕ はそれぞれ閉ループ系のゲインと位相である．

$$M=\frac{g}{\sqrt{1+g^2+2g\cos\theta}} \tag{4-67}$$

$$\phi=\tan^{-1}\frac{\sin\theta}{g+\cos\theta} \tag{4-68}$$

すなわち，閉ループ系のゲインと位相は上式により開ループ系の周波数伝達

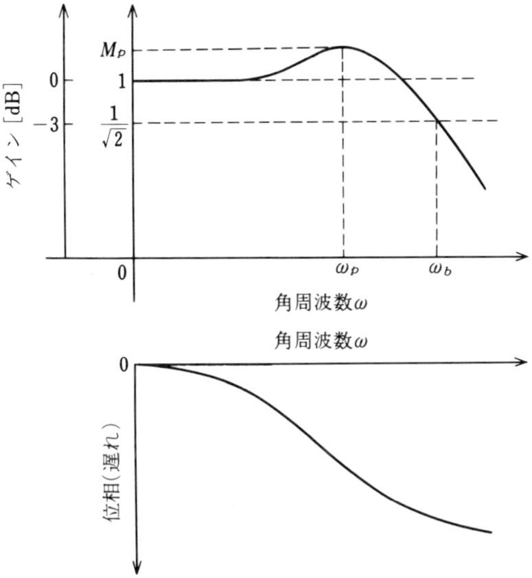

図 4-14 閉ループ系の周波数特性

関数のゲイン g と位相 θ から計算で求めることができる．ニコルズ線図(Nichols charts)というのは上の計算を図上で行うために用いられる線図であるがここでは省略する．上の計算により閉ループ系の周波数特性を求めると，例えば図4-14のようになる．この周波数特性で用いられる重要な定義には次のようなものがある．

（1） ピークゲイン（M_p）

閉ループ系の周波数特性のゲインの最大値．これは閉ループ系の安定度を表す指標となる．ピークゲインが大きいということは，共振周波数近辺の周波数で低周波数に比較して出力が大きくなるということであるので制御系の安定度は悪いことになる．ピーク値の最適値は $M_p \fallingdotseq 1.3$ といわれている．

（2） 共振ピーク周波数(ω_p)

共振ピークゲイン（M_p）をもつ場合その値 M_p を与える周波数．ただし，閉ループ系の周波数特性がピークをもたない場合定義されない．共振ピーク周波数は速応性の尺度になる．これが大きいということは高い周波数の信号（目標値）にも系が応答するということであり速応性がよい．

（3） 帯域幅(ω_b)

通常，入力信号の周波数が高くなると閉ループ系のゲイン特性は低下し，位相も遅れてくる．閉ループ系周波数特性のゲインが低周波（$\omega\to 0$）におけるゲインより 3 dB($=1/\sqrt{2}$)低下する周波数を帯域幅という．閉ループ系への入力信号は一般に種々の周波数を含んだものであるので，システムの出力が入力に忠実に応答するためには閉ループ系の周波数特性は入力信号を含む周波数にわたって一様に 1（0 dB）のゲインをもっていることが必要である．

演習問題

1. a, b, c を正係数として，制御対象が次式で与えられるシステムがある．

$$a\frac{dy(t)}{dt}+by(t)=cu(t)$$

このシステムの操作量を $u(t)$，制御量を $y(t)$ とする．いま下図に示すような制御系を構成し，$R(t)$ を目標値，$e(t)$ を誤差とし，制御器の伝達関数を $G_c(s)$ とする．ただし，$\mathcal{L}[u(t)]=U(s)$，$\mathcal{L}[y(t)]=Y(s)$，$\mathcal{L}[e(t)]=E(s)$，$\mathcal{L}[R(t)]=R(s)$ とする．いま制御器として $G_c(s)=K_I/s$ なる積分制御系を用いるものとする．

（1） この制御系は 2 次遅れ要素となるが，制動係数，固有角周波数はそれぞれどのようになるかを示せ．

（2） この制御系が臨界制動状態であるとして，目標値を R_0(一定)としたとき，この制御系の制御量 $y(t)$ を求めよ．

（3） この制御系が不足制動状態にあるとして，目標値を単位インパルス信号としたときのこの制御系の制御量 $y(t)$ を求めよ．

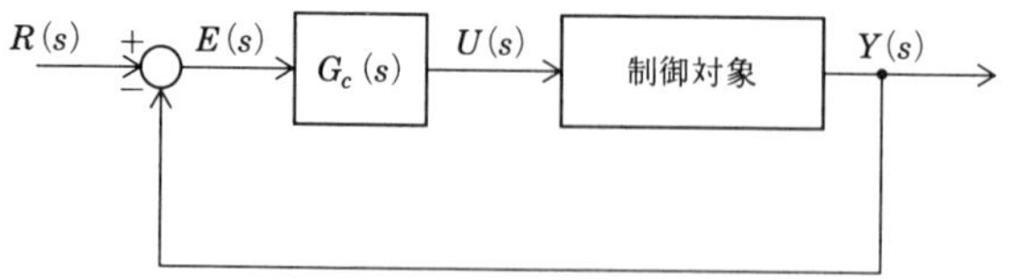

2. 周波数応答法において，種々の角周波数における振幅比と位相差を広い周波数範囲にわたって見やすく表現するためにナイキスト線図，ボード線図などがある．

（1） ナイキスト線図について説明せよ．

（2） ボード線図も非常によく使われるが，ボード線図は 2 つの線図からなり，対数の特徴をうまく利用している．ボード線図について説明せよ．

3．（1） $G(s)=10/(1+4\,s)$ の伝達関数で与えられるシステムのベクトル軌跡が数式でどのような形になるかを示し，そのベクトル軌跡を描け．

（2） 描いたベクトル軌跡を用いて $\omega=1/4$ [rad/s] のときのゲインと位相を求めよ．

4．$G(s)=10/s(1+2\,s)$ の伝達関数で与えられるシステムのボード線図を描け．

5．一巡伝達関数が

$$G(s)=\frac{K}{s(1+s)(1+3\,s)}$$

で与えられるフィードバック系がある．

（1） 位相交差周波数を求めよ．

（2） ゲイン余有を求めよ．

（3） ゲイン余有が 40 dB になるような K を求めよ．

第5章　安定性・安定度

制御系の安定・不安定は第1章でも述べたように制御問題のすべてに優先して確保されなければならない重要な性質である．すなわち，いかにフィードバック制御系により，よりよい制御ができる可能性があるといっても，出来上がった制御系が安定でなかったらすべては何もならない絵に描いた餅でしかない．安定・不安定の概念は次のような例により理解するのがよいであろう．すなわち，おわんのように水のようなものを入れる物を通常の向きに置いてその中にピンポン球を入れた場合に，球がどの位置に置かれようとも球は最終的にはおわんの底に落ち着く．これが安定な状況である．一方，おわんを逆の向きに置いたとして球をその上に乗せると，球は当然止まることはなくおわんから落ちてしまう．これが不安定な状況である．以下ではシステムが安定であるためにはどのような条件が必要であるかについて述べる．

5-1　安　定　と　は

状態方程式

$$\dot{\boldsymbol{x}}(t)=\boldsymbol{A}\boldsymbol{x}(t)+\boldsymbol{b}u(t) \tag{5-1 a}$$

$$y(t)=\boldsymbol{c}\boldsymbol{x}(t) \tag{5-1 b}$$

で表されるシステムにおける零入力応答，すなわち入力信号 $u(t)$ が零であるときの応答は(3-56)式より

$$y(t)=\boldsymbol{c}e^{A(t-t_0)}\boldsymbol{x}(t_0) \tag{5-2}$$

であるが，この値が任意の初期値 $\boldsymbol{x}(t_0)$ に対して $t\rightarrow\infty$ のとき零に収束すると

き，このシステムは漸近安定（asymptotically stable）であるという．ここでは考察する対象を線形系に限っているので議論を簡単にするが，非線形系も含めた場合には安定についての定義から注意して議論していく必要があることに留意してほしい．

ところで，以上では(5-1)式の安定性は入力を零とした系の応答のみによって，つまり状態方程式の $\boldsymbol{A}$ の性質のみによって決定されている．それでは(5-1)式において入力が零でない $u=u_0=$一定の場合についてはどのようになるであろうか．

このときの平衡点 $\boldsymbol{x}_0$ は次式を満足する．

$$\dot{\boldsymbol{x}}_0=\boldsymbol{A}\boldsymbol{x}_0+\boldsymbol{b}u_0=0 \tag{5-3}$$

そして(5-1)式より

$$\begin{aligned}\frac{d}{dt}[\boldsymbol{x}(t)-\boldsymbol{x}_0]&=\boldsymbol{A}\boldsymbol{x}(t)+\boldsymbol{b}u_0-[\boldsymbol{A}\boldsymbol{x}_0+\boldsymbol{b}u_0]\\&=\boldsymbol{A}[\boldsymbol{x}(t)-\boldsymbol{x}_0]\end{aligned} \tag{5-4}$$

となるが，ここで，$\boldsymbol{z}(t)=\boldsymbol{x}(t)-\boldsymbol{x}_0$ とおくと上式は

$$\dot{\boldsymbol{z}}(t)=\boldsymbol{A}\boldsymbol{z}(t) \tag{5-5 a}$$

$$y(t)=\boldsymbol{c}\boldsymbol{z}(t) \tag{5-5 b}$$

となり，$\boldsymbol{x}(t)$が平衡点 $\boldsymbol{x}_0$ に収束するかどうかという安定性はやはり $\boldsymbol{A}$ の性質にのみ依存することがわかる．つまり入力が零でない場合にも座標変換することによって入力を零とした場合と同じ議論ができることになる．

つぎに(5-1)式のシステムを次のような伝達関数で表わした場合の安定性について考えてみよう．なおここでの係数の表現はいままで用いてきた表現と逆になっていることに注意されたい．

$$G(s)=\boldsymbol{c}[s\boldsymbol{I}-\boldsymbol{A}]^{-1}\boldsymbol{b}=\frac{N(s)}{D(s)}=\frac{b_0s^m+\cdots+b_{m-1}s+b_m}{a_0s^n+a_1s^{n-1}+\cdots+a_{n-1}s+a_n} \tag{5-6}$$

ただし，$m<n \quad b_0\neq 0$

(5-6)式の分母，分子多項式を因数分解すると以下のようになる．

$$\begin{aligned}N(s)&=b_0(s-z_1)(s-z_2)\cdots(s-z_m)\\D(s)&=a_0(s-p_1)(s-p_2)\cdots(s-p_n)\end{aligned} \tag{5-7}$$

前述のように，上式で $D(s)=0$ の根 p_i は分母多項式を零とするものであり伝

達関数の極である．また，$N(s)=0$ の根 z_i は分子多項式を零とするものであり伝達関数の零点である．そして，各多項式は実数係数をもつので p_i と z_i は実根であるか共役複素根のいずれかである．いま，単位インパルスを入力したときの単位インパルス応答 $g(t)$ を調べることにより漸近安定の条件を求めてみよう．ただし，ここでは簡単のために 2 次系に限って述べることにする．

（a） 極がすべて相異なる実根の場合

伝達関数 $G(s)$ を部分分数展開する．

$$G(s)=\sum_{i=1}^{2}\frac{K_i}{s-p_i} \tag{5-8}$$

ただし，係数 K_i は次のようにして求められる．

$$K_i=[(s-p_i)G(s)]_{s=p_i} \qquad (i=1,2) \tag{5-9}$$

重み関数 $g(t)$，すなわち単位インパルス応答は(5-8)式をラプラス逆変換することにより次式のように求められる．

$$g(t)=K_1e^{p_1t}+K_2e^{p_2t} \tag{5-10}$$

2 つの極 p_1, p_2 が負であれば $g(t)$ は $t\to\infty$ で零に収束するのでシステムは安定となる．

（b） 極が共役複素根の場合

一般的には極は複数の複素根と実根を両方含むが，ここでは 2 次系を扱うので 2 つの極がある場合のみを考え，それが複素根の場合を扱う．

$$G(s)=\frac{{\omega_n}^2}{s^2+2\zeta\omega_ns+{\omega_n}^2}=\frac{{\omega_n}^2}{(s-p_1)(s-p_2)} \tag{5-11}$$

ただし，$p_1=-\zeta\omega_n+j\omega_n\sqrt{1-\zeta^2}$，$p_2=-\zeta\omega_n-j\omega_n\sqrt{1-\zeta^2}$

この場合の重み関数は次のようになる．

$$g(t)=\frac{\omega_n}{\sqrt{1-\zeta^2}}\,e^{-\zeta\omega_nt}\sin(\sqrt{1-\zeta^2}\,\omega_nt) \tag{5-12}$$

したがって，2 つの複素根の実数部がいずれも負であるならば $g(t)$ は $t\to\infty$ で零に収束しシステムは安定となる．

（c） 極が多重根の場合

多重根がある場合の簡単な例として 1 つの根が多重度 2 であるときを扱う．このとき伝達関数は次のようになる．

$$G(s)=\frac{{\omega_n}^2}{(s+\omega_n)^2} \tag{5-13}$$

したがって，この場合の重み関数は次のようになる．

$$g(t)={\omega_n}^2 te^{-\omega_n t} \tag{5-14}$$

この場合の根は $-\omega_n$ の2重根である．やはり根の実数部(この場合は根そのもの）が負であればシステムは安定となる．

以上は重み関数 $g(t)$ を見ることによって安定性を考察したわけであるが，考察している対象は線形系であるので，任意の入力が印加された場合の安定・不安定の考察も全く同様に考えることができる．以上のように，制御対象あるいは制御系が(5-1)式か(5-6)式で与えられる場合のその安定性は(5-6)式でいえば分母＝0とする極の実数部が負であれば安定であるということがわかった．また(5-1)式によれば e^{At} により安定か否かを判定できるということになるわけであるが，第3章にも述べたとおり $e^{At}=\mathcal{L}^{-1}[[s\boldsymbol{I}-\boldsymbol{A}]^{-1}]$ であるので，システムを表す行列 $\boldsymbol{A}$ の固有値（つまり極）の実数部が負であれば安定であるということになる．(5-1)式による表現も(5-6)式による表現も安定性を検討する場合には，極あるいは固有値により判断することができるので特に区別することなく次のようにまとめることができる．

(5-6)式で表されるシステムについて安定であるための必要十分条件は

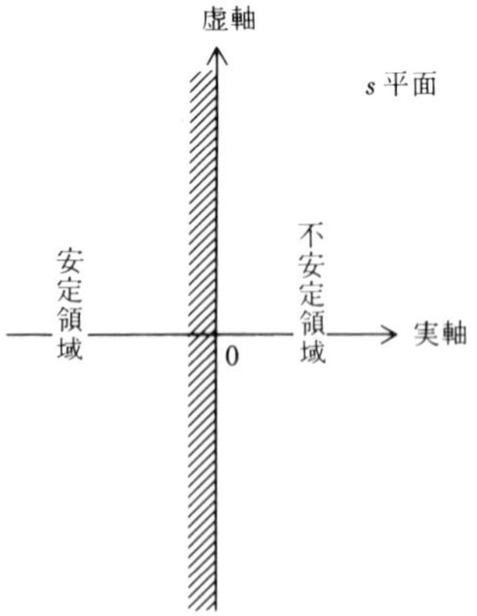

図 5-1　s 平面の安定領域

$$D(s)=a_0s^n+a_1s^{n-1}+\cdots+a_{n-1}s+a_n$$
$$=0 \tag{5-15}$$

と表わされる特性方程式について，

$$\text{実数部}\,[\text{特性根}\ p_i]<0 \qquad (i=1,2,\cdots,n) \tag{5-16}$$

となることである．

つまり以下のようになる．

① すべての極の実数部が負のとき，システムは安定である

② 極の内で1つでも実数部が正のものがあれば，システムは不安定である

③ 実数部が零である極がある場合は安定限界である

これらのことを複素平面（s 平面）で示したのが図5-1である．極 p_i が s 平面の左半平面にあることが安定のための必要十分条件である．したがって，制御系あるいは制御対象の特性方程式が与えられるとき，その根 p_i が s 平面でどこにあるかを知ることができれば安定・不安定がわかることになる．また，s 平面に根をプロットしたときに安定・不安定がわかるとともにどの程度安定であるかの安定度も示される．つまり，極が s 平面の左にいけばいくほど急速に過渡現象が消滅することになり，虚軸に近づけば近づくほど過渡現象が長時間継続して，不安定の方向に移動することになる．実軸上にのみすべての極がある場合にはその過渡現象は非振動的であるが，それ以外の場合には応答は振動的になる．このように，極がどこにあるかによりそのシステムの応答の重要な部分が決定されることに注意する．なお，システムの応答は極だけでなく零点の位置がどこにあるかにも影響されることに注意すべきである．

5-2　閉ループ系の安定性

5-1節で述べたことは線形系についての一般論であり，どのようなシステムであれ(5-1)式あるいは(5-6)式の形で表されていれば成り立つ話である．つぎにより具体的に次のようなフィードバック制御系における安定性を考えよう．図5-2のような一般的なフィードバック制御系の目標値-制御量間の伝達関数は次のように表わされる．

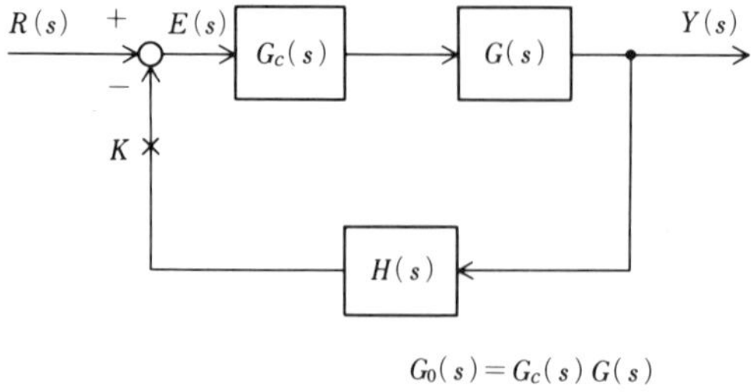

図 5-2 フィードバック制御系

$$W(s)=\frac{G_c(s)G(s)}{1+G_c(s)G(s)H(s)}=\frac{G_0(s)}{1+G_0(s)H(s)} \tag{5-17}$$

混乱はないと思われるので，これを改めて(5-6)式と同じ表現を使って次のように表す．

$$W(s)=\frac{N(s)}{D(s)}=\frac{b_0s^m+\cdots+b_{m-1}s+b_m}{a_0s^n+a_1s^{n-1}+\cdots+a_{n-1}s+a_n} \tag{5-18}$$

このとき，特性方程式はその分母多項式より

$$D(s)=1+G_0(s)H(s)=1+G_c(s)G(s)H(s)=0 \tag{5-19 a}$$

$$D(s)=a_0s^n+a_1s^{n-1}+\cdots+a_{n-1}s+a_n=0 \tag{5-19 b}$$

$$D(s)=a_0(s-p_1)(s-p_2)\cdots(s-p_n)=0 \tag{5-19 c}$$

などと表わされる．したがって，この特性方程式の根，すなわち極について安定・不安定の判定を行えばよいことになる．制御対象 $G(s)$ のみの安定・不安定は $G(s)$ の分母多項式$=0$ とおいた特性方程式の特性根を調べればよいわけであるが，フィードバック制御系としての安定性は(5-19 a)式からわかるように，制御対象の極がフィードバック系の極に複雑にかかわるために容易には判断できない．(5-19 c) 式のように特性方程式が因数分解できる場合は，その安定・不安定の判定は上の原理に従って極めて容易にできる．しかし，一般には多項式の因数分解は容易ではない．もちろん数値計算により (5-19 b) 式の根を求めることは可能ではあるが，直接特性根を知らないでも，要するに特性根が s 平面の左半平面にあるかどうかさえわかればよいのであるという立場から次に述べるように Routh の方法，Hurwitz の方法がよく知られている．さらに単なる数値計算ではわからない制御系の全貌を知るための方法である Nyquist の方法

は，安定・不安定のみならずどの程度安定であるかを見るにも極めて有力な方法である．

このように，制御対象を(5-1)式または(5-6)式のように表した場合でも，あるいはフィードバック制御系として構成されていて，その目標値-制御量間の伝達関数がわかっている場合でも，その安定性については特性方程式の特性根あるいは極について検討することによって判断できる．普通問題となるのは制御対象の安定・不安定よりも図 5-2 のような制御系を構成した場合にこのフィードバック制御系が安定であるかどうかを知ることである．

制御対象が安定であるからといって，構成されたフィードバック制御系が安定であるとは決していえないのである．逆に制御対象が不安定であってもフィードバック制御系を構成することによって安定に制御することができるのである．例えば，ロケット姿勢制御とか倒立振子の制御などはわかりやすい例である．制御対象が安定であっても制御系を構成したときに不安定になる例としては，ある部屋におけるマイクロフォンとスピーカのシステムではスピーカの音が不用意にマイクロフォンに入ることにより(フィードバック系が構成される)アンプのゲインを上げるとハウリングを起こすなど身近な例がある．このような安定・不安定を判断するのに以下には特性根を求めることなく一般的に安定判別する方法について述べる．

5-3　安定判別法—Routh-Hurwitz の安定判別法

まず，Routh の安定判別法について述べる．この方法は特性方程式を（5-19b)式としたとき，その係数 $a_0, a_1, a_2, \cdots, a_n$ を用いたある数列を作りそれにより安定判別をしようとする方法である．これにより特性方程式の特性根を直接求めることなく安定判別が可能となる．

まず，次のような Routh 表（Routh table）を作る．

$$
\begin{array}{c|cccc}
s^n & a_0 & a_2 & a_4 & a_6 & \cdots \\
s^{n-1} & a_1 & a_3 & a_5 & a_7 & \cdots \\
\hline
s^{n-2} & b_1 & b_2 & b_3 & \cdots & \\
s^{n-3} & c_1 & c_2 & \cdots & & \\
s^{n-4} & d_1 & d_2 & & & \\
\vdots & \vdots & \vdots & & & \\
s^0 & & & & &
\end{array}
\tag{5-20}
$$

ここで，

$$
b_1 = \frac{-\begin{vmatrix} a_0 & a_2 \\ a_1 & a_3 \end{vmatrix}}{a_1} = \frac{-a_0a_3 + a_1a_2}{a_1}
$$

$$
b_2 = \frac{-\begin{vmatrix} a_0 & a_4 \\ a_1 & a_5 \end{vmatrix}}{a_1} = \frac{-a_0a_5 + a_1a_4}{a_1}
$$

$$
c_1 = \frac{-\begin{vmatrix} a_1 & a_3 \\ b_1 & b_2 \end{vmatrix}}{b_1} = \frac{a_3b_1 - a_1b_2}{b_1}
$$

$$
c_2 = \frac{-\begin{vmatrix} a_1 & a_5 \\ b_1 & b_3 \end{vmatrix}}{b_1} = \frac{a_5b_1 - a_1b_3}{b_1}
$$

……………

このとき，

① 係数 $a_0, a_1, \cdots, a_n$ がすべて正（同符号）である

② Routh 表の最初の列 $a_0, a_1, b_1, c_1, \cdots$ が正である

の 2 つの条件が (5-19 b) 式の特性方程式の根の実数部がすべて負であり，システムが安定であるための必要十分条件である．

また，特性方程式の正の実数部をもつ根の数は最初の列の符号変化数に等しいということもわかっている．

ついで，Routh の方法と等価である Hurwitz の安定判別法を述べる．（演習問題参照）

この方法は係数 $a_0, a_1, \cdots, a_n$ を用いて

$$H_i = \begin{vmatrix} a_1 & a_3 & a_5 & \cdots & a_{2i-1} \\ a_0 & a_2 & a_4 & \cdots & a_{2i-2} \\ 0 & a_1 & a_3 & \cdots & a_{2i-3} \\ 0 & a_0 & a_2 & \cdots & a_{2i-4} \\ 0 & 0 & a_1 & \cdots & a_{2i-5} \\ \vdots & \vdots & \vdots & & \vdots \\ 0 & 0 & 0 & \cdots & a_n \end{vmatrix} \quad (H_1, H_2, H_3) \tag{5-21}$$

と定義される Hurwitz 行列式 (Hurwitz determinant) を用いる．ここで，$i=1,2,\cdots,n$ であり，$k>n$ の場合には $a_k=0$ とする．

このときシステムが安定である必要十分条件は次のようになる．

① 係数 $a_0, a_1, \cdots, a_n$ がすべて正である．

② (5-13)の行列式において $H_i>0\,(i=1,2,\cdots,n)$ である．

すなわち，$H_1>0, H_2>0, \cdots, H_n>0$

［例 1］ 図に示すフィードバック制御系が安定であるための K の値の範囲を求める[27]．

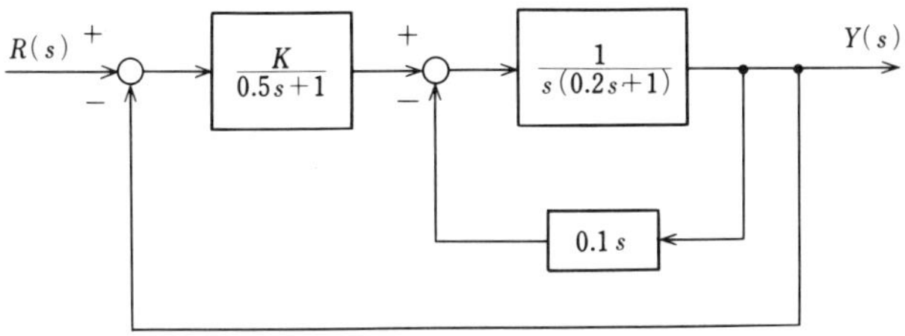

内部のフィードバック系の閉ループ系伝達関数 $G_1(s)$ を求め，さらにそれを基に整理すると次のようなブロック線図にまとめられる．

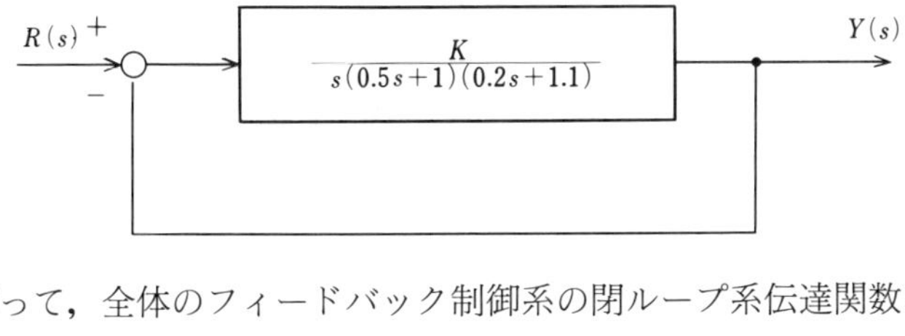

したがって，全体のフィードバック制御系の閉ループ系伝達関数は

$$W(s)=\frac{K}{0.1\,s^3+0.75\,s^2+1.1\,s+K} \tag{5-22}$$

となり，特性方程式 $D(s)$ は次のようになる．

$$D(s)=0.1\,s^3+0.75\,s^2+1.1\,s+K=0 \tag{5-23}$$

Routh の安定判別法によりこの制御系が安定であるための条件を求める．

$$\begin{array}{c|ll}
s^3 & a_0=0.1 & a_2=1.1 \\
s^2 & a_1=0.75 & a_3=K \\
\hline
s^1 & b_1=1.1-\dfrac{0.1}{0.75}K & \\
s^0 & c_1=K &
\end{array}$$

$$b_1=\frac{-\begin{vmatrix}0.1 & 1.1\\ 0.75 & K\end{vmatrix}}{0.75}=1.1-\frac{0.1}{0.75}K$$

$$c_1=\frac{-\begin{vmatrix}0.75 & K\\ b_1 & 0\end{vmatrix}}{b_1}=K$$

ゆえに安定条件は次のようになる．

$$1.1-\frac{0.1}{0.75}K>0 \quad \text{および} \quad K>0 \tag{5-24}$$

これより求める K の値の範囲は次のようになる．

$$0<K<8.25 \tag{5-25}$$

次に Hurwitz の判別法を用いて解く．この場合には，

$$D(s)=s^3+7.5\,s^2+11\,s+10\,K=0 \tag{5-26}$$

のように特性方程式 $D(s)$ を 10 倍して考えると楽である．

Hurwitz 行列式は次のようになる．

$$H_3=\begin{vmatrix}7.5 & 10\,K & 0\\ 1 & 11 & 0\\ 0 & 7.5 & 10\,K\end{vmatrix} \tag{5-27}$$

特性方程式 $D(s)$ の係数はすべて正であり，

$$H_1=7.5$$

$$H_2=\begin{vmatrix}7.5 & 10\,K\\ 1 & 11\end{vmatrix}=7.5\times 11-10\,K>0 \tag{5-28}$$

$$H_3=\begin{vmatrix}7.5 & 10\,K & 0\\ 1 & 11 & 0\\ 0 & 0.75 & 10\,K\end{vmatrix}=7.5\times 11\times 10\,K-(10\,K)^2>0$$

となるので，これより制御系が安定である条件はやはり次のようになる．

$$0<K<8.25 \tag{5-29}$$

5-4　Nyquist の安定判別法と安定度

Routh/Hurwitz の安定判別法はシステム（制御対象でも制御系でもよい）の安定判別を特性方程式の係数から判断する方法であった．Nyquist の安定判別法は周波数応答法の考え方に基づくもので特性方程式が無限次元となるむだ時間系や分布定数系などにも適用可能な方法であり，かつ安定の度合いも見れるなど非常に有力なものである．再び図 5-2 について考える．特性方程式は

$$1+G_0(s)H(s)=0 \tag{5-30}$$

ただし，$G_0(s)=G_c(s)G(s)$

となる．ここで $E(s)$ から $E(s)$ までのループ一巡の伝達関数 $G_0(s)H(s)$ が一巡伝達関数（loop transfer function）であり Nyquist の安定判別を行う手順は以下のようである．

① 4-4 節に述べた方法により一巡伝達関数 $G_0(s)H(s)$ のナイキスト線図を描く．すなわち，$G_0(s)H(s)$ において $s=j\omega$ とおき ω を $-\infty$ から $+\infty$ まで変化させたときのベクトル軌跡を描く．

② 複素平面上の（$-1+j0$）点から描かれたナイキスト線図上の 1 点にベクトルを引き，ω を $-\infty$ から $+\infty$ まで変化させたときのこのベクトルの回転を調べ，反時計方向まわりの回転を R とする．

③ 一巡伝達関数 $G_0(s)H(s)$ の極の内で実部が正なるものの数を P とする．このときシステムが安定であるのは $R=P$ の場合のみである．もし $G_0(s)H(s)$ の極の実部が正のものがない，すなわち開いた系が安定な場合には $P=0$ であるからその安定条件は回転数 $R=0$ となる．

Nyquist の安定判別についての証明は省略するので他の成書を参考にして欲しい．

理解を容易にするために一巡伝達関数 $G_0(s)H(s)$ が右半平面に極をもっていない場合，すなわち $P=0$ の場合を考えてみよう．この場合の安定条件は $R=0$ であるから，$G_0(j\omega)H(j\omega)$ のベクトル軌跡が点（$-1+j0$）を囲まなければ図

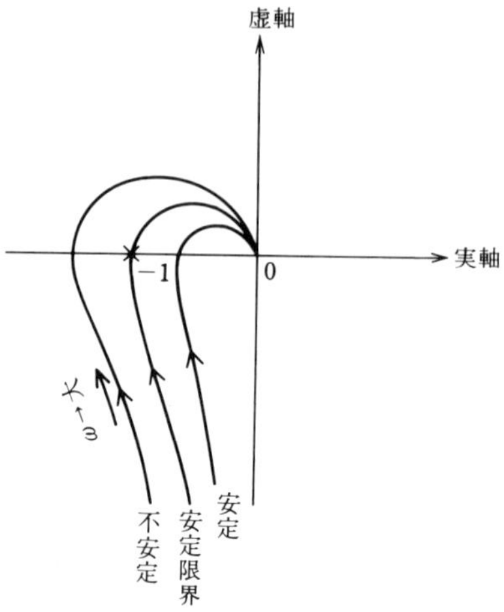

図 5-3　一巡伝達関数の極が右平面にない場合のナイキスト安定判別

5-2 のフィードバック制御系は安定であるということになる．すなわち図 5-3 のようにベクトル軌跡が点 $(-1+j\,0)$ のどちら側にあるかによって安定判別が可能となる．

図 5-2 の閉ループ系で入力 $R(t)=0$ として $e(t)=A\sin\omega t$ の信号が存在し，この信号が一巡して K 点まで戻ってきたときその点における信号の振幅と位相を調べると，上に述べた安定の物理的な意味がよりわかりやすい[28]．いま開ループ系の伝達関数 $G_0(j\omega)H(j\omega)$ を基にして考えてみる．K 点での振幅は $A|G_0(j\omega)H(j\omega)|$ で位相を $\angle G_0(j\omega)H(j\omega)=\phi$ とすると，K 点での信号 $e_K(t)$ は次のようになる．

$$e_K(t)=A|G_0(j\omega)H(j\omega)|\sin(\omega t+\phi) \tag{5-31}$$

いま，

$$|G_0(j\omega)H(j\omega)|=1 \tag{5-32}$$

$$\angle G_0(j\omega)H(j\omega)=\angle G_0(j\omega)+\angle H(j\omega)=\phi=-180^\circ \tag{5-33}$$

が満足されるならば

$$e_K(t)=A\sin(\omega t-180^\circ)=-A\sin\omega t \tag{5-34}$$

となり，$e(t)=-e_K(t)$ となり，元の信号と全く同じ信号が再びこのループをめぐることになり，この閉ループ系には定常的に $A\sin\omega t$ の信号が残ることに

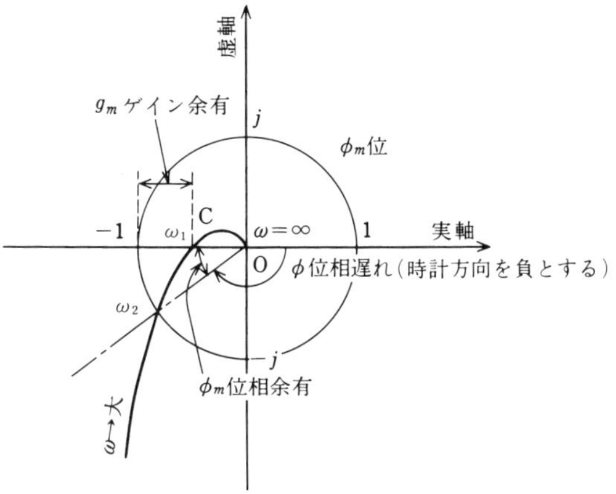

図 5-4　ナイキスト軌跡によるゲイン余有と位相余有

なる．そして出力側には

$$y(t)=A|G_0(j\omega)H(j\omega)|\sin[\omega t+\angle\{G_0(j\omega)H(j\omega)\}] \tag{5-35}$$

なる信号が持続的に出力されることになる．(5-32)，(5-33)式の条件は

$$G_0(j\omega)H(j\omega)=-1 \tag{5-36}$$

つまり，

$$1+G_0(j\omega)H(j\omega)=0 \tag{5-37}$$

となるが，これはベクトル軌跡が点 $(-1+j0)$ 上にあることを意味し，安定限界の条件となる．

そして，$\angle G_0(j\omega)H(j\omega)=\pm180^\circ$ であって $|G_0(j\omega)H(j\omega)|<1$ ならば，信号は閉ループ系を巡回しているうちに振幅はしだいに減少していくので閉ループ系は安定である．また $\angle G_0(j\omega)H(j\omega)=\pm180^\circ$ であって，$|G_0(j\omega)H(j\omega)|>1$ ならば，信号は閉ループ系を巡回しているうちに振幅はしだいに増大し閉ループ系は不安定となる．

図 5-3 から容易にわかるように，システムが安定であったときベクトル軌跡が点 $(-1+j0)$ にどれくらい近いかによって安定の度合いを見ることができる．そのような安定の度合いを定量的に表示するために安定余有（stability margin，ゲイン余有（gain margin）と位相余有（phase margin））というものがある（図 5-4）．まず，ω_1（これを位相交差角周波数(phase crossover angular frequency)

という）の点では位相が-180°で限界であるが，振幅が1以下であるので安定限界まではまだ余裕があり，図に示すようなデシベル表現をしたゲイン余有を定義する．つぎに，複素平面に原点を中心とする単位円を描く．この単位円と描かれたベクトル軌跡との交点が図5-4では角周波数ω_2（これをゲイン交差角周波数（gain crossover angular frequency）という）のときに生じている．そのときは振幅は1であり点$(-1+j0)$の大きさと同じであるが，位相は点$(-1+j0)$が-180°であるのに対してϕ_mだけ-180°に余裕があるという意味でϕ_mを位相余有と呼ぶ．

$$\text{ゲイン余有}\quad g_m=20\log_{10}1-20\log_{10}\overline{OC}=20\log_{10}(1/\overline{OC}) \tag{5-38 a}$$

$$\text{位相余有}\quad \phi_m=\phi+180^\circ \tag{5-38 b}$$

$G_0(j\omega)H(j\omega)$のNyquist線図が点$(-1+j0)$をちょうど通れば図5-2のフィードバックシステムは安定限界であり$g_m=0$ dB，$\phi_m=0^\circ$である．g_m, ϕ_mが大きいほどシステムは安定性がよいことになる．しかし，制御系は安定性に加えて定常特性，過渡特性などの要素も総合的に判断して設計されるべきであり，安定度の大きさだけを評価にして考えるべきでなく，追従制御ではゲイン余有は10〜20 dB程度，位相余有は40°〜60°，定値制御ではそれぞれ3〜10 dB，20°以上が適当といわれている．ゲイン余有とは位相を変えないで$G_0(j\omega)H(j\omega)$のゲインをさらにいくら増やせば安定限界になるかを示し，位相余有とはゲインを変えないで位相だけをどれだけ増やせば安定限界になるかを示している．注意す

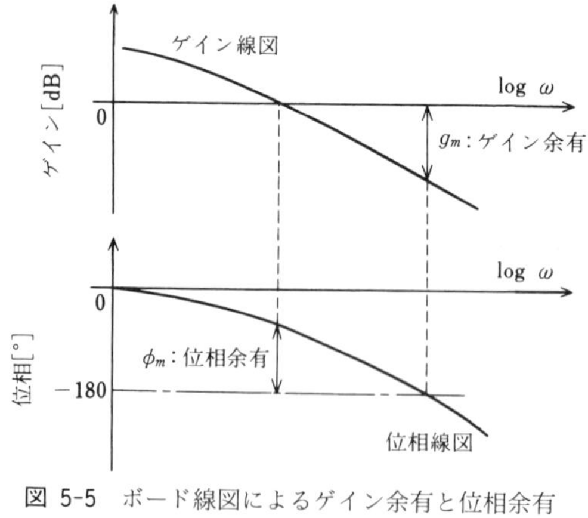

図 5-5　ボード線図によるゲイン余有と位相余有

べきはこの場合のゲインや位相とは一巡伝達関数 $G_0(s)H(s)$ のものであり，構成された図 5-2 のフィードバック制御系のものではないことである．つまり，Nyquist 線図は前章に述べたように一巡伝達関数のベクトル軌跡を描くものであって，Nyquist の安定判別法とはそれによって一巡伝達関数 $G_0(s)H(s)$ をもつフィードバック制御系(ここでは図5-2) の安定判別を行い，安定度を見るものである．このように，ゲイン余有，位相余有は開ループ周波数特性から見た閉ループ系の安定性に関する定義である．なお，この安定余有はボード線図上では図 5-5 に示すようになる．

詳細は省略するが，閉ループ系の周波数特性を直接表すものにすでに示したように図 4-14 のようなものがある．ピークゲイン M_p が大きいとベクトル軌跡は点 $(-1+j0)$ の近くを通り，ゲイン余有，位相余有ともに少ない．ベクトル軌跡が点 $(-1+j0)$ を通る安定限界のときは M_p は無限大となる．M_p が小さいときはベクトル軌跡は点 $(-1+j0)$ から遠く離れたところを通り，ゲイン余有，位相余有ともに大きくなる．したがって，M_p の大きいときは安定性が悪く，小さいときは安定性はよくなる．しかし，M_p が小さければよいというものでないことは前述のとおりであり，$1.1<M_p<1.5$ の値がよいといわれている．

［例 2］　図に示すフィードバック制御系の Nyquist 線図を描き，安定余有を求める[27]．

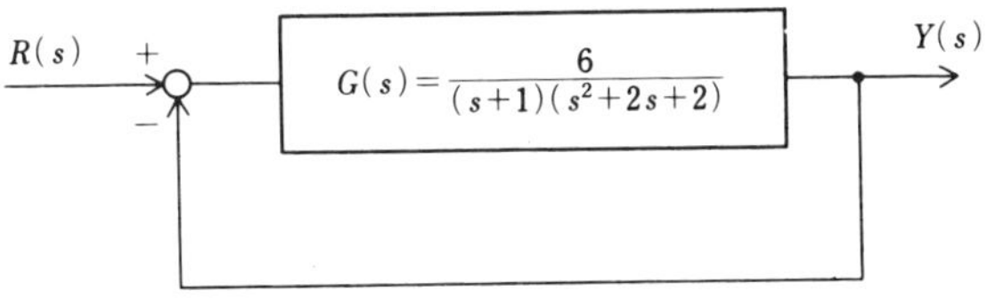

一巡伝達関数の s の代わりに $j\omega$ を代入して整理すると次式を得る．

$$G(j\omega)=\frac{6}{2-3\,\omega^2+j\omega(4-\omega^2)} \tag{5-39}$$

上式を基にして ω を 0 から $+\infty$ まで変化させたときの $G(j\omega)$ のベクトル軌跡を描く．ここで次のような代表的な点は容易に求められる．

① $\omega=0$ のとき　　$G(j0)=3$

② $\omega=\infty$ のとき　　$G(j\infty)=0$

③　実軸との交点は虚数部＝0として求められる．

$\omega(4-\omega^2)=0$　より　位相交差角周波数 ω_1 は $\omega_1=0, 2$ と求まる．

$\omega_1=0$ のとき　　$G(j0)=3$

$\omega_1=2$ のとき　　$G(j2)=-0.6$

④　虚軸との交点は実数部＝0より求められる．

$2-3\omega^2=0$　から　　$\omega=\sqrt{2/3}$

$\omega=\sqrt{2/3}$　のとき　　$G(j\sqrt{2/3})=-j2.2$

⑤　$\omega=1$ のとき　　$G(j1)=-0.6-j1.8$

⑥　$\omega=1.5$ のとき　　$G(j1.5)\fallingdotseq-0.97-j0.54$

以上のデータからベクトル軌跡の概略が描ける．なお $\omega=-\infty\sim0$ の軌跡は $\omega=0\sim+\infty$ の軌跡と実軸に関して対称であるので省略してある．

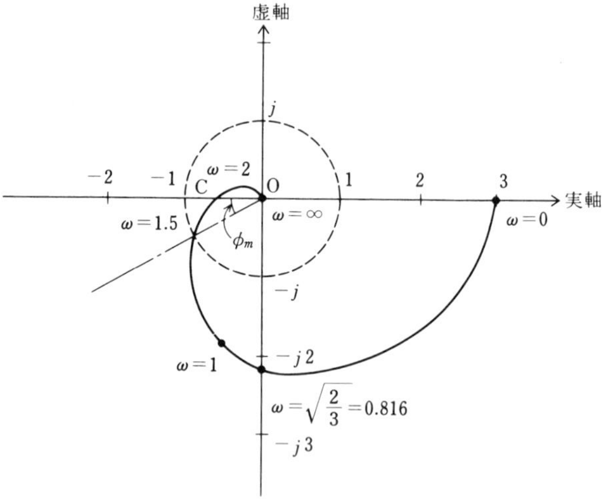

このベクトル軌跡（Nyquist線図）より以下に示すように安定余有が求められる．

ゲイン余有　$g_m=-20\log_{10}\overline{\mathrm{OC}}=-20\log_{10}0.6=4.4\,\mathrm{dB}$

位相余有　　$\phi_m=24.5^\circ$　　　　（線図の視察より）

5-5 Lyapunov の安定定理

前節では，線形システムだけに的を絞って安定性や安定判別法について述べてきた．通常，フィードバック制御系の安定性はそのような方法によって議論することが多いが，本節では，線形システムはもちろん非線形システムの安定を議論する場合によく用いられる Lyapunov の安定定理について述べる．これは後の章で用いられる．

いま次の非線形システムを考える．

$$\dot{\boldsymbol{x}}(t)=\boldsymbol{f}[\boldsymbol{x}(t)], \qquad \boldsymbol{f}(\boldsymbol{0})=\boldsymbol{0} \tag{5-40}$$

ただし，$\boldsymbol{x}$ は n 次ベクトルである．

(5-40)式のシステムの安定性は次のような Lyapunov の安定定理により定義される．「(5-40) 式のシステムに対してある正定関数 $V(\boldsymbol{x})$ が存在し，かつ (5-40) 式の軌道に沿った時間微分 $\dot{V}(\boldsymbol{x})$ が負定関数ならば原点は漸近安定 (asymptotically stable) である」．

この定理は(5-40)式の方程式の解を求めずにシステムの安定性を調べるのに用いられ，このとき $V(\boldsymbol{x})$ を Lyapunov 関数 (Lyapunov function) という．ただし，この定理は十分条件であることに注意する．したがって，$V(\boldsymbol{x})$ なる関数が求められると非線形系の安定性は容易にわかるが，しかしこの $V(\boldsymbol{x})$ なる関数を一般的に求める方法がないのが問題である．

一方，この定理を次の線形システムについて考えてみるとこの場合には必要十分条件が求められる．

$$\dot{\boldsymbol{x}}(t)=\boldsymbol{A}\boldsymbol{x}(t) \tag{5-41}$$

いま正定関数 $V(\boldsymbol{x})$ として次のものを選ぶ．

$$V(\boldsymbol{x})=\boldsymbol{x}^T(t)\boldsymbol{P}\boldsymbol{x}(t) \tag{5-42}$$

ここで，$\boldsymbol{P}$ は $n\times n$ の実対称正定行列である．$V(\boldsymbol{x})$ の時間微分は次のように求められる．

$$\begin{aligned}\dot{V}(\boldsymbol{x})&=\dot{\boldsymbol{x}}^T(t)\boldsymbol{P}\boldsymbol{x}(t)+\boldsymbol{x}^T(t)\boldsymbol{P}\dot{\boldsymbol{x}}(t)\\&=\boldsymbol{x}^T(t)[\boldsymbol{A}^T\boldsymbol{P}+\boldsymbol{P}\boldsymbol{A}]\boldsymbol{x}(t)\end{aligned} \tag{5-43}$$

したがって，もし行列 $\boldsymbol{P}$ が正定，$(\boldsymbol{A}^T\boldsymbol{P}+\boldsymbol{P}\boldsymbol{A})$ が負定ならば $V(\boldsymbol{x})$ は正定

関数，$\dot{V}(\boldsymbol{x})$は負定関数となり，Lyapunov の安定定理から $\boldsymbol{x}=\boldsymbol{0}$ は漸近安定である．これを次のようにまとめることができる．

「システム(5-41)式の原点が漸近安定であるための必要十分条件は，任意の正定実対称行列 $\boldsymbol{Q}$ に対して

$$\boldsymbol{A}^T\boldsymbol{P}+\boldsymbol{P}\boldsymbol{A}=-\boldsymbol{Q} \quad \text{(Lyapunov 方程式 (Lyapunov equation))} \tag{5-44}$$

を満足する正定実対称行列 $\boldsymbol{P}$ が存在することである」

［例3］ 次の非線形システムの安定条件を求める．

$$\dot{x}_1(t)=-x_1(t)\,x_2{}^6(t)$$
$$\dot{x}_2(t)=-x_1{}^6(t)\,x_2(t) \tag{5-45}$$

ここで正定なスカラー関数 V を次のように選ぶ．

$$V(\boldsymbol{x})=x_1{}^6(t)+x_2{}^6(t) \tag{5-46}$$

このとき $V(\boldsymbol{x})$の時間微分は次のように求まる．

$$\frac{dV(\boldsymbol{x})}{dt}=6x_1{}^5(t)\,\dot{x}_1(t)+6x_2{}^5(t)\,\dot{x}_2(t)=-12\{x_1(t)\,x_2(t)\}^6<0 \tag{5-47}$$

したがって正定スカラー関数 $V(\boldsymbol{x})$ の時間微分は負定であるのでこの $V(\boldsymbol{x})$ は Lyapunov 関数であり，与えられた非線形システムの原点は漸近安定である．

［例4］ 次の線形システムの安定条件を Lyapunov の安定定理を用いて示す．

$$\ddot{x}(t)+a\dot{x}(t)+bx(t)=0 \tag{5-48}$$

ここで $x_1(t)=x(t), x_2(t)=\dot{x}(t)$ とおいて (5-48) 式を次のように状態方程式で表す．

$$\begin{bmatrix}\dot{x}_1(t)\\ \dot{x}_2(t)\end{bmatrix}=\begin{bmatrix}0 & 1\\ -b & -a\end{bmatrix}\begin{bmatrix}x_1(t)\\ x_2(t)\end{bmatrix} \tag{5-49}$$

この系に対して(5-44)式の Lyapunov 方程式を適用する．いま，行列 $\boldsymbol{P}$ を次のようにおく．

$$\boldsymbol{P}=\begin{bmatrix}p_1 & p_2\\ p_2 & p_3\end{bmatrix} \tag{5-50}$$

(5-44)式における $\boldsymbol{Q}$ は任意の実対称行列であるからここでは単位行列に選ぶ．もちろん許された範囲で任意に選んでさしつかえない．このとき，Lyapunov 方程

式は次のようになる．

$$\begin{bmatrix} 0 & -b \\ 1 & -a \end{bmatrix}\begin{bmatrix} p_1 & p_2 \\ p_2 & p_3 \end{bmatrix}+\begin{bmatrix} p_1 & p_2 \\ p_2 & p_3 \end{bmatrix}\begin{bmatrix} 0 & 1 \\ -b & -a \end{bmatrix}=-\begin{bmatrix} 1 & 0 \\ 0 & 1 \end{bmatrix} \tag{5-51}$$

この式から $\boldsymbol{P}$ 行列を求め，$\boldsymbol{P}$ が正定であれば原系の安定性が示せることになる．

具体的に $a=3, b=1$ として求めると Lyapunov 方程式の解 $\boldsymbol{P}$ は次のように求まり，正定となるため原系は安定であることがわかる．(演習問題参照)

$$\boldsymbol{P}=\begin{bmatrix} 11/6 & 1/2 \\ 1/2 & 1/3 \end{bmatrix} \tag{5-52}$$

5-6 離散時間値系の安定判別

離散時間値系の安定性を考えるとき，連続時間値系の極 s，すなわち s 平面上の極と離散時間値系の極 z，すなわち z 平面上の極との間に

$$z=e^{sT} \quad (T \text{ はサンプリング周期}) \tag{5-53}$$

なる関係があることを利用すると考えやすい．ここで，$z=re^{j\theta}$，$s=\alpha+j\beta$ とおいて考えると $r<1$ は $\alpha<0$ に，$r=1$ は $\alpha=0$ に対応する．したがって，図 5-6 のように z 平面上の $r=1$ なる円は s 平面の虚軸に対応し，また単位円内は s 平面の左半平面に対応することがわかる．したがって，離散時間値系が $\boldsymbol{x}(k+1)=\boldsymbol{A}\boldsymbol{x}(k)$ のように状態方程式で表されている場合，その固有値(すなわちシステムの極，$\det[z\boldsymbol{I}-\boldsymbol{A}]=0$ の根)λ が z 平面の単位円内に入っていれば安定である

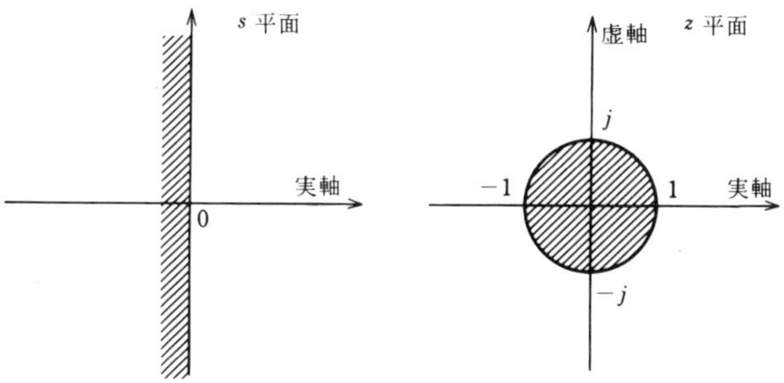

図 5-6 s 平面の安定領域と z 平面の安定領域の対応

ということがわかる．

(5-1)式に述べた連続時間値系に対応した形で離散時間値系が次のように表現される場合を考える．

$$\boldsymbol{x}(k+1)=\boldsymbol{A}\boldsymbol{x}(k)+\boldsymbol{b}u(k) \qquad (5\text{-}54)$$
$$y(k)=\boldsymbol{c}\boldsymbol{x}(k)$$

これより入出力間のパルス伝達関数は次式となる．

$$G(z)=\boldsymbol{c}[z\boldsymbol{I}-\boldsymbol{A}]^{-1}\boldsymbol{b} \qquad (5\text{-}55)$$

ここでは，システムの極と零点の消去はないとして以下の議論を進める．極と零点の消去が生じる場合はより検討を必要とすることに注意する．

(5-55)式から連続時間値系と同じく次の特性方程式が求まる．

$$a_0z^n+a_1z^{n-1}+\cdots+a_n=0 \qquad (5\text{-}56)$$

前述した原理に従って，この特性方程式の根の絶対値が1より小さいかどうかを判別することによって安定・不安定がわかる．まず第一に連続時間値系で用いたRouth/Hurwitzの方法を用いることについて述べる．ここで次の双1次変換（bilinear transformation）を用いる．

$$s=\frac{z-1}{z+1} \quad \text{または} \quad z=\frac{1+s}{1-s} \qquad (5\text{-}57)$$

これによって図5-6に示すようにz平面の単位円の円周上はs平面の虚軸上に対応し，単位円の内部はs平面の左半平面に対応することになるので，安定判別に限れば(5-57)式の変換を行ってRouth/Hurwitzの方法を用いればよい．その他の安定判別法としてはSchur-Cornの方法，Juryの方法などあるが，本書では省略する．

次に前節で述べたLyapunovの安定定理について述べる．いま一般に離散時間値システムが次のように表現されているとする．

$$\boldsymbol{x}(k+1)=\boldsymbol{f}[\boldsymbol{x}(k)] \qquad (5\text{-}58)$$

ただし，$\boldsymbol{x}$は$n\times 1$のベクトルである．

(5-58)式のシステムの安定性は連続時間系と同じく次のようなLyapnovの安定定理により定義される．「(5-58)式のシステムに対してある正定関数$V(\boldsymbol{x})$が存在し，かつその時間差分$\Delta V(\boldsymbol{x})$が負定関数ならば原点は漸近安定である」．ここで$\Delta V[\boldsymbol{x}(k+1)]=V[\boldsymbol{x}(k+1)]-V[\boldsymbol{x}(k)]$である．

以上の定理を

$$\boldsymbol{x}(k+1)=\boldsymbol{A}\boldsymbol{x}(k) \tag{5-59}$$

の線形系に適用する．このとき，ある正定実対称行列 $\boldsymbol{Q}$ が与えられ，

$$\boldsymbol{A}^T\boldsymbol{P}\boldsymbol{A}-\boldsymbol{P}=-\boldsymbol{Q} \quad \text{(Lyapunov 方程式)} \tag{5-60}$$

を満足する正定実対称行列 $\boldsymbol{P}$ が存在する場合に限り平衡状態 $\boldsymbol{x}_e=\boldsymbol{0}$ は安定となる．

これは連続時間値系の(5-44)式に対応したものであり，そのとき，

$$V(\boldsymbol{x})=\boldsymbol{x}^T(k)\boldsymbol{P}\boldsymbol{x}(k) \tag{5-61}$$

はシステムの Lyapunov 関数となって，さらに，

$$\Delta V(\boldsymbol{x})=-\boldsymbol{x}^T(k)\boldsymbol{Q}\boldsymbol{x}(k)<0 \tag{5-62}$$

が成り立つ．

演習問題

1. ラウスの安定判別法とフルビッツの安定判別法は独立に確立されたものであるが，本質的には等価である．両者の関係を示せ．

2. 特性方程式が $3s^5+2s^4+6s^3+s^2+4s+4=0$ で与えられるシステムがある．このシステムは安定な極をいくつもつか．

3. 下図に示す棒状の剛体を考える．この剛体は $\theta=0°$ のときにはいわゆる倒立振子となるが，このときはほんの少しの外乱が加わっただけで倒れてしまう．また $\theta=180°$ のときにはいわゆる振り子となるが，このときには外乱が加わってしばらくすると平

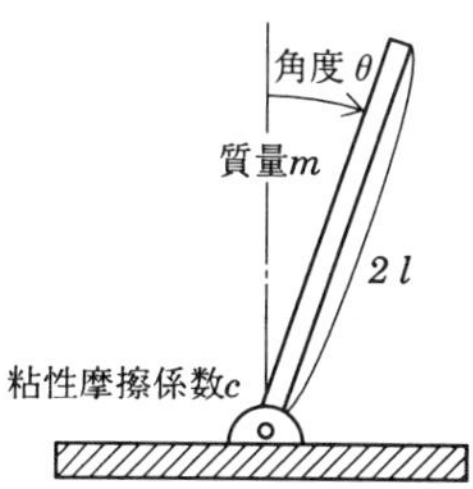

衡点に落ち着く．すなわち $\theta=0°$ のときには不安定，$\theta=180°$ のときには安定となるが，この剛体の数式モデルを導出し，$\theta=0°$ と $\theta=180°$ の近辺で線形化して，それぞれの安定性について調べよ．

4．下図に示す制御系がある．この制御系は $K/s(Ts+1)$ $(T>0, K>0)$ なる制御対象に対して比例補償器 K_P および積分補償器 K_I/s を用いて PI(比例積分)制御系を構成したものである．この制御系で比例補償器，積分補償器の両者を用いなければ制御系が安定にならない．このことを示し，両者を用いたときの安定となるための係数の条件を求めよ．

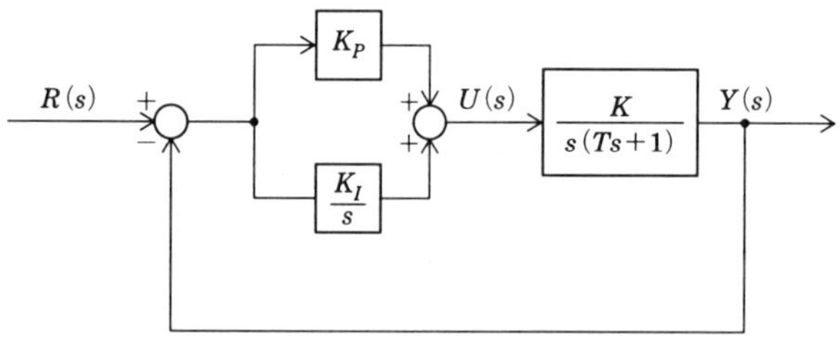

5．Lyapunov の安定判別法について以下の問いに答えよ．

（1） 例題4において $a=3, b=1$ のときの具体的な Lyapunov 関数を求め，それが正定関数であることを示せ．またこの場合の原系の固有値を求め，これが安定な値であることを確かめよ．

（2） 例題4で他の a と b の値（例えば $a=1, b=-2$）でも同様なことを調べよ．

第6章　フィードバック制御系

第1章でも述べたように制御系の安定性，目標値追従性，外乱・パラメータ変動抑制など制御系に要求される目的を達成するためにフィードバック制御系が用いられる．フィードバック制御系は制御工学の基本原理であり，第5章までに学んできたラプラス変換，伝達関数，ブロック線図，安定性などはこのフィードバック制御系の基本的な性質を理解し，これを実際に制御系構成に用いるための数学的な準備であるといっても過言ではない．

本章ではまずこのフィードバック制御系の性質について一般的な観点から述べる．ついでその具体的な実現の一例として，古典制御理論的な観点から産業界で幅広く用いられているPID制御系について述べる．PID制御系は制御器が比例補償，積分補償，微分補償の3つの補償動作から構成される制御系である．また現代制御理論的な観点からは現代制御理論の本質である状態フィードバックによる極配置について論じる．

6-1　フィードバック制御系の性質

6-1-1　フィードバック制御

一般に制御問題とは，与えられた制御対象に対して制御量が目標値に一致するように制御器を設計する問題であるといえる．そして制御の究極的な目的は制御量（出力）を目標値に完全に一致させることである（もっとも操作量が過大になって制御装置を壊したり，飽和したりしない範囲の目標値に限るものとする）．

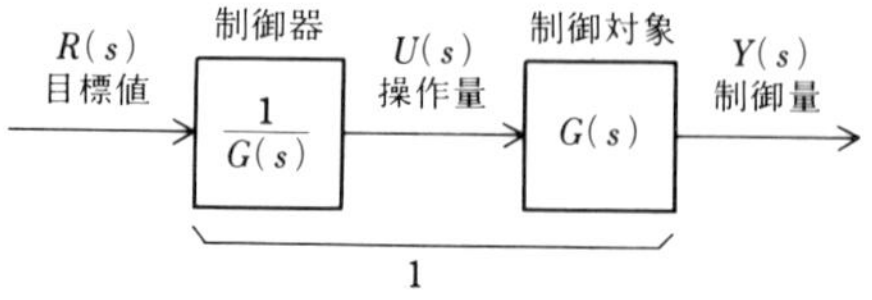

図 6-1 開ループ制御

いま，$G(s)$の伝達関数をもつ制御対象を考えてみよう．直感的には図 6-1 に示すように，伝達関数が $1/G(s)$となる制御器を用いることにより目標値-制御量間の伝達関数を全周波数にわたって 1（ゲイン 0 dB，位相 0°）とすれば制御量は目標値に完全に一致することになる．

このような制御がフィードフォワード制御 (feed-forward control) である．しかしこのようなフィードフォワード制御系が構成できるためには $G(s)$ および $1/G(s)$がともに安定，すなわち $G(s)$の極も零点も安定である必要がある．また通常の $G(s)$ は分子の次数の方が分母の次数より低いのでその逆伝達関数を取ることによって高次の微分動作が制御器に必要となり実現が困難となる場合がある．

さらに，$G(s)$ の動特性 (次数，パラメータ) が完全に既知であり，外乱がなく，またそれらが変化しないという条件も必要となる．もし，制御対象の伝達関数が実際には $G'(s)$ であったとすれば目標値-制御量間の伝達関数 $G'(s)/G(s)$ となり，制御量はどのような応答をするかわからなくなるからである．これはフィードフォワード制御が制御量をフィードバックせずに信号の流れが一方向であるためである．

そこで，今度は図 6-2 に示すようなフィードバック制御 (feedback control) を考える．ここでは制御器の伝達関数は $G_c(s)$とする．このとき目標値-制御量

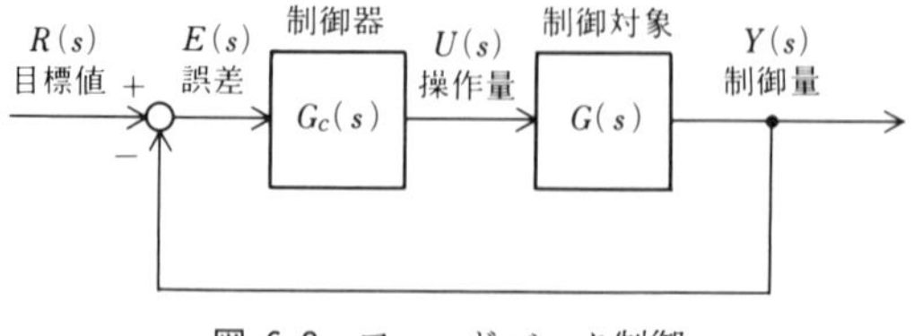

図 6-2 フィードバック制御

間の伝達関数は（6-1）式となる．

$$\frac{Y(s)}{R(s)}=\frac{G_c(s)\,G(s)}{1+G_c(s)\,G(s)} \tag{6-1}$$

(6-1)式は1にはなっていないが$|G_c(j\omega)\,G(j\omega)|$が1に比べて十分に大きくなるように$G_c(s)$を選定することにより，$G(s)$の動特性の変化にかかわらず，

$$\frac{Y(s)}{R(s)}\fallingdotseq 1 \tag{6-2}$$

とすることができる．しかしここで注意することは，全周波数にわたって$|G_c(j\omega)\,G(j\omega)|\gg 1$となるようにすると操作量が過大になったり制御系が不安定になったりすることがあることである．このため，この制御系が特に問題としている周波数領域（少なくとも低周波領域）において$|G_c(j\omega)\,G(j\omega)|$が1に比べて十分に大きくなり，なおかつ制御系が不安定にならないように$G_c(s)$を選定する．そのようにするとこの周波数領域において目標値-制御量間の伝達関数を近似的に1とすることができる．もし，目標値が一定値で与えられるとすれば周波数0($s=0$)において，以上のことを考えればよい．このようにすることにより，先ほどのフィードフォワード制御に見られた問題点がすべて解決されることになる．このようなフィードバック制御のアプローチが実際に制御系を構成する上で最も本質的なものと考えられる．

6-1-2　フィードバック制御系の性質

このように，フィードバック制御系を構成することにより，不安定な制御対象は安定化して制御量を目標値に一致させるだけでなく，さらにその追従特性を改善したり，予期し得ない外乱や制御対象のパラメータの変化，雑音などが制御量に及ぼす影響を抑制したりするなどさまざまな効果が得られる．以下ではこのフィードバック制御系の性質について調べてみる．

図6-3にフィードバック制御系の基本的な構成を示す．ここでは基本として負フィードバック制御系を考える．$G(s)$，$G_c(s)$，$H(s)$はそれぞれ制御対象，制御器，センサなどのフィードバック要素の伝達関数であり，$G(s)$や$H(s)$は制御するものや用いるセンサによって決まってしまうものであるが，$G_c(s)$は設計者が任意に決められるものであり，これによって制御性能が決定される

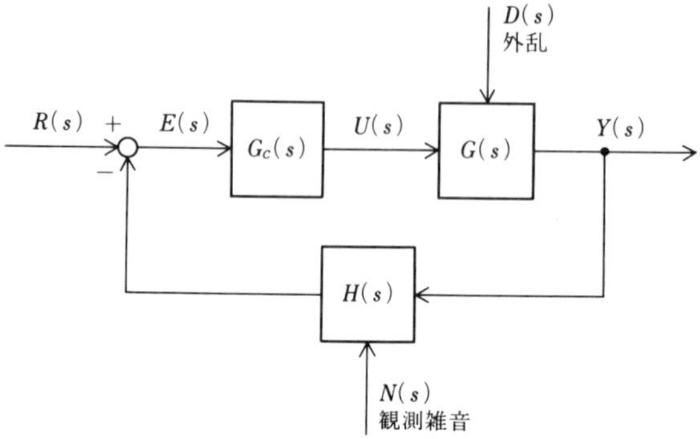

図 6-3 フィードバック制御系の基本的構成

ものである．また，$Y(s)$ は制御量，$U(s)$ は操作量，$R(s)$ は目標値であり，$D(s)$ は外乱で通常，制御対象 $G(s)$ に加わるが制御対象によっては $G(s)$ の前あるいは後に加わる場合も考えられる．$N(s)$は観測雑音(measurement noise)でセンサなどによって検出する際に考慮する雑音である．

ここでは，図 6-4 に示すように外乱 $D(s)$ は制御対象の前に加わるものとする．このときこのフィードバック制御系の伝達特性は(6-3)式に示すようになる．

$$Y(s)=\frac{G_c(s)G(s)}{1+G_c(s)G(s)H(s)}R(s)+\frac{G(s)}{1+G_c(s)G(s)H(s)}D(s)$$
$$-\frac{G_c(s)G(s)H(s)}{1+G_c(s)G(s)H(s)}N(s)$$

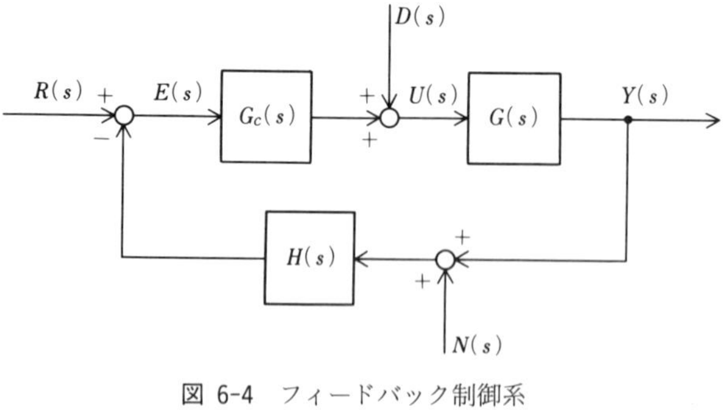

図 6-4 フィードバック制御系

$$= W_{Ry}(s)R(s) + W_{dy}(s)D(s) + W_{ny}(s)N(s) \tag{6-3}$$

本章においては，このフィードバック制御系の特徴について（a）内部パラメータ変化の影響，（b）外乱，雑音の影響，（c）設計指針，（d）定常特性(steady-state characteristic)，（e）2自由度制御系といった面から述べることにする．

（a）　内部パラメータ変化の影響

フィードバック制御系を構成することにより，内部パラメータの変化に対してもその影響が直接出力に表れないようにすることができる．ここでは外乱や雑音は考えないものとする．いま，制御対象の伝達関数 $G(s)$ が $G(s)\to G(s)+\Delta G(s)$ に変化する場合を考える．このとき出力 $Y(s)$ が $Y(s)\to Y(s)+\Delta Y(s)$ に変化したとする．ここで図6-5に示すような制御対象と制御器からなる開ループ制御系において考えると，

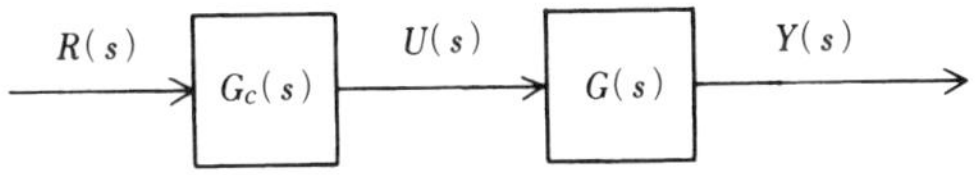

図 6-5　開ループ制御系

パラメータ変化前：$Y(s) = G_c(s)G(s)R(s)$　(6-4)

パラメータ変化後：$Y(s)+\Delta Y(s) = G_c(s)(G(s)+\Delta G(s))R(s)$　(6-5)

より，

$$\frac{\Delta Y(s)}{Y(s)} = \frac{\Delta G(s)}{G(s)} \tag{6-6}$$

となり，パラメータの変化はそのまま出力の変化として表れることがわかる．

一方，図6-6に示すように基本的なフィードバック制御系を構成する場合を考える．このとき制御対象の伝達関数 $G(s)$ が $G(s)\to G(s)+\Delta G(s)$ に変化する場合を考えると，同様にして，

$$\frac{\Delta Y(s)}{Y(s)} = \frac{1}{1+G_c(s)\{G(s)+\Delta G(s)\}H(s)}\cdot\frac{\Delta G(s)}{G(s)} \tag{6-7 a}$$

となるが，ここで $\Delta G(s)\Delta Y(s) \fallingdotseq 0$ とすると

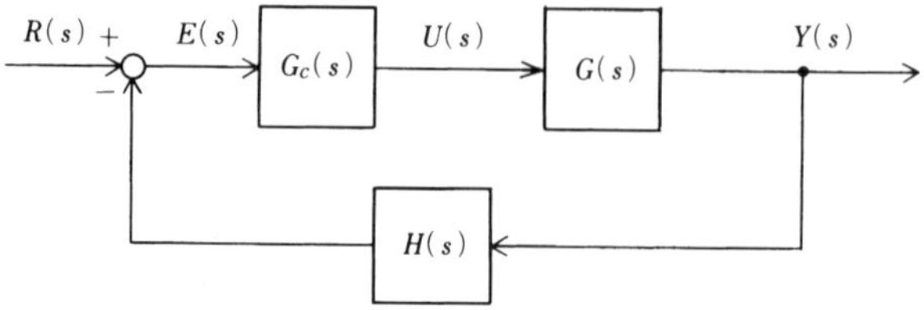

図 6-6　フィードバック制御系

$$\frac{\varDelta Y(s)}{Y(s)} \fallingdotseq \frac{1}{1+G_c(s)G(s)H(s)} \cdot \frac{\varDelta G(s)}{G(s)} \qquad (6\text{-}7\,\mathrm{b})$$

が得られる．(6-7)式より出力 $Y(s)$ の変動率はパラメータ変動率の $1/(1+G_c(s)G(s)H(s))$ となることがわかる．したがって，$|G_c(j\omega)G(j\omega)H(j\omega)| \gg 1$ が成り立つ周波数範囲において制御対象のパラメータの変動は出力にはほとんど表れないことがわかる．

次に図6-6においてフィードバック要素 $H(s)$ が $H(s) \to H(s)+\varDelta H(s)$ と変化した場合を考える．このときも同様にして次式となる．

$$\begin{aligned}\frac{\varDelta Y(s)}{Y(s)} &= -\frac{G_c(s)G(s)H(s)}{1+G_c(s)G(s)\{H(s)+\varDelta H(s)\}} \cdot \frac{\varDelta H(s)}{H(s)} \\ &\fallingdotseq -\frac{G_c(s)G(s)H(s)}{1+G_c(s)G(s)H(s)} \cdot \frac{\varDelta H(s)}{H(s)} \qquad (6\text{-}8)\end{aligned}$$

したがって，フィードバック要素のパラメータ変動に対してはパラメータ変化がそのまま出力に表れることがわかる．このことはどんなによい制御器を用いてもセンサの特性が変化してしまうような場合にはよい制御はできないことを意味している．

ここで，これらのフィードバック制御系の性質を感度特性の面から考えてみる．目標値-制御量間の伝達関数を $W_{Ry}(s)$ として制御対象 $G(s)$ が $\varDelta G(s)$ だけ変化したときの $W_{Ry}(s)$ が受ける影響は Bode 感度（Bode sensitivity）と呼ばれ次のように定義される．

$$S(s) = \frac{\varDelta W_{Ry}(s)/[W_{Ry}(s)+\varDelta W_{Ry}(s)]}{\varDelta G(s)/[G(s)+\varDelta G(s)]} \qquad (6\text{-}9)$$

この感度 $S(s)$ を計算すると次のようになる．

$$S(s)=\frac{1}{1+G_c(s)G(s)H(s)} \tag{6-10}$$

このことから $|G_c(j\omega)G(j\omega)H(j\omega)|$ の大きさを大きくすれば感度 $S(s)$ を小さくできる．すなわち，制御対象の伝達関数 $G(s)$ が多少変動しても閉ループ伝達関数 $W_{Ry}(s)$ はあまり影響を受けないことがわかる．(6-7)および(6-8)式はこの感度 $S(s)$ を用いるとそれぞれ次式のように表わすことができる．

$$\frac{\Delta Y(s)}{Y(s)}=S(s)\frac{\Delta G(s)}{G(s)} \tag{6-11}$$

$$\frac{\Delta Y(s)}{Y(s)}=[S(s)-1]\frac{\Delta H(s)}{H(s)} \tag{6-12}$$

したがって，開ループゲインを上げて低感度 (low sensitivity) にすると制御量は制御対象のパラメータ変動の影響を受けにくくなるが，反面センサの不正確さの影響を受けやすいことがわかる．そのためこれらに対して考慮することが必要となる．

(b) 外乱，雑音の影響

外乱，雑音がフィードバック系に及ぼす影響について調べてみる．図 6-7 に示すように開ループ系においては①，②のどの位置に外乱が入っても外乱-制御量間の伝達関数はそれぞれ 1，$G(s)$ となって出力には外乱の影響が直接表れる．それに対して図 6-8 に示すようなフィードバック制御系では外乱の入る位置によって出力に対する外乱の影響の表れ方が異なる．①，②のそれぞれの位置について外乱-制御量間の伝達関数は次のようになる．

① $$\frac{Y(s)}{D(s)}=\frac{1}{1+G_c(s)G(s)H(s)}=S(s) \tag{6-13}$$

② $$\frac{Y(s)}{D(s)}=\frac{G(s)}{1+G_c(s)G(s)H(s)}=G(s)S(s) \tag{6-14}$$

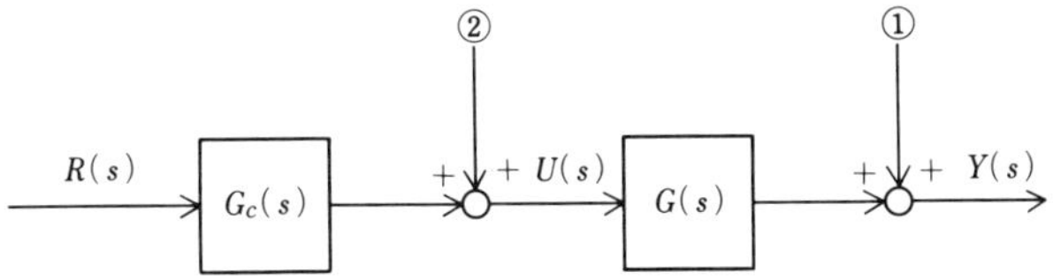

図 6-7 開ループ制御系（外乱のある場合）

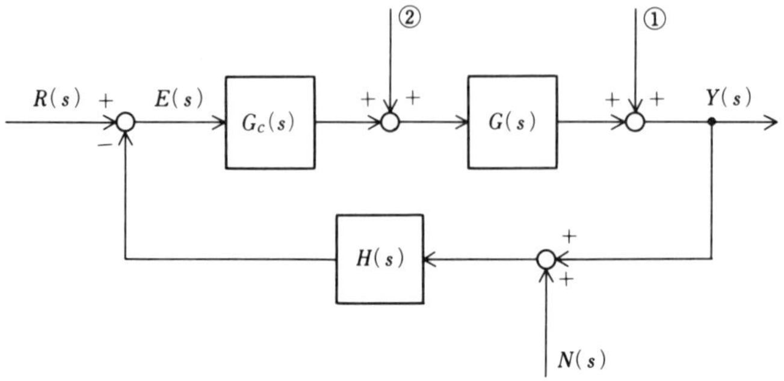

図 6-8　フィードバック制御系（外乱のある場合）

一方，雑音-制御量間の伝達関数は次式となる．

$$\frac{Y(s)}{N(s)}=-\frac{G_c(s)G(s)H(s)}{1+G_c(s)G(s)H(s)}=S(s)-1 \tag{6-15}$$

以上の結果より，①，②の位置に外乱が入った場合には $G_c(s)G(s)H(s)$ のゲインが十分大きければ外乱の出力に与える影響がほとんど表れないようにできる．一方，観測雑音に対しては雑音の出力に及ぼす影響の抑制はできないことになる．

(c)　設 計 指 針

(a)，(b)で述べた内容をふまえて，周波数特性の面からフィードバック制御系の設計の基本的な指針について述べる．

図6-4に示した基本的なフィードバック制御系の伝達関数(6-3)式は感度 $S(s)$ を用いて表し，$H(s)=1$ とすると(6-16)式となる．

$$\begin{aligned}Y(s)&=W_{Ry}(s)R(s)+S(s)G(s)D(s)+[S(s)-1]N(s)\\&=[1-S(s)]R(s)+S(s)G(s)D(s)-[1-S(s)]N(s)\end{aligned} \tag{6-16}$$

ここで $T(s)=W_{Ry}(s)$ とおいてこれを相補感度 (complimentary sensitivity) という．このとき

$$S(s)+T(s)=1 \tag{6-17}$$

が成り立つことに注意する．これはフィードバック制御系のもつ基本的な性質であり，フィードバック制御系を設計する場合の拘束を与えていることになる．$H(s)=1$ でない場合には，

$$S(s)+H(s)\,T(s)=1 \tag{6-18}$$

となり拘束される点では基本的に同じである．

図 6-4 で示されるフィードバック制御系の目的は外乱 $D(s)$ や雑音 $N(s)$ の存在にもかかわらず，$Y(s)=R(s)$ を実現すること，すなわち $T(s)=1$，$S(s)=0$ を達成することである．あるいは可能な限りそれに近づけることである．そのことが可能であるかどうかを(6-16)式を(6-17)式の条件のもとで考察してみよう．以下には理想の場合と $S(s)=0$ と $S(s)=1$ とした場合について，(6-16)式の $R(s)$，$D(s)$，$N(s)$ の係数がどのような値をとるかを示している．

$$Y(s)=\underbrace{[1-S(s)]}R(s)+\underbrace{S(s)\,G(s)}D(s)+\underbrace{[S(s)-1]}N(s)$$

	$1-S(s)$	$S(s)G(s)$	$S(s)-1$
理想の場合	1	0	0
$S(s)=0$ の場合	1	0	-1
$S(s)=1$ の場合	0	$\neq 0$	0

以上より $S(s)=0$ を選んだ場合には $Y(s)=R(s)$ は満足されるが，雑音の影響をもっとも激しく受けることとなる．また $S(s)=1$ を選んだ場合には $Y(s)=R(s)$ は全く満たされず，外乱の影響も消すことができないということがわかる．つまりどのように $S(s)$ を選んでも理想には到達できないことになる．これがフィードバック制御系の宿命である．したがって，安定性を含めてこれらを総合的に考えて制御系の設計を進めなければならない．これに対する 1 つの考え方を以下に示そう．

図 6-9 にフィードバック制御系にかかわる 3 つの外生信号，すなわち目標値信号 $R(s)$，外乱信号 $D(s)$ および雑音 $N(s)$ の周波数成分を概念的に示す．このような外生信号の実質的な性質を利用すると，低周波数領域においては $S(s)$ を 0 とし，高周波数領域では $S(s)$ を 1 とするように制御器などを設計するという方法が有効であることがわかる．すなわち，低周波数領域では実質的には雑音成分はそもそもないと考えられるので(6-16)式の右辺第 3 項のことは考えなくてもよく，$S(s)=0$ とすれば制御目的は達成する．また，高周波数領域では実質的には目標値信号と外乱信号成分はないと考えられるので(6-16)式の第 1 項と第 2 項がないとして考えればよい．後述するように制御器に積分補償を用いた制御はこのような考え方を使った実用的なアプローチの 1 つである．この

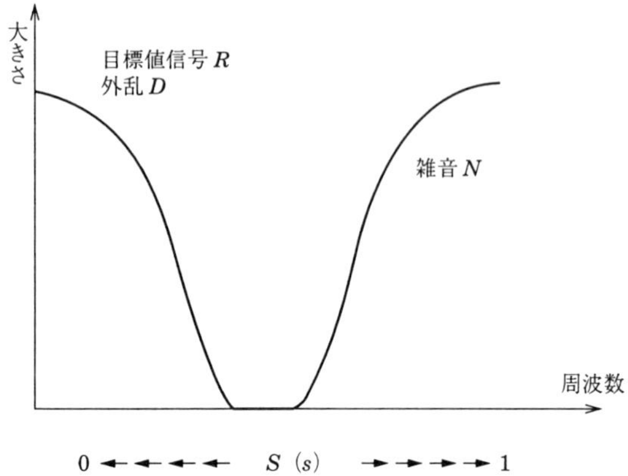

図 6-9 目標値,外乱,雑音の周波数成分の概念

ような制御を積分補償（I 補償）というが，他の要求（安定性，即応性など）もかなえなければならないので後述するように積分制御単独で使うということはないと考えてよい．

フィードバック制御系を設計する場合にもっとも注意をしなければならないことはフィードバック制御系の安定性の確保である．上に述べた観点に加えてフィードバック制御系の安定性に悪影響を及ぼさないためにはどのようにすればよいか基本的な考え方を第5章で学んだ Nyquist の安定判別法により説明しよう．

図 6-4 に示した制御系の安定性は $1+G_c(s)G(s)=0$ なる特性方程式の根(極)により決まる．そして，一巡伝達関数 $G_c(s)G(s)$ と相補感度すなわち目標値から制御量までの伝達関数 $T(s)=W_{Ry}(s)$ の関係は次のように書ける．

$$G_c(s)G(s)=\frac{T(s)}{1-T(s)} \tag{6-19}$$

一方，図 6-4 の系の Nyquist 線図を図 6-10 に示す．図 6-10 において①のような場合はフィードバック制御系は安定であり，②のような場合には不安定であることはすでに第5章で述べた．図 6-10 から①の状態から全周波数帯に渡ってゲインを上げると②の状態となり，単なるゲイン増強は危険であることがわかる．しかし，低周波でのみゲインを上げ，高周波ではゲインを上げないように

$$\underline{\underline{G_c(s)G(s)}} = \frac{T(s)}{1-T(s)}$$

└─ 一巡伝達関数

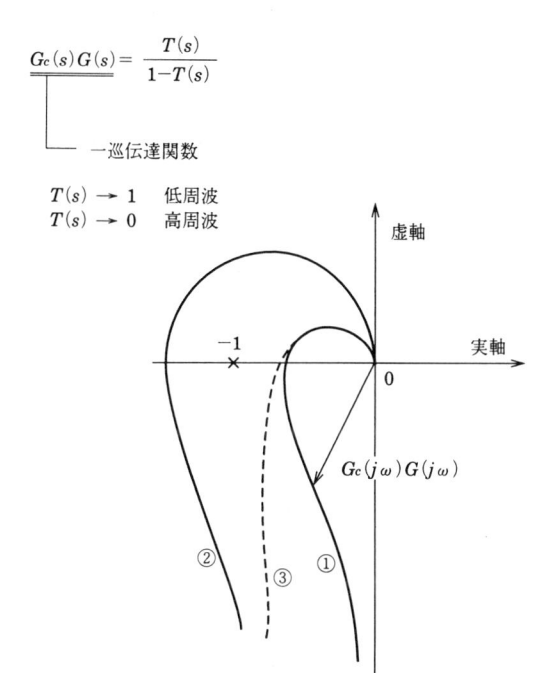

$T(s) \to 1$　低周波
$T(s) \to 0$　高周波

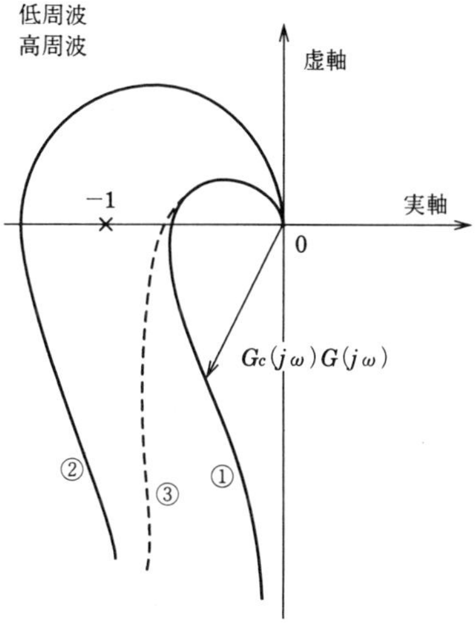

図 6-10　フィードバック制御系の Nyquist 線図

すれば③のようになり安定性に影響を与えない．すなわち，フィードバック制御系を安定に保ちながらこのような操作を行なえばよいことが明らかとなる．したがって制御系はこれらのバランスをとって設計され，以上のことをまとめると以下のようになる．

高周波領域で	$G_c(s)G(s)\to$小	（ゲインを小さく）	
	すなわち	$T(s)\to 0$	$S(s)\to 1$
低周波領域で	$G_c(s)G(s)\to$大	（ゲインを大きく）	
	すなわち	$T(s)\to 1$	$S(s)\to 0$

ここでも積分補償を導入する意味が明らかである．

以上のようなことをまとめて扱うために，設計者が図 6-11 のようにボード線図上で全周波数帯にわたって S と T の望ましいパターンを与えて安定性を考慮しながら制御系の設計を行うという有用なアプローチもあるが，詳細はここで

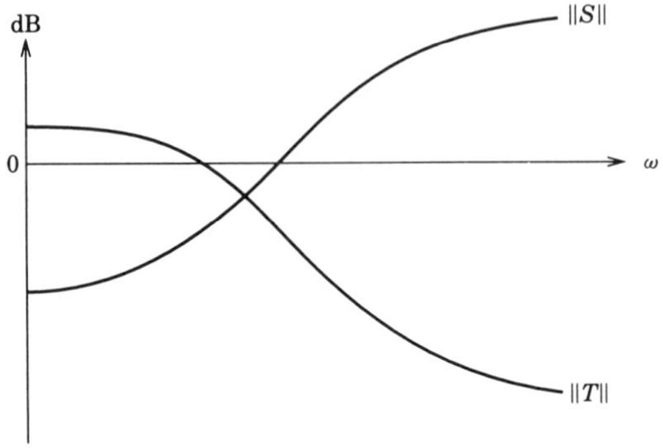

図 6-11　S と T に対する設計仕様

は省略する．

（d）　定 常 特 性

図 6-4 に示す基本的なフィードバック制御系において(6-3)式より $H(s)$を1とすると誤差 $E(s)$ は（6-20）式のようになる．

$$E(s)=\frac{1}{1+G_c(s)G(s)}R(s)-\frac{G(s)}{1+G_c(s)G(s)}D(s)+\frac{G_c(s)G(s)}{1+G_c(s)G(s)}N(s) \tag{6-20}$$

定常偏差（steady-state error）$e(\infty)$ については以下のように最終値の定理を用いることにより s 領域で計算できる．

目標値に対する定常偏差 $e(\infty)$ は(6-21)式のようになる．

$$\lim_{t\to\infty}e(t)=\lim_{s\to0}\frac{s}{1+G_c(s)G(s)}R(s) \tag{6-21}$$

ここで，目標値が単位ステップ入力($R(s)=1/s$)のとき(6-21)式は次式となる．

$$\lim_{t\to\infty}e(t)=\lim_{s\to0}\frac{1}{1+G_c(s)G(s)}=\frac{1}{1+K_p} \tag{6-22}$$

$K_p(=\lim_{s\to0}G_c(s)G(s))$ は位置偏差定数（position error coefficient）と呼ばれている．また有限の定常位置偏差（steady-state position error）をもつような制御系は0型の制御系（type 0 control system）といわれる．一方，K_p の

中に $1/s$ が含まれているとき定常位置偏差は零となり，このような制御系は1型の制御系（type 1 control system）と呼ばれる．

次に目標値が単位定速度入力（$R(s)=1/s^2$）のとき(6-21)式は（6-23）式となる．

$$\lim_{t\to\infty} e(t)=\lim_{s\to 0}\frac{1/s}{1+G_c(s)G(s)}=\lim_{s\to 0}\frac{1}{sG_c(s)G(s)}=\frac{1}{K_v} \tag{6-23}$$

$K_v(=\lim_{s\to 0} sG_c(s)G(s))$ は速度偏差定数（velocity error coefficient）と呼ばれており，有限の定常速度偏差（steady-state velocity error）のもつような制御系は1型の制御系といわれ，このような制御系は定常位置偏差(steady-state position error）が零となる．一方，K_v の中に $1/s^2$ が含まれているとき定常位置偏差，定常速度偏差は零となり，このような制御系は2型の制御系（type 2 control system）と呼ばれる．

同様に目標値が単位定加速度入力（$R(s)=1/s^3$）のとき(6-21)式は（6-24）式のようになる．

$$\lim_{t\to\infty} e(t)=\frac{1}{s^2G_c(s)G(s)}=\frac{1}{K_a} \tag{6-24}$$

$K_a(=\lim_{s\to 0} s^2G_c(s)G(s))$ は加速度偏差定数（acceleration error coefficient）と呼ばれており，有限の定常加速度偏差（steady-state acceleration error）をもつような制御系は2型の制御系といわれ，このような制御系は定常位置偏差，定常速度偏差が零となる．一方，K_a の中に $1/s^3$ が含まれているとき定常位置偏差，定常速度偏差および定常加速度偏差は零となり，このような制御系は3型の制御系（type 3 control system）と呼ばれる．

通常のサーボ系は目標値に対して1型あるいは2型となっている場合が多い．また，目標値に対して0型の制御系は外乱に関しても0型であるが，目標値に対して1型，2型であっても外乱に対して同じ型であるとは限らず外乱の入る位置によって変わる．また雑音に関しては常に0型となる．

(e)　2自由度制御系

図6-4に示す基本的なフィードバック制御系においては(6-3)式より，目標値-制御量間の伝達関数 $W_{Ry}(s)$，外乱-制御量間の伝達関数 $W_{dy}(s)$，雑音-制御量間の伝達関数 $W_{ny}(s)$ はいずれも独立には設定できない．これらをそれぞれ独

立して設定できれば外乱特性，感度特性，安定性などのフィードバック特性と目標値追従特性の両者を考慮した制御系設計が可能となり，外乱，雑音双方の影響を抑制し，良好な目標値追従特性をもつ制御系の設計が可能となる．

いま，図6-12に示すような目標値からのフィードフォワードループを追加したフィードバック制御系を考える．この制御系の伝達特性は次のようになる．

$$\begin{aligned} Y(s) &= W_{Ry}(s)R(s) + W_{dy}(s)D(s) + W_{ny}(s)N(s) \\ &= \frac{(G_c(s)+G_R(s))G(s)}{1+G_c(s)G(s)H(s)}R(s) \\ &\quad + \frac{G(s)}{1+G_c(s)G(s)H(s)}D(s) \\ &\quad - \frac{G_c(s)G(s)H(s)}{1+G_c(s)G(s)H(s)}N(s) \end{aligned} \tag{6-25}$$

この場合には，まず $W_{ny}(s)$ が望ましい特性をもつように制御装置の伝達関数 $G_c(s)$ を決め，ついで $W_{Ry}(s)$ が望ましい特性をもつようにフィードフォワードループの伝達関数 $G_R(s)$ を設定することにより $W_{Ry}(s)$ と $W_{ny}(s)$ の伝達関数をそれぞれ独立に設定できることになる．このように，2個の伝達関数を独立に設定できる制御系を2自由度制御系（two-degree-of-freedom control system）と呼ぶ．さらに $W_{dy}(s)$ をも自由に設定できる制御系が3自由度制御系（three-degree-of-freedom control system）であるが詳しいことは省略す

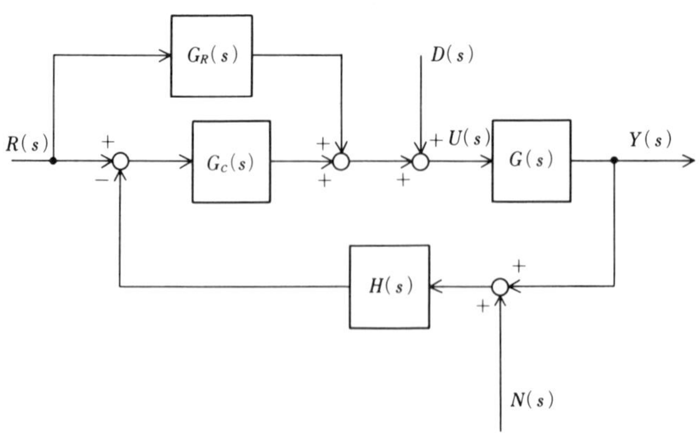

図6-12　2自由度制御系

る．

6-2　PID 制御系とその性質

PID 制御 (PID control) は PID 補償 (PID compensation) ともいわれ，元々はプロセス制御の用語である．図 6-2 の補償器(制御器) $G_c(s)$ が P 補償(比例補償) (proportional compensation)，I 補償 (積分補償) (integral compensation)，D 補償 (微分補償) (derivative compensation) の 3 つの補償動作から構成される制御である．このとき補償器 $G_c(s)$ は図 6-13 に示すように

$$G_c(s) = K_P + \frac{K_I}{s} + K_D s = K_P\left(1 + \frac{1}{T_I s} + T_D s\right) \tag{6-26}$$

と表せ，これを PID 補償器 (PID compensator) あるいは PID 制御器 (PID contoroller)，図 6-13 の制御系を PID 制御系 (PID control system) と呼ぶ．これらの補償は必ずしも 3 つ併せて用いられるとは限らず場合によっては P 補償，PI 補償，PD 補償なども用いられる．PID 制御は簡明な構造と長年の経験の蓄積があり，最も実用的な制御方式として戦後の自動制御を支えてきており，いまでもその地位を維持し続けている．しかし，最近では制御器はディジタル化され，I-PD 制御系や 2 自由度 PID 制御系など構造的にも改良されたものが見られるようになってきている．

この PID 補償器の実用的でよく見られるパラメータの調整法としては限界感

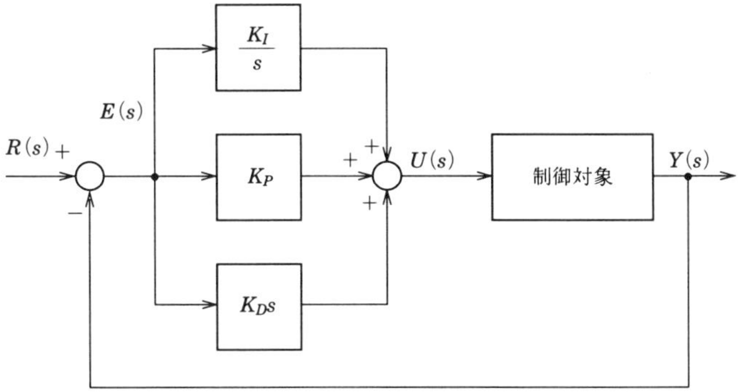

図 6-13　PID 制御系

度法（ultimate sensitity method）とステップ応答法（step response method）がよく知られている．比例補償器だけを用い，比例ゲインを徐々に大きくして行くと目標値あるいは外乱のステップ状変化に対する制御量の応答は次第に振動的になり，ついには発散してしまうのがふつうである．このときは安定限界となる比例ゲインを K_C，振動周期を T_C として，$K_P=0.6\,K_C$，$T_I=0.5\,T_C$，$T_D=0.125\,T_C$ と選ぶのが限界感度法である．一方，制御対象に操作量として，単位ステップを加えたときの制御対象のステップ応答を入力むだ時間＋1次遅れに近似し，むだ時間の大きさ $L[s]$ および1次遅れの時定数 $T[s]$ から $K_P=L/1.2\,T$，$T_I=2\,L$，$T_D=0.5\,L$ と決定するのがステップ応答法である．

本節では，第5章までに学んできたことのまとめもかねて水槽の水位制御を例として PID 制御系について説明し，多重閉ループ制御系の形で PID 補償器が用いられる DC サーボモータ制御系についても述べる．そしてこれらの制御系の周波数特性，ソフトウエアによる実現などについても論じる．

6-2-1 水槽の水位制御

いま図 6-14 に示すように水槽に目標値水位まで注水する比例補償を考える．この制御は最初は注水量が多く，だんだん誤差が少なくなって来ればそれにつれて注水量も少なくなり，目標水位に一致したとき注水量が零となるような制御であり，我々が日常行う動作とほぼ同じものとなることは直感的にも理解できる．

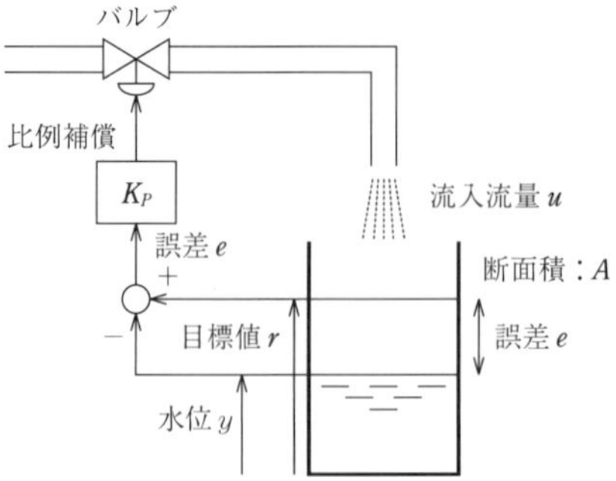

図 6-14 比例補償による水槽系の水位制御

この制御をいままで学んできたことを生かして数式で表してみよう．いま図6-14の水槽系において，操作量を流入流量 $u(t)$，水槽の断面積を A とすると，Δt 時間内に水槽内に蓄積される量は $u(t)\Delta t$ であり，この液量によって Δt 時間内に制御量である水位が $\Delta y(t)$ だけ高まるとすると，

$$A\Delta y(t)=u(t)\Delta t \tag{6-27}$$

となる．このとき $\Delta t\to 0$ の極限において

$$A\frac{dy(t)}{dt}=u(t) \tag{6-28}$$

が成立する．一方，補償器の方は比例補償器をゲイン K_P で表し，目標値を $r(t)$ とすると，誤差 $e(t)$ は

$$e(t)=r(t)-y(t) \tag{6-29}$$

となり，操作量は

$$u(t)=K_Pe(t) \tag{6-30}$$

となる．これらをラプラス変換してブロック線図で表すと図6-15のようになる．

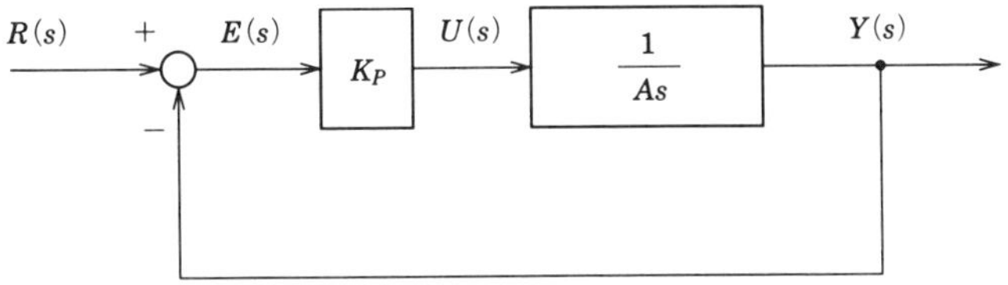

図 6-15 比例水位制御系のブロック線図

図6-15より $R(s)$-$Y(s)$ 間の伝達関数は

$$\frac{Y(s)}{R(s)}=\frac{K_P/A}{s+K_P/A} \tag{6-31}$$

となる．いま目標水位 $r(t)$ を一定値 r_0 とすると

$$y(t)=r_0(1-e^{-\frac{K_P}{A}t}) \tag{6-32}$$

となり，これを図示すると図6-16のようになって，振動したりオーバーシュートしたりすることなく目標水位に一致することがわかる．またこの場合の時定数は A/K_P であり，断面積 A が小さいか，比例ゲイン K_P が大きな場合には応答が速くなることがわかる．

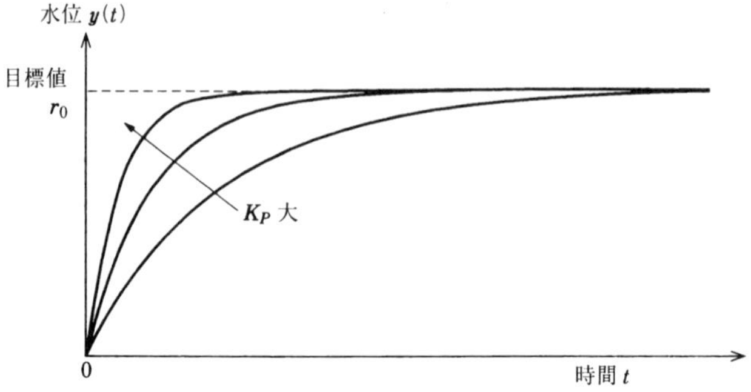

図 6-16　比例水位制御系の応答

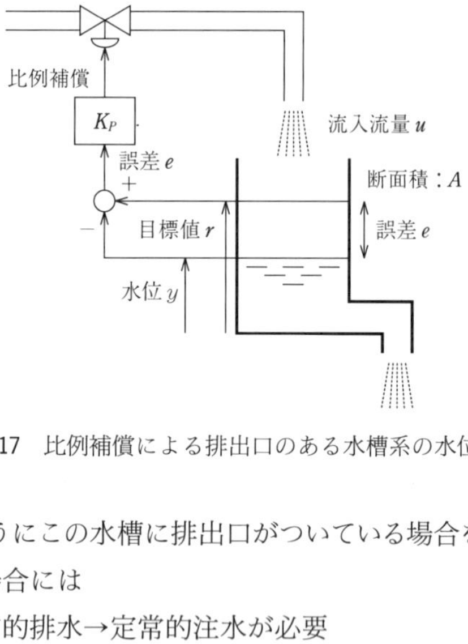

図 6-17　比例補償による排出口のある水槽系の水位制御

次に図 6-17 のようにこの水槽に排出口がついている場合を考える．この場合，比例補償を用いた場合には

水位一定→定常的排水→定常的注水が必要

→注水量に比例した定常偏差が必要

となって水位一定の場合には必ず定常偏差が生じてしまう．

これも数式で考えてみよう．この場合には実際には流出流量は水位の平方根に比例するがここでは水位に比例すると見なし，その比例係数を $1/\Gamma$ とすると水槽系の微分方程式は

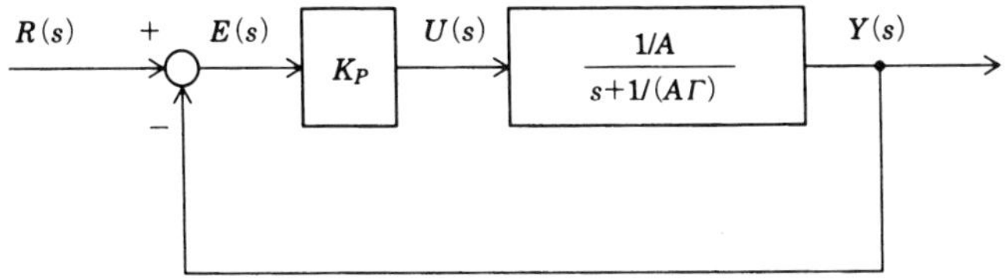

図 6-18　排出口のある水槽系の比例水位制御系のブロック線図

$$A\frac{dy(t)}{dt}=u(t)-\frac{1}{\Gamma}y(t) \tag{6-33}$$

となる．補償器の方は(6-30)式と同じ比例補償であり，制御系のブロック線図は図 6-18 のように描ける．図 6-18 より $R(s)$-$Y(s)$ 間の伝達関数は

$$\frac{Y(s)}{R(s)}=\frac{K_P/A}{s+(K_P\Gamma+1)/(A\Gamma)} \tag{6-34}$$

となる．先ほどと同様に目標水位 $r(t)$ を一定値 r_0 とすると

$$y(t)=\frac{K_P\Gamma r_0}{K_P\Gamma+1}(1-e^{-\frac{K_P\Gamma+1}{A\Gamma}t}) \tag{6-35}$$

となり，これを図示すると図 6-19 のようになる．図 6-19 からこの場合は

$$\frac{r_0}{K_P\Gamma+1} \tag{6-36}$$

だけの定常誤差が残ることがわかる．これは(6-34)式から $R(s)$-$E(s)$ 間の伝達関数を

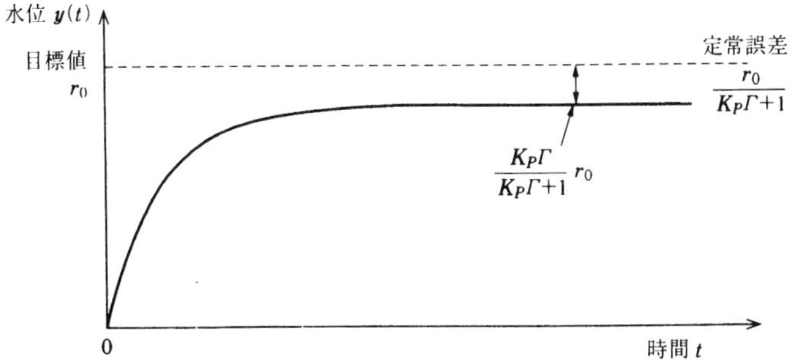

図 6-19　排出口のある水槽系の比例水位制御系の応答

$$\frac{E(s)}{R(s)}=\frac{s+1/(AT)}{s+(K_P\Gamma+1)/(A\Gamma)} \tag{6-37}$$

と求め，最終値の定理を用いて，

$$\lim_{t\to\infty}e(t)=\lim_{s\to 0}sE(t)=\lim_{s\to 0}s\frac{s+1/(A\Gamma)}{s+(K_P\Gamma+1)/(A\Gamma)}\frac{r_0}{s}=\frac{r_0}{K_P\Gamma+1} \tag{6-38}$$

としても求められる．これから定常誤差を小さくするには比例補償器のゲイン K_P を無限大とすればよいことになるが，実際上無限大とすることは不可能であり，また K_P をハイゲインにすると後に示すように高周波雑音まで一律に増幅してしまうことになり望ましくない．

そこで図 6-20 に示すように積分補償を用いることを考える．図 6-20 の例で考えてみると積分補償を用いることにより，

$$u(t)=K_I\int_0^t e(\tau)\,d\tau \tag{6-39}$$

と誤差 $e(t)$ の値を積分した流入流量 $u(t)$ が得られることになる．すなわち，流入流量 $u(t)$ は誤差 $e(t)$ の初期時刻から現在時刻までの面積に比例したものとなり，$e(t)$ が 0 に収束したあとは一定の値をもつ．積分補償にはこのような働きがあるため，この場合には

水位一定→定常的排水→定常的注水が必要→偏差は零が必要

となって定常偏差を生じないことになる．

実際，図 6-21 のブロック線図で $R(s)$-$E(s)$ 間の伝達関数は

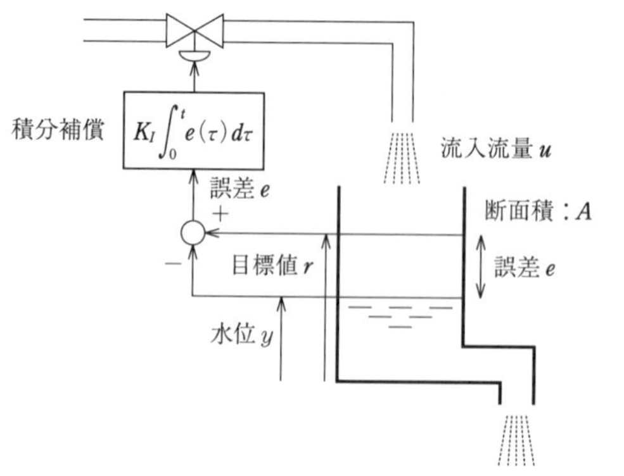

図 6-20　積分補償による排出口のある水槽系の水位制御

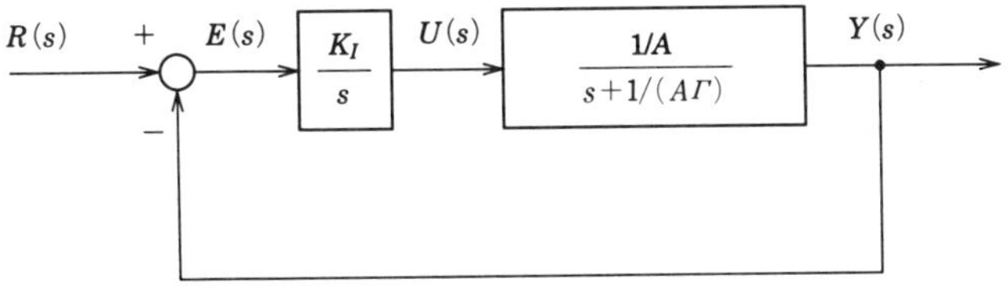

図 6-21　排出口のある水槽系の積分水位制御系のブロック線図

$$\frac{E(s)}{R(s)}=\frac{s^2+s/(A\Gamma)}{s^2+s/(A\Gamma)+K_I/A} \tag{6-40}$$

となるが最終値の定理を用いると

$$\lim_{t\to\infty}e(t)=\lim_{s\to 0}s\,\frac{s^2+s/(A\Gamma)}{s^2+s/(A\Gamma)+K_I/A}\,\frac{r_0}{s}=0 \tag{6-41}$$

となって定常誤差は零となる．なお図 6-14 のシステムで比例補償のみで定常誤差を生じないのは図 6-15 からわかるように制御対象自身が $1/As$ と積分補償を含んだ形となっているためである．

しかしこの補償では補償器は誤差 $e(t)$ の積分に基づいて流入流量 $u(t)$ がじわじわと変化するので制御動作は非常に遅くなる．このため先ほどの P 補償と組み合わせて $K_P+(K_I/s)$ とした PI 補償がよく用いられる．

次に図 6-22 (a) に示すように排出口がついた水槽系の PI 補償において，注水管が非常に長い場合を考えよう．この場合には制御対象である水槽系は図 6-22 (b) に示すようなむだ時間を有するものとなる．この場合には水位の誤差に従って決定された操作量が遅れて加わるため，水位が上昇しているときに目標水位に一致したときには

目標水位→バルブを閉める→管内の水が注水→目標値より水位上昇

となり，水位が下降しているときに設定水位になったときは

目標水位→バルブを開ける→しばらく注水なし→目標値より水位下降

となって，目標値を中心に振動する形で徐々に目標値に収束して行く．図 6-23 にむだ時間がない場合と 1 秒のむだ時間がある場合の PI 補償を用いたときの水位の応答の一例を示す．このようにむだ時間がある場合には，どうして PI 補償では不満足な応答になってしまうのであろうか．これは PI 補償が現在の誤差と過去からの誤差の積分の情報のみを用いているため，誤差の変化にもともとす

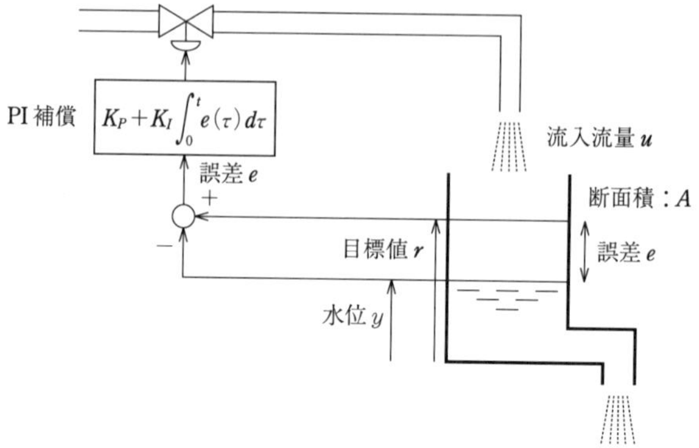

図 6-22(a)　PI 補償によるむだ時間のある水槽系の水位制御

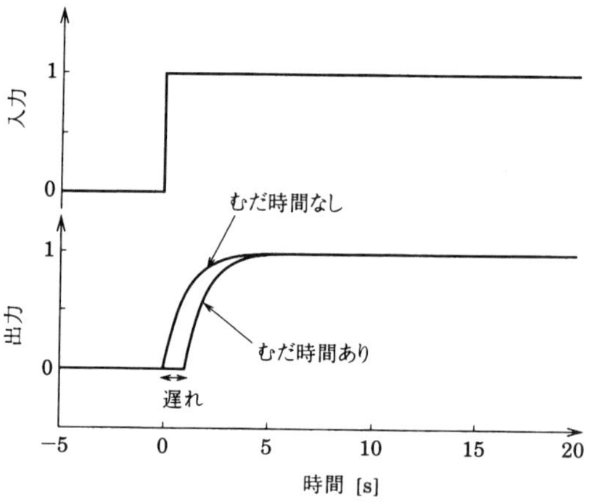

図 6-22(b)　むだ時間のある水槽系の応答

ばやく対応できず，むだ時間のある場合にはそれが顕著に現れるからである．

ここで誤差の変化率の情報を用いることを考えよう．誤差の変化率を考えることは，結局誤差の微分を用いた微分補償

$$u(t) = K_D \frac{de(t)}{dt} \tag{6-42}$$

を用いることとなる．微分補償は誤差が時間的に変化しないときには制御信号

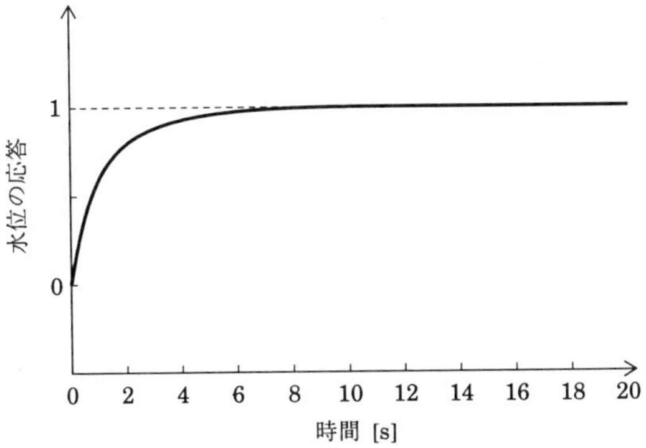

(a) むだ時間なし

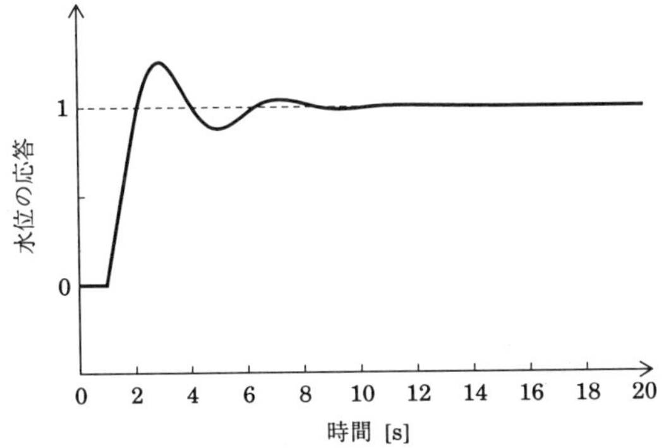

(b) むだ時間あり (1s)

図 6-23　PI 補償を用いたときのむだ時間による応答の違い

を出さないが，変化しているときには変化率に比例した対応が可能であり，誤差の変化に対してすばやく対応することが可能である．すなわちここで考えている水位制御においては，図 6-24 に示すように最初目標値が与えられて誤差が急激に増えているときには操作量を急増させて急激に注水し，逆に目標値に近づいて誤差が少なくなってくると負となって操作量を減少させるように働く．すなわち誤差の未来値を予測して対応しているともいえる．図 6-25 に図 6-23 のむだ時間がある場合に微分補償を追加した場合の応答例を示す．この様子がよくわかる応答となっている．

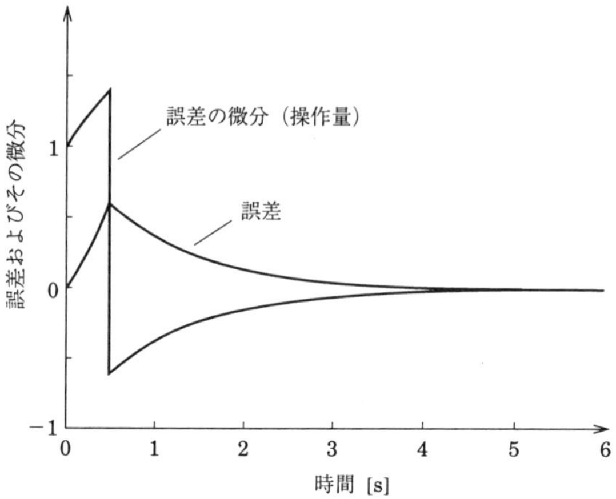

図 6-24　微分補償

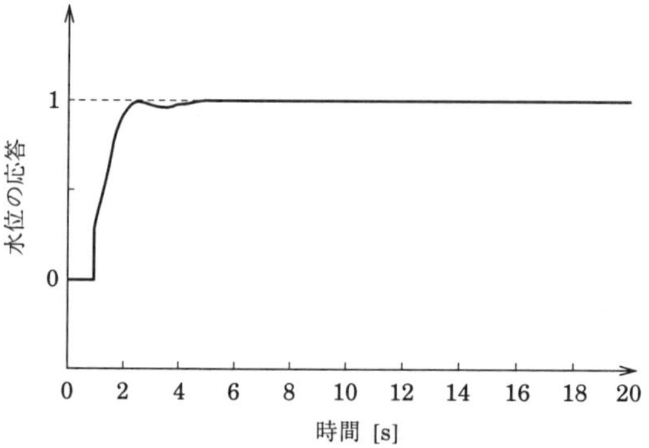

図 6-25　微分補償を追加したときの応答

微分補償は通常単独では用いられず，通常 P 補償や PI 補償と一緒に用いられてブースターとして過渡応答を改善する働きをする．

6-2-2　多重閉ループ制御系を用いた DC サーボモータの PID 制御

(a)　電流制御ループ

通常，市販されているには DC サーボモータ制御系においてはほとんどの場合，電流制御ループ，速度制御ループ，位置制御ループを入れ子型に構成した多重閉ループ制御系（multi-closed loop control system）を用いた制御系が構成され，その中に PID 補償器が用いられている．これは電流制御ループを用いることにより以下に述べるようなさまざまな利点が生じるからである．

一般に駆動回路に用いられる半導体素子の速応性は非常によく，応答速度の速い回転速度制御が可能となるがさらに速い応答速度の要求に対しては DC サーボモータの電気的時定数 τ_e ((4-10)式参照)の影響が無視できなくなり，それによって応答速度が抑えられてしまう．例えば，図 6-26 に示した DC サーボモータのブロック線図においてモータをロックした状態で単位ステップ状の電圧を加えた場合の電流の応答は

$$i(t)=\frac{1}{R}(1-e^{-\frac{1}{\tau_e}t}) \tag{6-43}$$

となる．そこで τ_e の影響を打ち消すために図6-26に対して，図6-27のような電流制御ループを付加して電流制御系を構成する方法がよく用いられている．このとき図 6-27 の伝達特性は機械的時定数 τ_m ((4-12)式参照）を用いて表すと(6-44)式となる．

$$\Omega(s)=\frac{s\tau_m}{R\tau_e\tau_m s^2+(R+G_{cI}(s))\tau_m s+R}\left[\frac{K}{sJ}G_{cI}(s)I_R(s)-\frac{1}{sJ}\left\{Ls+R+G_{cI}(s)\right\}T_L(s)\right] \tag{6-44}$$

ここで，$G_{cI}(s)$ を PI 補償器とし

$$G_{cI}(s)=\frac{K_P(1+T_I s)}{T_I s} \tag{6-45}$$

で表し，$T_I=\tau_e$ とすると(6-44)式は以下のようになる[36]．

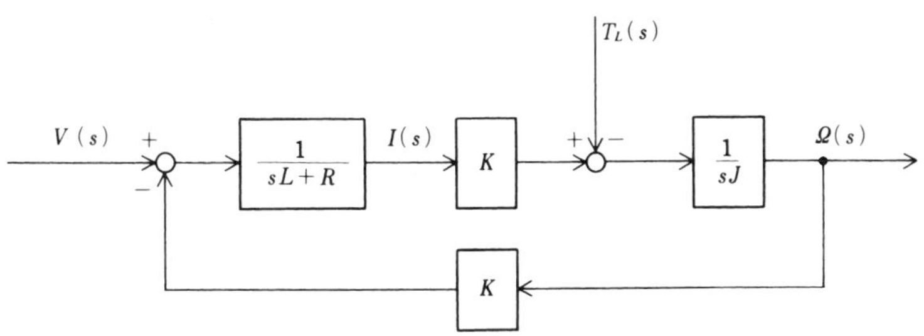

図 6-26 DC サーボモータのブロック線図（図 3-11（b）と同じ）

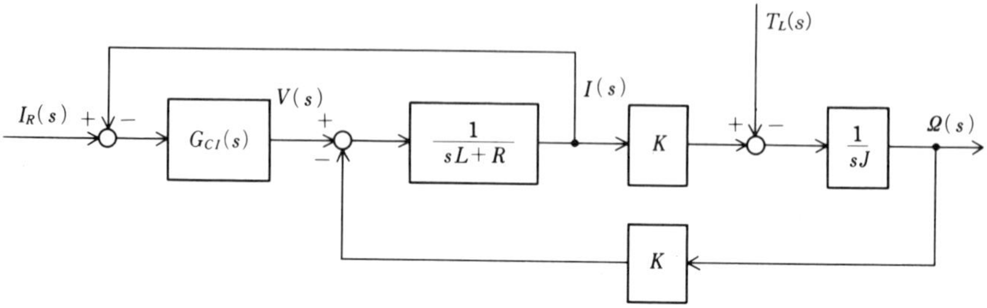

図 6-27　電流制御ループを付加したブロック線図

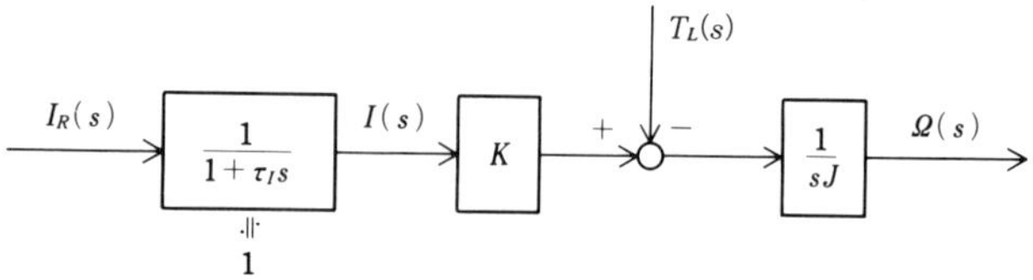

図 6-28　図 6-27 の変形

$$\Omega(s)=\frac{(1+\tau_e s)\,\tau_m}{\tau_I+(1+\tau_e s)(1+\tau_I s)\,\tau_m}\left\{\frac{K}{sJ}I_R(s)-\frac{1}{sJ}(1+\tau_I s)\,T_L(s)\right\} \quad (6\text{-}46)$$

ただし，$\tau_I=\tau_e R/K_P$

ここで，K_P を大きく取り，$\tau_I \ll 1$ とすると(6-46)式は

$$\Omega(s)\fallingdotseq\frac{1}{1+\tau_I s}\frac{K}{sJ}I_R(s)-\frac{1}{sJ}T_L(s) \quad (6\text{-}47)$$

と近似できる．このとき，

$$\frac{I(s)}{I_R(s)}\fallingdotseq\frac{1}{1+\tau_I s} \quad (6\text{-}48)$$

が成り立ち，さらに場合によっては(6-48)式を1と近似することもある．

したがって，図 6-27 は図 6-28 のようになり，

$$\Omega(s)=\frac{K}{sJ}I_R(s)-\frac{1}{sJ}T_L(s) \quad (6\text{-}49)$$

と表せる．

そしてこのときモータをロックした状態で電流指令値 $I_R(s)$ を単位ステップとすると電流の応答は(6-48)式から

$$i(t) = 1 - e^{-\frac{1}{\tau_I}t} \tag{6-50}$$

となる．このように，電流制御ループを付加することにより電気的時定数 τ_e が τ_I に置き代わった形となり，さらに $\tau_I \ll 1$ であるから電機子電流は電流指令値に瞬時に追従することがわかる．なお，(6-45) 式の $G_{cI}(s)$ をハイゲインの P 補償器としても同じ効果は得られる．

またこれ以外にも電流制御ループを付加することにより，

① 電流指令をクランプすることにより，モータに流れる最大電流を抑えることができる．

② モータの誘起電圧や電源電圧の変動や非線形性などに対して電流の変動を抑えることができる．

③ モータの次数を下げて考えることができるので，制御系設計が容易となる．

などの利点も重要で，駆動回路の保護の上からも電流制御ループは不可欠なも

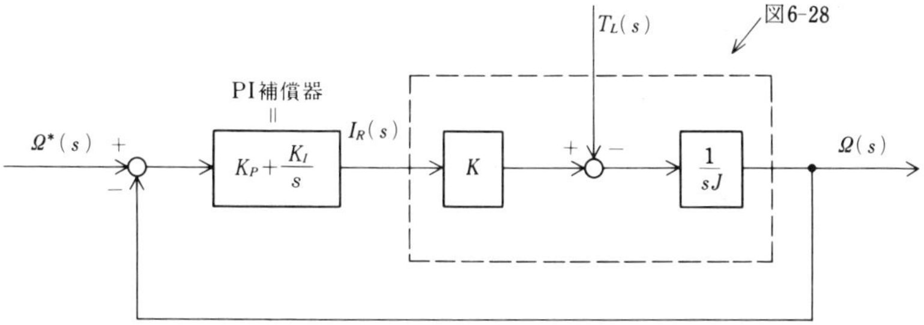

図 6-29　電流制御ループを用いた速度制御系

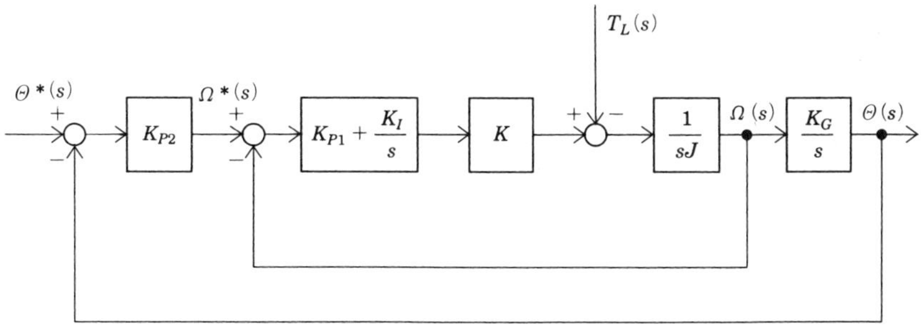

図 6-30　電流制御ループを用いた位置制御系

のとなっている．

このように電流制御ループを構成した外側に，図6-29のようにPI補償器を用いた制御系を構成すれば1型の速度制御系が構成できる．なお図6-29で“＊”は目標値を表すものとする．さらに位置制御系を構成する場合には，すでに速度制御系の定常特性が補償されているため図6-30のようにその外側にP補償器を用いた位置フィードバック制御系を構成すればよいことになる．なおここでK_Gはギアとボールネジなどの回転運動を直線運動に変換する補助機構のゲインである．このように，まず電流制御ループを構成して，その外側に速度制御ループ，位置制御ループというように多重閉ループの構造を構成し，その中にPID補償器をハードウエアあるいはソフトウエアで構成するのが実際によく用いられるDCサーボモータ制御系の構造である．

（b）　速度制御系

図6-29の電流制御ループを用いた速度制御系を考え，PI補償器を$K_P+(K_I/s)$と表す．いま慣性モーメントJが$J+\Delta J$に変化したとすると(6-7)式に対応して，

$$\frac{\Delta\Omega(s)}{\Omega(s)}=\frac{Js^2}{Js^2+KK_Ps+KK_I}\frac{\Delta J}{J} \tag{6-51}$$

となり定常的には回転角速度$\Omega(s)$は慣性モーメントJの変動の影響をほとんど受けないようにできる．

一方，外乱をも考慮すると図6-29の伝達特性は次のようになる．

$$\Omega(s)=\frac{KK_Ps+KK_I}{Js^2+KK_Ps+KK_I}\Omega^*(s)$$
$$-\frac{s}{Js^2+KK_Ps+KK_I}T_L(s) \tag{6-52}$$

ここで単位ステップ状目標値，単位ステップ状外乱を考えると，(6-52)式より$t\to\infty$の定常状態においては外乱にかかわりなく目標値に追従できることがわかる．ただし，観測雑音が存在する場合には定常偏差を生ずることになる．すなわち後述するようにPI補償器は周波数が零となる一定目標値，外乱に対してはゲインが無限大になるが，これは6-1-2項(c)で述べたように$S(s)=0$，$T(s)=1$とすることになるからである．なおこの場合，6-1-2項(e)で述べた2自由度制御系によれば$\Omega^*(s)$-$\Omega(s)$間と$T_L(s)$-$\Omega(s)$間の伝達関数を異なるように設定できる．

次に安定性について考えてみよう．(6-52)式において伝達関数の分母を見てみると，このシステムは 2 次で係数はすべて正であるので，不安定になることはないが，

$$KK_P{}^2<4JK_I \qquad (6\text{-}53)$$

のときには 2 複素根をもつため振動することがわかる．

（c）　位置制御系

位置を出力とした場合の直流サーボモータのブロック線図は図 6-30 に示されるようになる．図 6-30 の伝達特性は

$$\Theta(s)=\frac{KK_GK_{P2}(K_{P1}s+K_I)}{Js^3+KK_{P1}s^2+K(K_I+K_GK_{P1}K_{P2})s+KK_GK_IK_{P2}}\Theta^*(s)$$
$$-\frac{K_Gs}{Js^3+KK_{P1}s^2+K(K_I+K_GK_{P1}K_{P2})s+KK_GK_IK_{P2}}T_L(s) \qquad (6\text{-}54)$$

となり定常的には位置目標値に追従し，外乱の影響を抑制できる．しかしながら安定性を保つためには K_{P2} を

$$K_{P2}<\frac{KK_IK_{P1}}{K_G(JK_I-KK_{P1}{}^2)} \qquad (6\text{-}55)$$

とする必要がある．

6-2-3　補償器の周波数特性

以上においては PID 補償器について比例補償や積分補償，比例積分補償，微分補償などを主として過渡応答の面から説明してきたが，本節ではこれらの補償や PID 補償および現在でも広く用いられている古典的な補償法としての位相遅れ補償，位相すすみ補償などを周波数特性の面から考えてみよう．

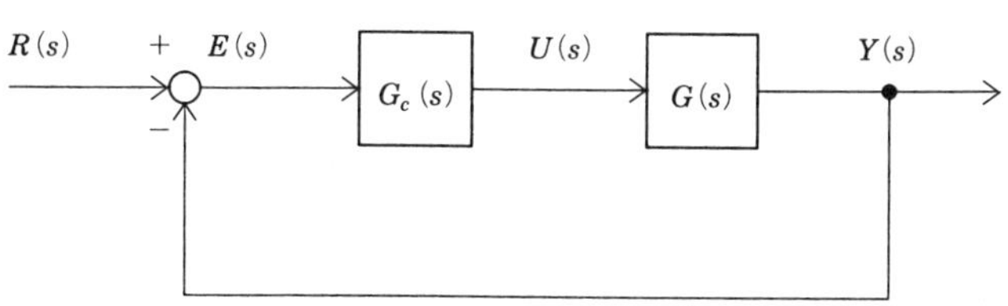

図 6-31　フィードバック制御系

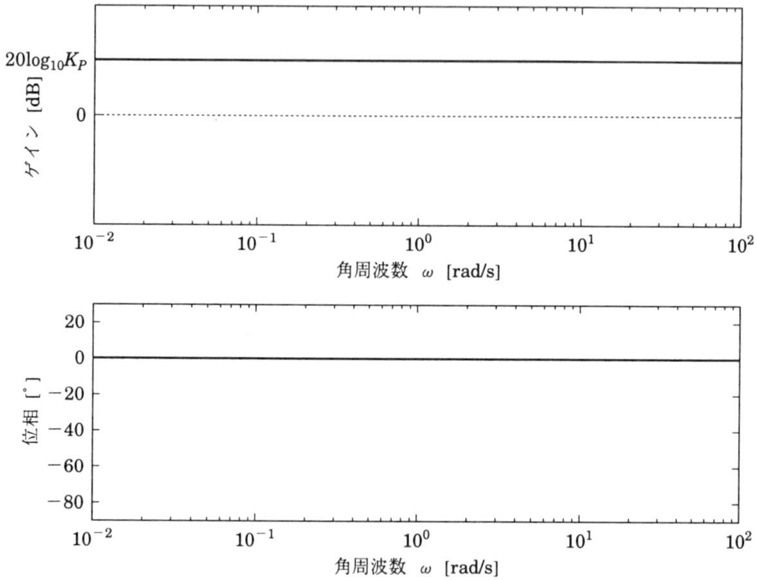

図 6-32　比例補償器のボード線図

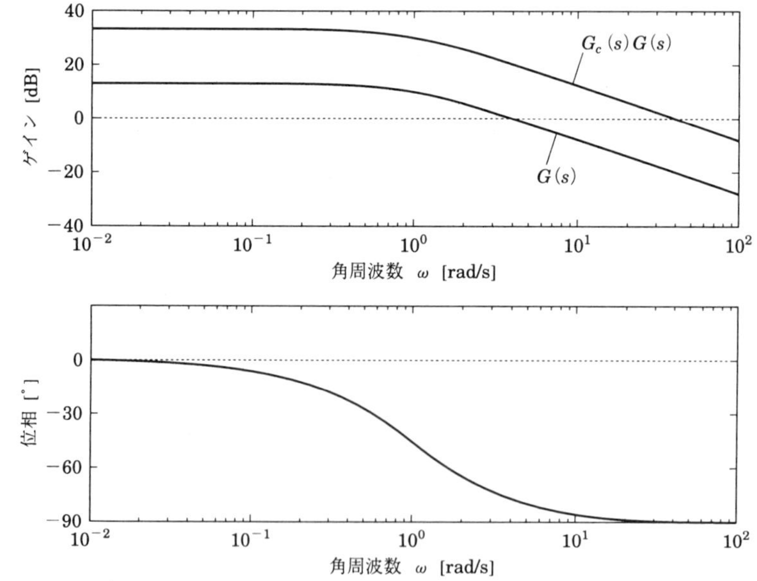

図 6-33　比例補償器の効果

(a)　比例補償

図6-31に示すようなフィードバック制御系において，比例補償器の伝達関数

$$G_c(s)=K_P \tag{6-56}$$

のボード線図を図6-32に示す．いま $G(s)$ としていままで述べてきた1次遅れ系 $G(s)=5/(s+1)$ を考え，補償の効果を見るために $G(s)$ と $G_c(s)G(s)$ のボード線図を示すと図6-33のようになる．位相は変化せず，すべての周波数帯域に渡って一律にゲインを大きくする効果があることがわかる．

(b)　積分補償

積分補償器の伝達関数は

$$G_c(s)=\frac{K_I}{s} \tag{6-57}$$

となり，このボード線図を図6-34に示す．また $K_I=1$ としてこの補償を $G(s)=5/(s+1)$ の1次遅れ系に適用したボード線図を図6-35に示す．低周波領域のゲインが上げられ，高周波領域のゲインが下げられていることがわかる．とくに

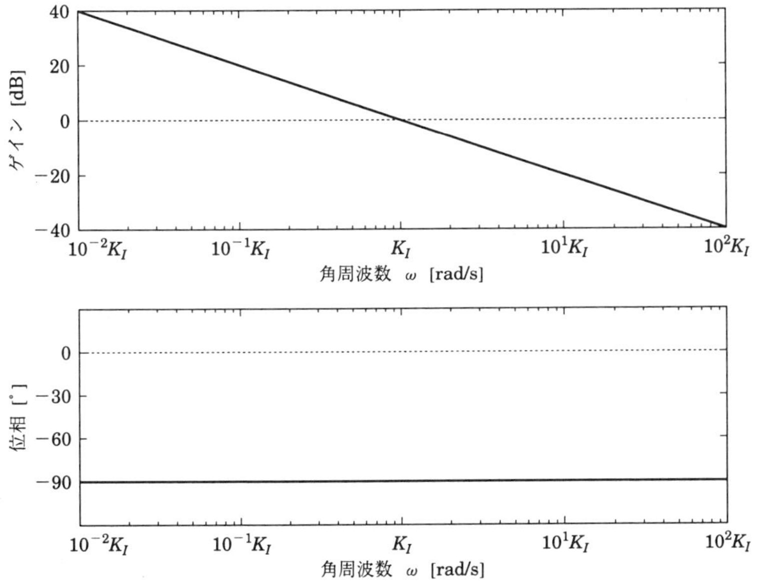

図 6-34　積分補償器のボード線図

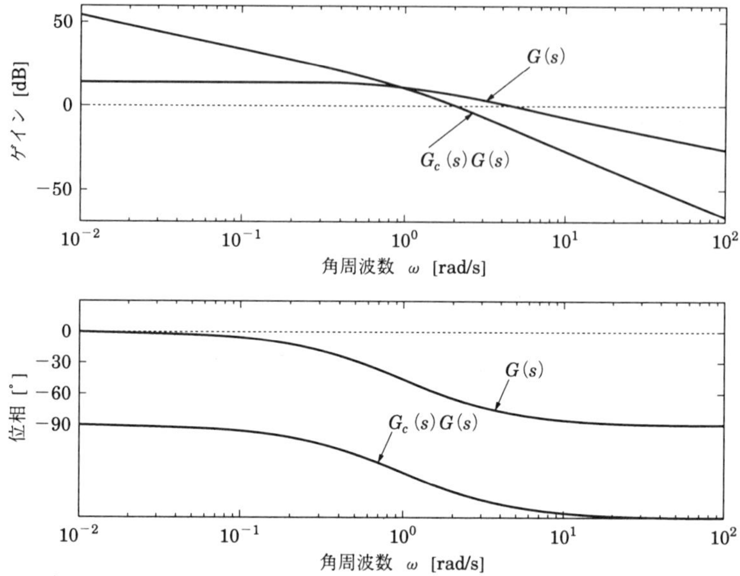

図 6-35　積分補償器の効果

$\omega \to 0$ の低周波領域においてはゲインを無限大とでき，比例補償において比例係数 K_P を無限大とした場合と同じ効果があることがわかる．しかし，比例補償と異なって周波数が上がるとゲインは下がってくるため，実現は容易であり，高周波ノイズなどの影響は受けにくいことがわかる．しかし，位相遅れは常に90度と大きく，応答は遅くなる欠点もある．

(c)　微 分 補 償

微分補償器の周波数伝達関数は

$$G_c(s) = K_D s \tag{6-58}$$

となり，このボード線図を図6-36に示す．また $K_D = 1$ としてこの補償を $G(s) = 5/(s+1)$ の1次遅れ系に適用したボード線図を図6-37に示す．積分補償とは逆に低周波領域のゲインが下げられ，高周波領域のゲインが上げられていることがわかる．この補償の特長は位相が常に90度進められることであり，それによって過渡応答の改善が可能となる．しかし，微分補償は高周波信号になるほどそのゲインが上げられるため雑音に極めて弱いことに注意が必要である．

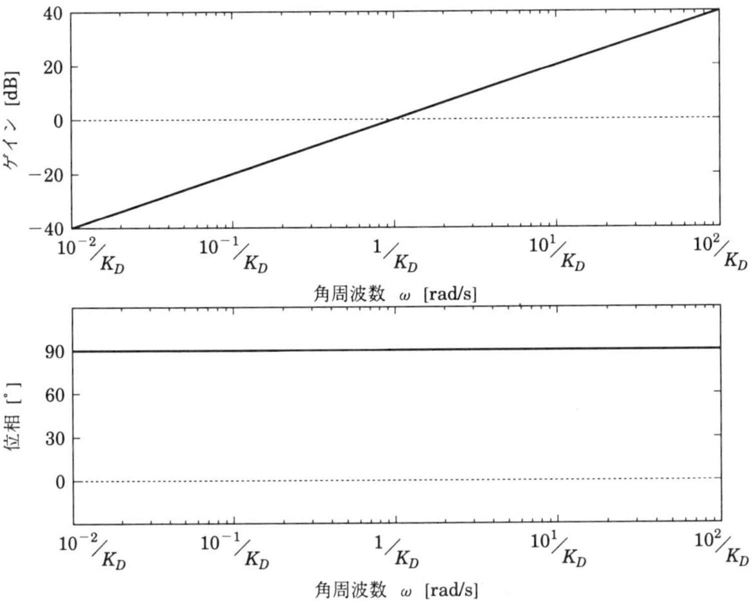

図 6-36　微分補償器のボード線図

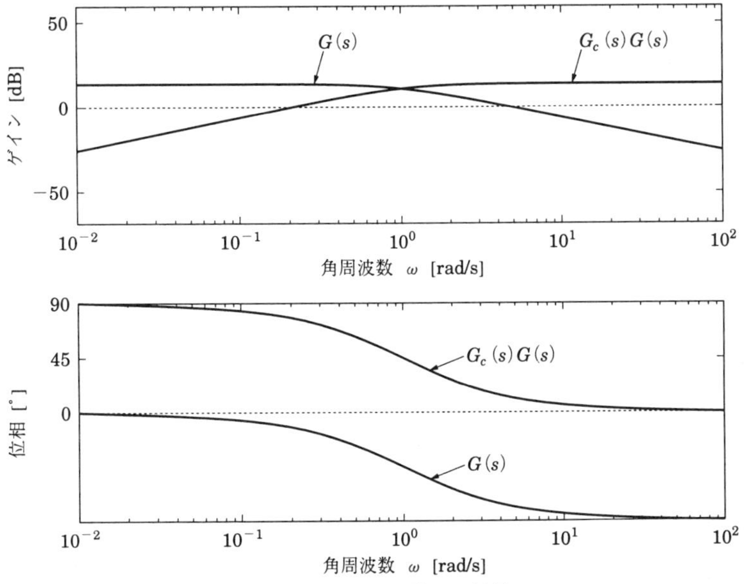

図 6-37　微分補償器の効果

(d) PID補償

PID補償器の伝達関数は

$$G(s)=K_P+\frac{K_I}{s}+K_D s \tag{6-59}$$

となる．この補償のボード線図を図6-38に示し，$K_P=10$，$K_I=1$，$K_D=1$としてこの補償を$G(s)=5/(s+1)$の1次遅れ系に適用したボード線図を図6-39に示す．低周波領域では積分補償，中間の周波数領域では比例補償，高周波領域では微分補償に近い特性が得られていることがわかる．低周波領域ではゲインを大きくして定常誤差を零とし，高周波領域では位相を進ませて過渡応答を改善でき理想的な特性といえる．

(e) 位相遅れ補償

位相遅れ補償器の伝達関数は

$$G_c(s)=K\frac{\alpha(1+Ts)}{1+\alpha Ts} \qquad \alpha>1 \tag{6-60}$$

となり，このボード線図を図6-40に示す．また$\alpha=10$，$T=0.5$としてこの補償を$G(s)=5/(s+1)$の1次遅れ系に適用したボード線図を図6-41に示す．

この補償は高周波領域におけるゲインを下げることなく低周波領域のゲインをあげることができる．しかし中間周波数領域の位相が遅れる．この補償において$\alpha\gg1$とすると

$$G_c(s)\cong K\left(1+\frac{1}{Ts}\right) \tag{6-61}$$

となりPI補償器となる．

(f) 位相進み補償

位相進み補償器の伝達関数は

$$G_c(s)=K\frac{1+Ts}{1+\alpha Ts} \qquad \alpha<1 \tag{6-62}$$

となり，このボード線図を図6-42に示す．また$\alpha=0.1$，$T=5$としてこの補償を$G(s)=5/(s+1)$の1次遅れ系に適用したボード線図を図6-43に示す．この補償は低周波領域におけるゲインを下げることなく高周波領域のゲインを上げることができる．また中間周波数領域の位相を進ませることができ，過渡応答の改善が可能となる．この補償において$\alpha\ll1$とすると

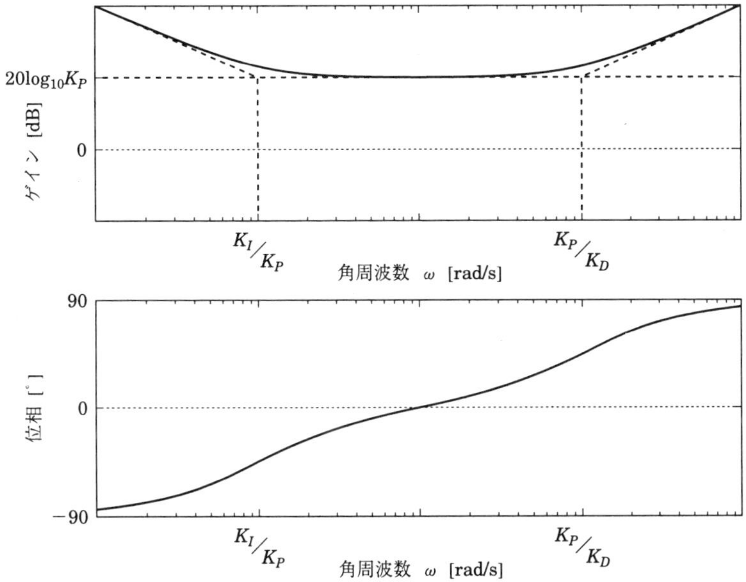

図 6-38　PID 補償器のボード線図

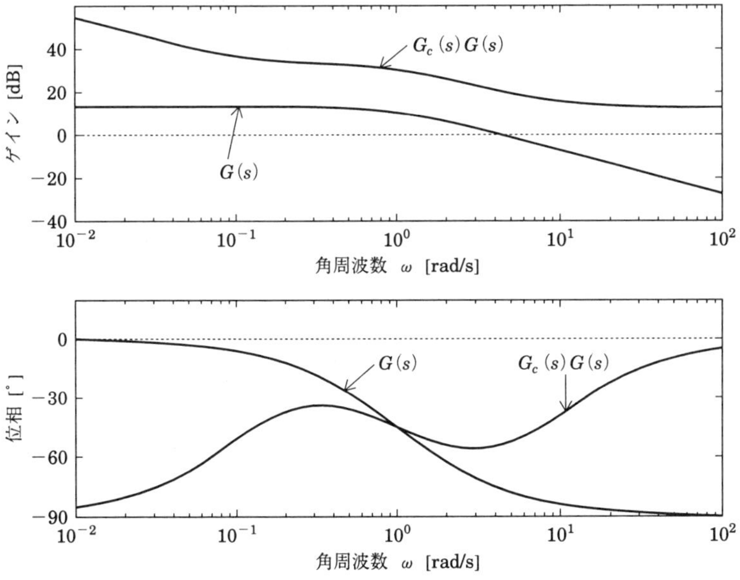

図 6-39　PID 補償器の効果

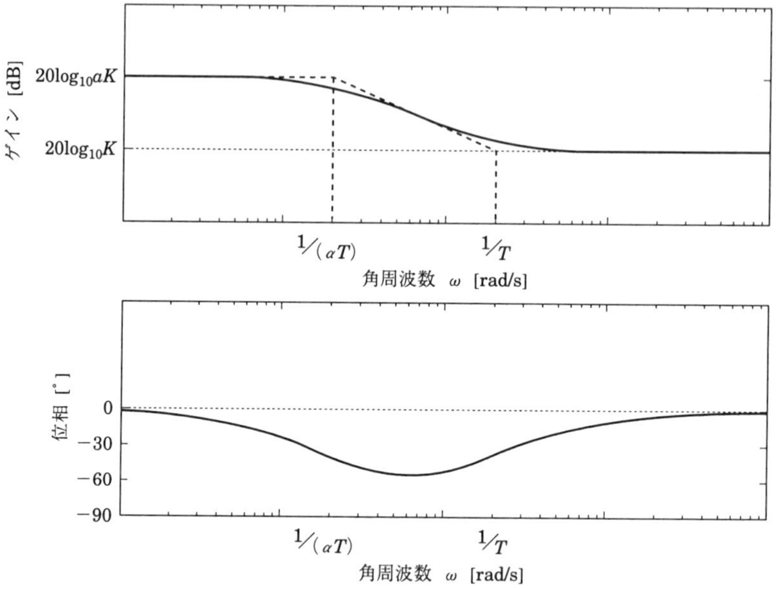

図 6-40　位相遅れ補償器のボード線図

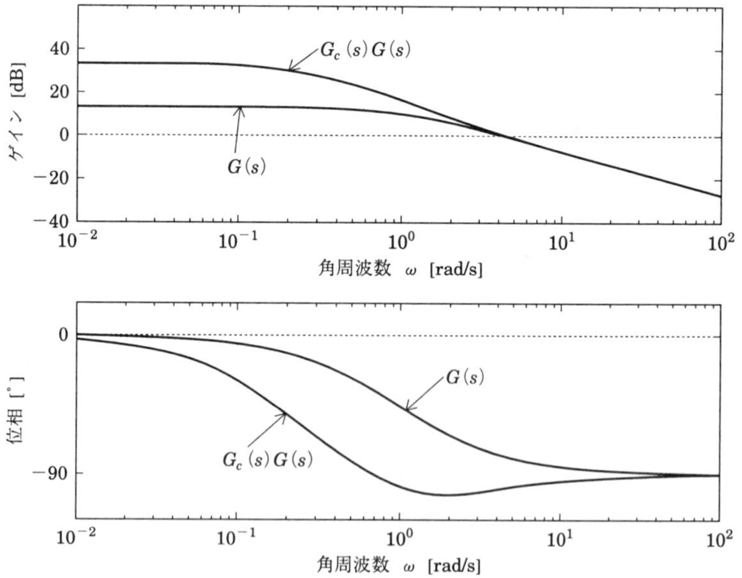

図 6-41　位相遅れ補償器の効果

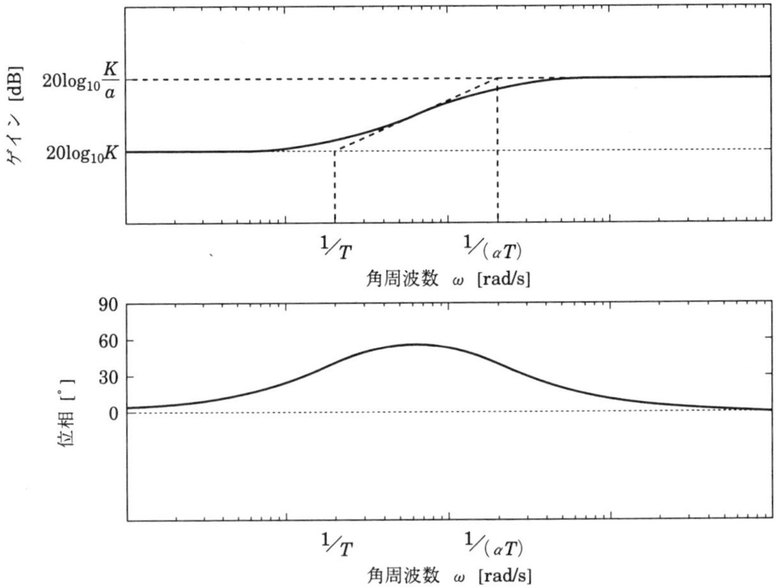

図 6-42　位相進み補償器のボード線図

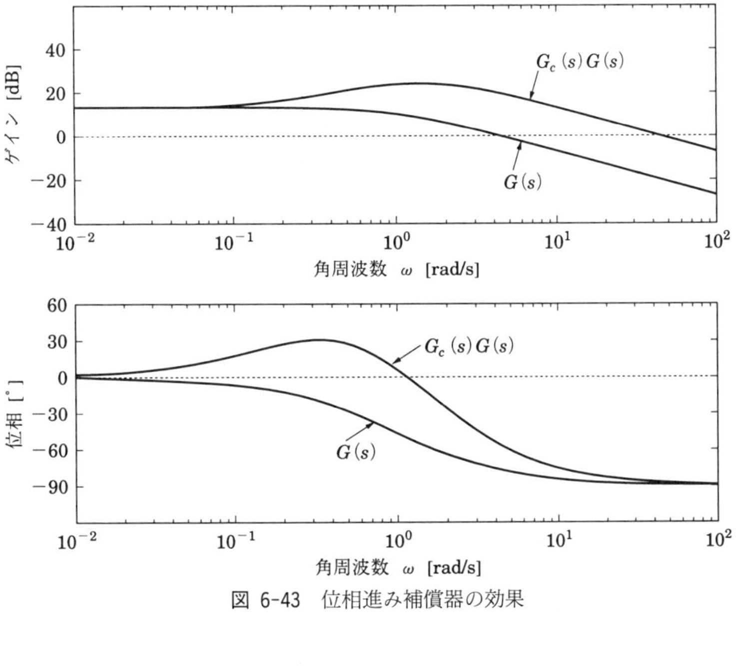

図 6-43　位相進み補償器の効果

$$G_c(s) \cong K(1+Ts) \tag{6-63}$$

となりPD補償器となる．

6-2-4 補償器のソフトウエアによる構成

最近ではディジタルコンピュータの急速な進歩に伴ってこれまで述べてきた補償器をソフトウエアによって実現するソフトウエアサーボ化が急速に普及している．

ここではPID補償器を例にとって述べる．いま，アナログでPID補償器を(6-64) 式のように構成し，適切な比例ゲイン K_P，積分ゲイン K_I，微分ゲイン K_D が求められているとする．

$$G_c(s) = K_P + \frac{K_I}{s} + K_D s \tag{6-64}$$

このとき(6-64)式を離散近似によってディジタル補償器で実現することをディジタル再設計 (digital redesign) と呼び，いくつかの方法があるがここでは最もよい結果を与えるといわれる双1次変換 (bilinear transformation) を用いた方法を示す．双1次変換は台形積分法とも呼ばれ，積分を台形公式で近似する方法といえる．すなわち，$e(t)$ の積分値を $u(t)$ とするとき図6-44に示すように考えると $u(t)$ は

$$u(k+1) = u(k) + \frac{T}{2}(e(k+1) + e(k)) \tag{6-65}$$

と近似できる．(6-65)式を初期値を0として z 変換すると次式となる．

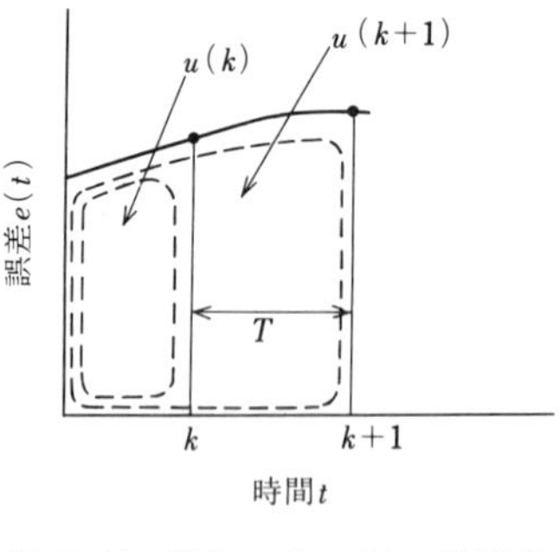

図 6-44 積分のディジタル再設計

$$\frac{u(z)}{e(z)}=\frac{T(z+1)}{2(z-1)} \tag{6-66}$$

したがって，$1/s$ を $T(z+1)/2(z-1)$ で置き換えればよいことになる．この変換を行うと(6-64)式は次式のようになる．

$$G_c(z)=K_P+K_I\frac{T(z+1)}{2(z-1)}+K_D\frac{2(z-1)}{T(z+1)} \tag{6-67}$$

以上はアナログで補償器を設計してからそれをディジタルに近似変換してソフトウエアで実現する方法について述べたものであるが，3-5 節で示した離散時間表現を用いて最適サーボ系を構成した場合にも制御系構造は基本的には PI 制御となる．それについては第 8 章で述べる．

6-3　状態フィードバックによる極配置

6-3-1　極　配　置

制御対象が(3-76)式の状態方程式

$$\dot{\boldsymbol{x}}(t)=\boldsymbol{A}\boldsymbol{x}(t)+\boldsymbol{b}u(t) \tag{3-76 a}$$

$$y(t)=\boldsymbol{c}\boldsymbol{x}(t) \tag{3-76 b}$$

で表されるシステムに対して状態変数 $\boldsymbol{x}(t)$ と外部入力 $v(t)$ からなる次の状態フィードバック入力＋外部入力を考える．

$$u(t)=\boldsymbol{f}\boldsymbol{x}(t)+v(t) \tag{6-68}$$

上式を(3-76 a)式に代入すると次の結果を得る．

$$\dot{\boldsymbol{x}}(t)=[\boldsymbol{A}+\boldsymbol{b}\boldsymbol{f}]\boldsymbol{x}(t)+\boldsymbol{b}v(t) \tag{6-69}$$

(3-76 a)式で表されるシステムは(6-68)式の入力を加えることによって(6-69)式で表されるシステムに変換されたことになる．つまり(3-76 a)式のシステムでは特性方程式 $\det[s\boldsymbol{I}-\boldsymbol{A}]=0$ を満足する根がシステムの極であるのに対して，(6-69)式のシステムではその特性方程式は $\det[s\boldsymbol{I}-(\boldsymbol{A}+\boldsymbol{b}\boldsymbol{f})]=0$ と変換されたことになる．すなわちフィードバック入力によりシステムの極の値を変更できることがわかる．極を変更できるということはもともと不安定であるシステムを安定化し，安定の度合いをこのフィードバック入力を加えることによって変更可能で，望ましい速応性や安定度の高いシステムを構成することができることを意味する．このような平衡点からずれた状態変数を速やかにもとに戻すような閉ループ系をレギュレータ（regulator）といい，レギュレータをフィードバック係数 $\boldsymbol{f}$ を選ぶことによって実現することを極配置(pole assignment)という．

これについて可制御正準形を用いて考えてみよう．いま，(3-76)式として可制御正準形で表された

$$\dot{\boldsymbol{x}}(t)=\begin{bmatrix} 0 & 1 & 0 & \cdots & 0 \\ \vdots & & \ddots & \ddots & \vdots \\ & & & & 0 \\ 0 & \cdots & & 0 & 1 \\ -a_0 & -a_1 & \cdots & & -a_{n-1} \end{bmatrix}\boldsymbol{x}(t)+\begin{bmatrix} 0 \\ 0 \\ \vdots \\ 0 \\ 1 \end{bmatrix}u(t) \qquad \text{(3-70 a)}$$

$$y(t)=[b_0 \quad b_1 \quad \cdots \quad \cdots \quad b_{n-1}]\boldsymbol{x}(t) \qquad \text{(3-70 b)}$$

を用いる．ここで入力を

$$u(t)=\boldsymbol{fx}(t)+v(t)=[f_0 \quad f_1 \quad \cdots \quad \cdots \quad f_{n-1}]\boldsymbol{x}(t)+v(t) \qquad \text{(6-70)}$$

と選び，これを(3-70 a)式に代入することによって次式を得る．

$$\dot{\boldsymbol{x}}(t)=\begin{bmatrix} 0 & 1 & 0 & \cdots & 0 \\ \vdots & & \ddots & \ddots & \vdots \\ & & & & 0 \\ 0 & \cdots & & 0 & 1 \\ -(a_0-f_0) & -(a_1-f_1) & \cdots & & -(a_{n-1}-f_{n-1}) \end{bmatrix}\boldsymbol{x}(t)+\begin{bmatrix} 0 \\ 0 \\ \vdots \\ 0 \\ 1 \end{bmatrix}v(t)$$

(6-71)

したがって，(6-71)式の特性多項式は次のようになる．

$$\det[s\boldsymbol{I}-(\boldsymbol{A}+\boldsymbol{bf})]=s^n+(a_{n-1}-f_{n-1})s^{n-1}+\cdots+(a_1-f_1)s+(a_0-f_0)$$

(6-72)

いま，希望の極を実数または共役な複素数の対として n 個の値 $p_1, p_2, \cdots, p_n$ として指定することを考える．このとき特性多項式を

$$(s-p_1)(s-p_2)\cdots(s-p_n)=s^n+k_{n-1}s^{n-1}+\cdots+k_1s+k_0 \qquad \text{(6-73)}$$

とおいて，(6-72)式との係数比較により

$$f_i=a_i-k_i \quad (i=0,1,2,\cdots,n-1) \qquad \text{(6-74)}$$

と選べば(6-71)式の系の極は望まれる値 $p_1, p_2, \cdots, p_n$ に配置される．以上は可制御標準形で表されたシステムについて述べたが，変数変換行列 $\boldsymbol{T}$ を用いればもとのシステムに対する形も容易に求められる．これらよりシステムが可制御

であれば状態フィードバックにより極配置は常に可能であることがわかる．ただし，極配置によっても零点は不変であることに注意してほしい．(演習問題参照)

詳細は省くが多入力多出力形に対しても同様のことがいえる．実用的にも理論的にも重要な極配置の方法として最適レギュレータ系があり，これについては後の章で改めて述べる．また離散時間系においても同様な結果が成り立つ．

以上より連続時間系について極配置はシステムが可制御ならば任意の極配置が可能であることがわかった．離散時間系についても同様であるが，離散時間系には連続時間系にはみられない特有の極配置がありそれについてもふれておこう．

いま次の可制御正準系で表された離散時間表現のシステムを考える．

$$\boldsymbol{x}(k+1)=\boldsymbol{A}\boldsymbol{x}(k)+\boldsymbol{b}u(k) \tag{6-75}$$

(6-75)式に状態フィードバック入力

$$u(k)=\boldsymbol{f}\boldsymbol{x}(k)+v(k) \tag{6-76}$$

を代入すると閉ループ系は

$$\boldsymbol{x}(k+1)=(\boldsymbol{A}+\boldsymbol{b}\boldsymbol{f})\boldsymbol{x}(k)+\boldsymbol{b}v(k) \tag{6-77}$$

となる．(6-77)式の行列 $\boldsymbol{A}+\boldsymbol{b}\boldsymbol{f}$ は(6-71)式と全く同じものとなる．ここで

$$f_i=a_i \quad (i=0,1,2,\cdots,n-1) \tag{6-78}$$

と選ぶと，

$$(\boldsymbol{A}+\boldsymbol{b}\boldsymbol{f})^n=0 \tag{6-79}$$

が成り立つ．いま $v(k)=0$ とすると，任意の初期値 $\boldsymbol{x}(0)$ に対して nT 時刻の状態は

$$\boldsymbol{x}(n)=(\boldsymbol{A}+\boldsymbol{b}\boldsymbol{f})^n\boldsymbol{x}(0)=\boldsymbol{0} \tag{6-80}$$

となり，任意の初期状態に対して状態は $k\geq n$ なるすべての k に対して $\boldsymbol{x}(k)=\boldsymbol{0}$ となる．すなわち nT の有限時間で状態は零に整定することになる．このような制御を有限整定制御またはデッドビート制御 (deadbeat control) といい離散時間制御独特の制御である．

6-3-2　オブザーバ

前節ではシステムが可制御であれば状態変数をフィードバックすることによ

り任意極配置が可能となることを示した．しかし状態変数をすべて観測するのは困難であり，むしろすべて観測できることの方が希である．このような場合には入力 u や出力 y などの観測できる変数から状態を推定する機構が必要となる．そのような推定機構のうちの代表的なものがオブザーバ（状態観測器，observer）である．本節ではすべての状態変数を推定する同一次元オブザーバ（identity observer）および外乱オブザーバ（disturbance observer）について述べる．

（a）　同一次元オブザーバ

(3-76)式の制御対象に対して，入力 $u(t)$ と出力 $y(t)$ の情報から状態変数 $\boldsymbol{x}(t)$ を推定することを考える．この場合(3-76)式のモデルに実システムと同じ入力を入れてコンピュータの中で計算すれば状態変数 $\boldsymbol{x}(t)$ の値が計算できるように思われる．しかし，このためには状態変数の初期値 $\boldsymbol{x}(0)$ がわからなければならず，またフィードフォワード的に推定を行っているためさまざまな誤差や歪

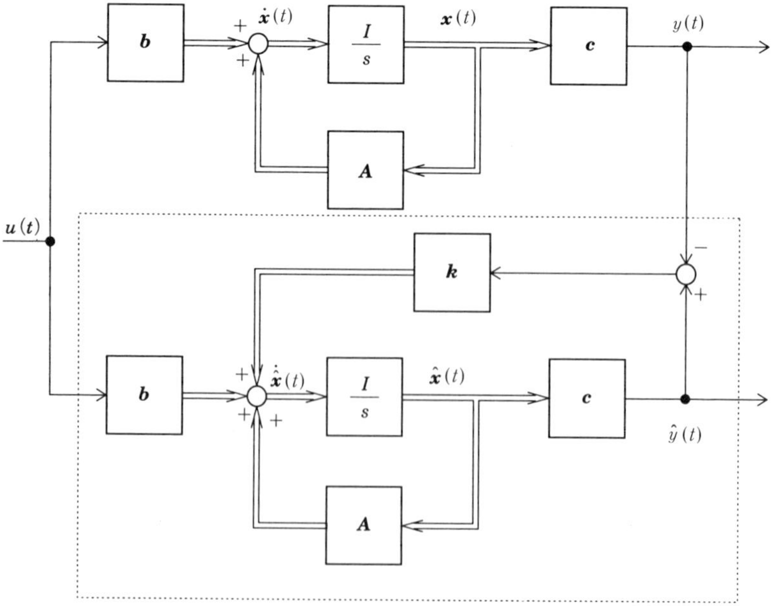

図 6-45　同一次元オブザーバ

みなどにより実際の値と完全には一致させるのは困難である．そこで図 6-45 に示すようにモデルの出力 $\hat{y}(t)$ と $y(t)$ との誤差をフィードバックしてフィードバック的に推定することを考える．このシステムは

$$\dot{\hat{\boldsymbol{x}}}(t)=\boldsymbol{A}\hat{\boldsymbol{x}}(t)+\boldsymbol{b}u(t)+\boldsymbol{k}(\hat{y}(t)-y(t)) \tag{6-81}$$

と表すことができ，

$$\boldsymbol{e}(t)=\hat{\boldsymbol{x}}(t)-\boldsymbol{x}(t) \tag{6-82}$$

とおいて，(6-81)式から(3-76 a)式を引くと

$$\dot{\boldsymbol{e}}(t)=(\boldsymbol{A}+\boldsymbol{kc})\boldsymbol{e}(t) \tag{6-83}$$

と表せる．(6-83)式より $\boldsymbol{k}$ によって $\boldsymbol{A}+\boldsymbol{kc}$ を安定にできれば $t\to\infty$ で $\boldsymbol{e}(t)\to\boldsymbol{0}$ とでき，推定誤差を零に収束させることができる．システムが可観測であればこのような $\boldsymbol{k}$ が存在し，(6-83)式の極は任意に配置できる．(6-81)式を同一次元オブザーバと呼び，これは前節で述べた極配置と双対性の関係となる．

なお同一次元オブザーバでは状態変数 $\boldsymbol{x}(t)$ の一部が観測できる場合でもすべての状態変数を推定しているが，このような場合には観測できない状態変数だけを推定するようにした最小次元オブザーバ (minimum order observer) も知られている．

（b）　外乱オブザーバ

上述した同一次元オブザーバはモデルのパラメータが異なっている場合や外乱が入った場合には状態変数の正しい値は推定できない．これは最小次元オブザーバも同じである．実際上，正しいパラメータを求めることは極めて難しいことである．

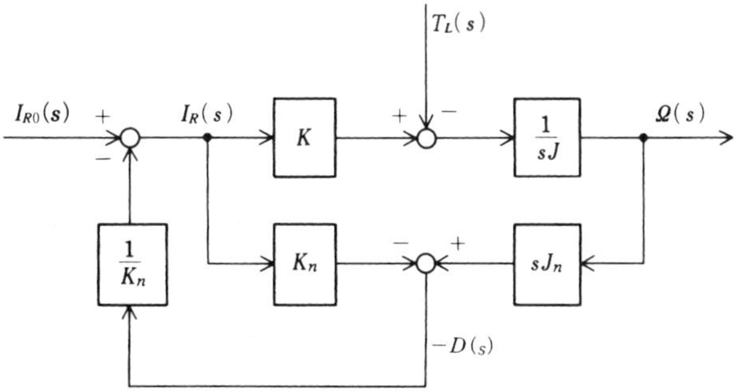

図 6-46　外乱のフィードバック補償 $(D(s)=\mathcal{L}[d(t)])$

そこでパラメータ誤差や外乱を等価外乱として推定し，それをフィードバックすることができればこの等価外乱が相殺でき外乱の補償が可能となる．

ここで6-2-2で述べた電流フィードバックループを付加したDCサーボモータ系を制御対象として等価外乱の推定および補償について説明する．いま，慣性モーメントJおよびトルク定数Kのそれぞれのノミナル値をJ_n, K_nとしたとき，(6-49)式は次式のように書き換えることができる．

$$J_n\frac{d\omega(t)}{dt}=K_n i_R(t)-(J-J_n)\frac{d\omega(t)}{dt}+(K-K_n)i_R(t)-T_L(t) \quad (6\text{-}84)$$

ここで右辺第2項は慣性モーメントに関するノミナル値との誤差項，第3項はトルク定数に関するノミナル値との誤差項となる．これらのパラメータ誤差項および負荷トルク $T_L(t)$ を等価外乱と考えて $d(t)$ で表し，

$$d(t)=(J-J_n)\frac{d\omega(t)}{dt}-(K-K_n)i_R(t)+T_L(t) \quad (6\text{-}85)$$

とすると，(6-84)式は(6-86)式のようになる．

$$J_n\frac{d\omega(t)}{dt}=K_n i_R(t)-d(t) \quad (6\text{-}86)$$

さらに(6-86)式を変形すると，

$$-d(t)=J_n\frac{d\omega(t)}{dt}-K_n i_R(t) \quad (6\text{-}87)$$

と表すことができる．

この $-d(t)$ を図6-46に示すように(6-87)式から推定し，$-1/K_n$倍のフィードバックを行って新たな入力 $i_{R0}(t)$ に加える．このようにすると(6-86)式から等価外乱 $d(t)$ が相殺され，(6-86)式は

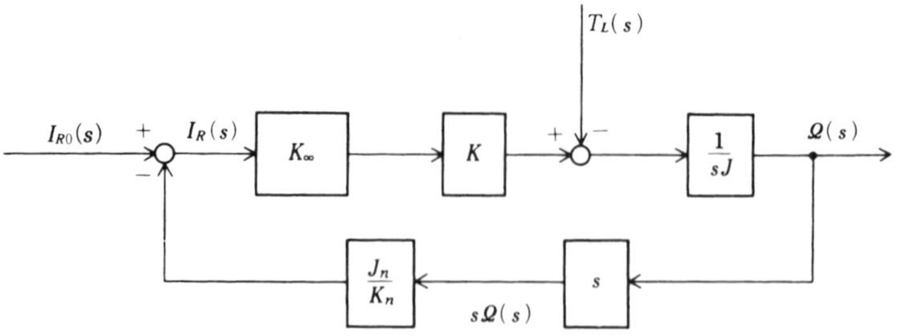

図 6-47 図6-46の変形

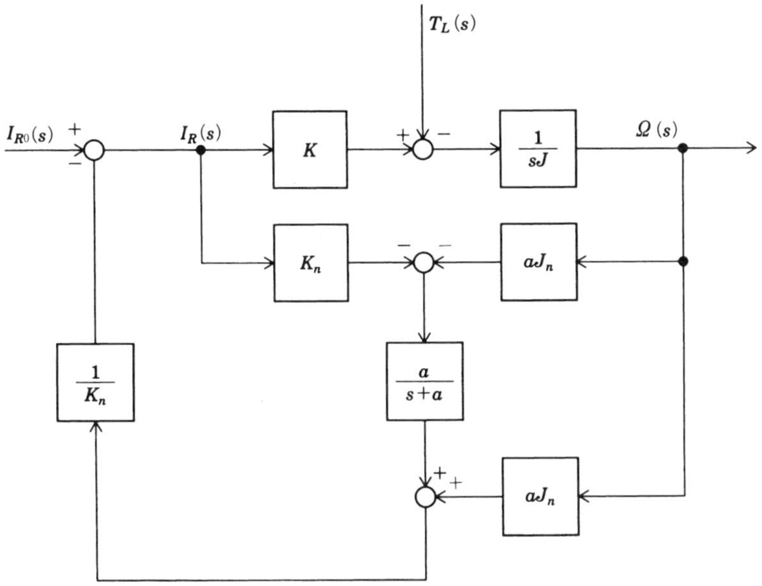

図 6-48　外乱オブザーバと外乱補償

$$\Omega(s)=\frac{K_n}{sJ_n}I_{R0}(s) \tag{6-88}$$

とノミナル値のみで表すことができ，パラメータ変化も外乱も関係ないものとみなすことができる．

またこの補償方式は図 6-46 を変形すると図 6-47 となるため，

$$\Omega(s)=\frac{K/(sJ)}{1/K_\infty+(KJ_n/K_nJ)}I_{R0}(s)+\frac{K/(sJ)}{1+K_\infty(KJ_n/K_nJ)}T_L(s)$$
$$\approx\frac{K_n}{sJ}I_{R0}(s)+0\cdot T_L(s) \tag{6-89}$$

より(6-88)式となることからも説明できる．ただし，K_∞ はゲイン無限大を表すものとする．しかし，これはすでに述べたように比例制御系において比例ゲインを無限大としてハイゲインとして外乱の制御量への影響を零とする方式と基本的には同じものとなる．さらに図 6-46 は角速度の微分が必要となっており，測定雑音の影響を非常に受けやすくなる点も問題点である．

これらの問題を解決するためには図 6-48 に示すように推定した等価外乱にフ

ィルタの極を a とする低域通過フィルタを通して，高周波の観測雑音は押さえ，低周波の等価外乱のみをフィードバックしてこれを相殺するようにすることが考えられる．また図 6-48 からわかるように低域通過フィルタを用いることにより等価的に角速度の微分を用いないで制御系が実現できる．これが外乱オブザーバと呼ばれるものであり，構成がわかりやすく効果も大きいので現場などでよく用いられている．ただし，用いる制御対象などによっては実際のパラメータとノミナル値が大きく異なった場合など制御系が不安定になるおそれもあるので注意が必要である．

演習問題

1．図1のような RL 回路がある．この回路の入力を電圧 $u(t)$，状態変数をインダクタンス L を流れる電流 $x(t)$，出力を電圧 $y(t)$ とする．いまこの RL 回路に対して図 2 に示す制御系を構成し，$R(t)$ を目標値，$e(t)$ を誤差とし，制御器の伝達関数を $G_c(s)$ とする．ただし，$\mathcal{L}[u(t)]=U(s)$，$\mathcal{L}[y(t)]=Y(s)$，$\mathcal{L}[e(t)]=E(s)$，$\mathcal{L}[R(t)]=R(s)$ とする．

まず制御器として $G_c(s)=K_P$ なる比例制御系を用いるものとする．

（1） この制御対象の状態方程式，出力方程式を求めよ．

（2） 図 2 の制御系の伝達関数（$R(s)$-$Y(s)$ 間）を示せ．

（3） 目標値 R_0（一定）としたときの制御量の時間変化 $y(t)$ を求め，図示せよ．

（4） 時定数について説明し，またこの制御系の時定数を求めよ．

（5） 最終値の定理を微分係数のラプラス変換を証明した上で証明せよ．

（6） 最終値の定理を用いて，目標値を R_0（一定）としたときのこの制御系の定常誤差 $e(\infty)$ を求めよ．また（3）の結果を用いてこれを求めよ．

つぎに制御器として $G_c(s)=\dfrac{K_I}{s}$ なる積分制御系を用いるものとする．

（7） この制御系は 2 次遅れ要素となるが，制動係数，固有角周波数はそれぞれど

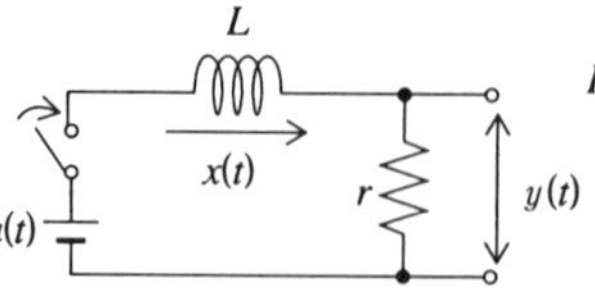

図 1

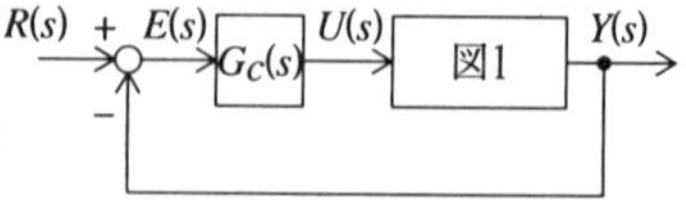

図 2

のようになるかを示せ．

（8） この制御系が臨界制動状態であるとして，目標値を大きさ R_0 のステップ信号としたとき，この制御系の制御量 $y(t)$ を求めよ．

（9） この制御系が不足制動状態にあるとして，目標値を単位インパルス信号としたときこの制御系の制御量 $y(t)$ を求めよ．

(10) 目標値 R_0 (一定) としたときのこの制御系の定常誤差 $e(\infty)$ を求め，どうしてそのようになるかを簡単に説明せよ．

2．増幅度 A のアンプを下図のように β のフィードバックをかけた場合の特性について検討せよ．

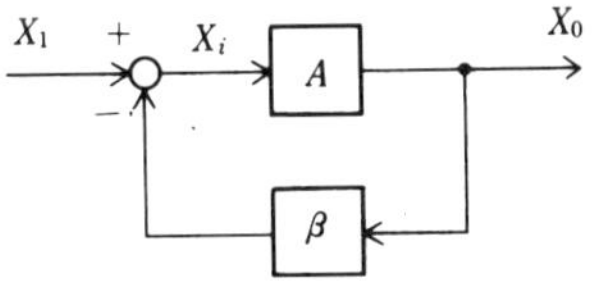

（1） 利得の安定化

（2） 周波数特性の改善．ただし，アンプのゲイン A は次のように与えられる．

中域におけるゲイン　A_0

高域におけるゲイン　$A_h=\dfrac{A_0}{1+j(f/f_h)}$

低域におけるゲイン　$A_l=\dfrac{A_0}{1-j(f_l/f)}$

ただし，f_h は高域遮断周波数と呼びゲイン A_h が A_0 の $1/\sqrt{2}(=-3\,\mathrm{dB})$ になる周波数をいう．f_l は低域遮断周波数と呼びこれはゲイン A_l が A_0 の $1/\sqrt{2}(=3\,\mathrm{dB})$ になる周波数をいう．f は周波数．

（3） ノイズの影響の低減．下図のような場合について考察せよ．

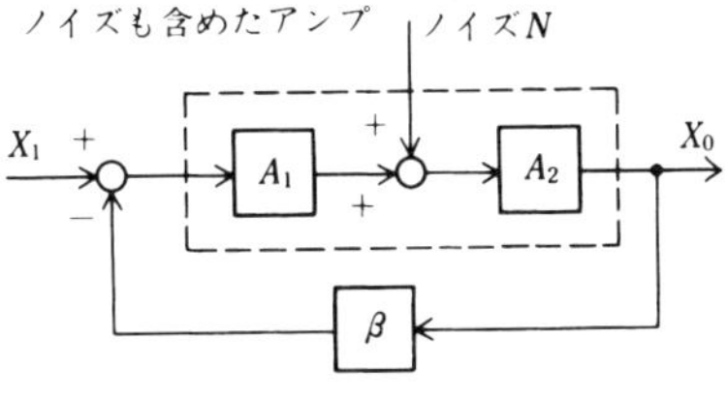

（4） ひずみの低減，下図のような場合について考察せよ．

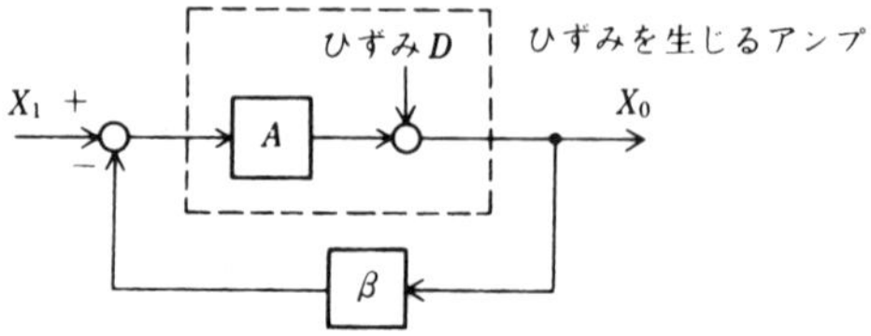

3．(6-44)および(6-46)式を導出せよ．

4．(6-70)式の状態フィードバックによる極配置を行った閉ループ系(6-71)式の零点は不変であることを示せ．

第７章　最適レギュレータ系

本章では，理論的にも実用的にも興味のある最適レギュレータ系について述べる．考察しているシステムが可制御ならば状態フィードバックにより閉ループ系の極を任意のところに指定できることを前章で述べた．それにより構成された制御系に望ましい速応性や安定度を与えることができる基本的な可能性が示された．どこにどのように極を配置すればよいかの方針が出ればそれを実現するには適切なアルゴリズムを用いればよい．ところが，１個の極しかないシステムならまだしも，多入力多出力系はもちろん１入力１出力系でも指定すべき極がたくさんある場合に多くの極をどのように配置すればよいかは非常に難しい工学的な問題である．

最適レギュレータ理論（optimal regulator theory）はそのような問題に対する１つの有用な解決策を与えてくれるものである．ただし，本来の最適レギュレータ理論の出発点は極配置にあるのではなく，最適な制御を行うための１つの考え方，すなわちある評価関数を最小とすることを目的とした制御の考え方に基づいているといった方が適当かもしれない．結果的にはそのような考え方による極配置による最適レギュレータ系は種々の優れた性質をもっていることがわかっている．また，多入力多出力系に対しても最適レギュレータ系の設計がかなり容易に行えるという面も大きな特長であり，それが実用面で有用であるという大きな理由である．もっとも，最適レギュレータ系そのものが実用的に有用であるということではなく，最適レギュレータ系の優れた性質を保持しつつ，最適レギュレータ理論に基づいてより実用的な制御系が構成できるという意味で有用である．

主として前章までの議論における制御系構成は周波数領域における設計について述べてきた．そこでは制御系が扱うと思われる目標値信号や外乱信号の周波数範囲にわたっての制御系の性質を種々の面から考察する道具立てが用意されてきた．制御系の全貌を見るのにはそのような立場は大変都合がよいため，現在多くのところで有効に活用されている．本章からは時間領域における制御系構成についての１つのアプローチを述べる．両者の差異や利点や問題点などは第１章において述べている．それぞれの特徴を理解した上で実際の制御系構成に生かすのがよいと思われる．

なお，本章で用いる“最適”という言葉は必ずしも工学的な意味での最適を意味しているとは限らないことに注意して欲しい．最適制御の分野でも最短時間制御などという場合には確かに工学的にも最適な目的を示しているが，最適レギュレータ理論における“最適”の意味は設計者が定義した評価関数を最小とするという意味における“最適”である．また，前章までは１入力１出力系を制御対象として考えてきたが，本章以降は一般の多入力多出力系を対象として扱うものとする．

7-1　連続時間系最適レギュレータ系

7-1-1　制御時間が有限の場合

考察する制御対象は次の状態方程式により表現されている可制御・可観測なシステムとする．

$$\dot{\boldsymbol{x}}(t)=\boldsymbol{A}\boldsymbol{x}(t)+\boldsymbol{B}\boldsymbol{u}(t) \qquad \boldsymbol{x}(0)=\boldsymbol{x}_0 \tag{7-1 a}$$

$$\boldsymbol{y}(t)=\boldsymbol{C}\boldsymbol{x}(t) \tag{7-1 b}$$

ここで，$\boldsymbol{x}(t)$：状態変数（$n\times1$），$\boldsymbol{u}(t)$：入力変数（$r\times1$），$\boldsymbol{y}(t)$：出力変数（$m\times1$）

最小とすべき次の２次形式評価関数を定義する．

$$J=\frac{1}{2}\int_0^T[\boldsymbol{x}^T(t)\boldsymbol{Q}\boldsymbol{x}(t)+\boldsymbol{u}^T(t)\boldsymbol{H}\boldsymbol{u}(t)]dt \tag{7-2}$$

ここで，$\boldsymbol{Q}$：半正定行列（$n\times n$），$\boldsymbol{H}$：正定行列（$r\times r$），T：制御時間

この評価関数の意味するところは状態変数 $\boldsymbol{x}(t)$ についてはその初期値 $\boldsymbol{x}_0$ か

らできるだけ速く $\boldsymbol{x}(t)=\boldsymbol{0}$ に移動させることを要求している．ただし，その要求のみでは入力 $\boldsymbol{u}(t)$ が過大になってしまうので $\boldsymbol{u}(t)$ を適当な大きさに抑えるための１つの方法として $\boldsymbol{u}^T\boldsymbol{H}\boldsymbol{u}$ なる項を考慮に入れているのである．すなわち，(7-1) 式のシステムにおいて (7-2) 式の評価関数を最小とするような入力 $\boldsymbol{u}(t)$ を求めよという最適制御問題である．このような問題を最適レギュレータ問題 (optimal regulator problem) と呼ぶ．

この問題を解く方法はほかにもあるが本章では変分法によるものについて簡単に述べる．ラグランジェの未定乗数ベクトル $\boldsymbol{\lambda}=[\lambda_1\ \lambda_2\ \cdots\ \lambda_n]^T$ を用いて (7-2) 式の最小化問題は次の最小化問題に変換される．

$$J=\int_0^T\left[\frac{1}{2}(\boldsymbol{x}^T\boldsymbol{Q}\boldsymbol{x}+\boldsymbol{u}^T\boldsymbol{H}\boldsymbol{u})+\boldsymbol{\lambda}^T(\boldsymbol{A}\boldsymbol{x}+\boldsymbol{B}\boldsymbol{u}-\dot{\boldsymbol{x}})\right]dt$$
$$=\int_0^T[L_0+\boldsymbol{\lambda}^T(\boldsymbol{A}\boldsymbol{x}+\boldsymbol{B}\boldsymbol{u}-\dot{\boldsymbol{x}})]dt=\int_0^T L(\boldsymbol{x},\boldsymbol{u},\boldsymbol{\lambda})\,dt \tag{7-3}$$

ここで，$L_0=\frac{1}{2}(\boldsymbol{x}^T\boldsymbol{Q}\boldsymbol{x}+\boldsymbol{u}^T\boldsymbol{H}\boldsymbol{u})$，$L=L_0+\boldsymbol{\lambda}^T(\boldsymbol{A}\boldsymbol{x}+\boldsymbol{B}\boldsymbol{u}-\dot{\boldsymbol{x}})$

このとき，$L(\boldsymbol{x},\boldsymbol{u},\boldsymbol{\lambda})$ の変数，$\boldsymbol{x},\boldsymbol{u},\boldsymbol{\lambda}$ およびその微分 $\dot{\boldsymbol{x}},\dot{\boldsymbol{u}},\dot{\boldsymbol{\lambda}}$ の微少な変動である変分 $\delta\boldsymbol{x},\delta\dot{\boldsymbol{x}},\delta\boldsymbol{u},\delta\dot{\boldsymbol{u}},\delta\boldsymbol{\lambda},\delta\dot{\boldsymbol{\lambda}}$ によって生じた J の変動量の１次近似である第１変分 δJ は以下のようになる．なお，変分は通常の関数 $y=f(x)$ の極値を調べるときの x の増分 Δx に相当し，J の第１変分 δJ は y の増分 Δy に相当する．

$$\delta J=\int_0^T\left[\left(\frac{\partial L}{\partial \boldsymbol{x}}\right)^T\delta\boldsymbol{x}+\left(\frac{\partial L}{\partial \dot{\boldsymbol{x}}}\right)^T\delta\dot{\boldsymbol{x}}+\left(\frac{\partial L}{\partial \boldsymbol{u}}\right)^T\delta\boldsymbol{u}+\left(\frac{\partial L}{\partial \dot{\boldsymbol{u}}}\right)^T\delta\dot{\boldsymbol{u}}\right.$$
$$\left.+\left(\frac{\partial L}{\partial \boldsymbol{\lambda}}\right)^T\delta\boldsymbol{\lambda}+\left(\frac{\partial L}{\partial \dot{\boldsymbol{\lambda}}}\right)^T\delta\dot{\boldsymbol{\lambda}}\right]dt$$
$$=\int_0^T\left[\left(\frac{\partial L}{\partial \boldsymbol{x}}\right)^T\delta\boldsymbol{x}-\boldsymbol{\lambda}^T\delta\dot{\boldsymbol{x}}+\left(\frac{\partial L}{\partial \boldsymbol{u}}\right)^T\delta\boldsymbol{u}+(\boldsymbol{A}\boldsymbol{x}+\boldsymbol{B}\boldsymbol{u}-\dot{\boldsymbol{x}})^T\delta\boldsymbol{\lambda}\right]dt \tag{7-4}$$

ここで部分積分法を用いると，

$$\int_0^T\boldsymbol{\lambda}^T\delta\dot{\boldsymbol{x}}dt=[\boldsymbol{\lambda}^T\delta\boldsymbol{x}]_0^T-\int_0^T\dot{\boldsymbol{\lambda}}^T\delta\boldsymbol{x}dt$$
$$=\boldsymbol{\lambda}^T(T)\,\delta\boldsymbol{x}(T)-\boldsymbol{\lambda}^T(0)\,\delta\boldsymbol{x}(0)-\int_0^T\dot{\boldsymbol{\lambda}}^T\delta\boldsymbol{x}dt \tag{7-5}$$

となり，$\boldsymbol{x}(0)=\boldsymbol{x}_0$ と初期は固定されているので

$$\delta \boldsymbol{x}(0)=0 \tag{7-6}$$

となる．したがって

$$\delta J=\int_0^T\left[\left(\frac{\partial L}{\partial \boldsymbol{x}}+\dot{\boldsymbol{\lambda}}\right)^T\delta\boldsymbol{x}+\left(\frac{\partial L}{\partial \boldsymbol{u}}\right)^T\delta\boldsymbol{u}+(\boldsymbol{A}\boldsymbol{x}+\boldsymbol{B}\boldsymbol{u}-\dot{\boldsymbol{x}})^T\delta\boldsymbol{\lambda}\right]dt$$
$$-\boldsymbol{\lambda}^T(T)\,\delta\boldsymbol{x}(T) \tag{7-7}$$

となり，これを0にする条件（停留条件）が J を最小にする条件となる．それゆえ，$H_0(\boldsymbol{x},\boldsymbol{u},\boldsymbol{\lambda})=L_0(\boldsymbol{x},\boldsymbol{u})+\boldsymbol{\lambda}^T(\boldsymbol{A}\boldsymbol{x}+\boldsymbol{B}\boldsymbol{u})$ とおくと，

$$\dot{\boldsymbol{\lambda}}=-\frac{\partial H_0}{\partial \boldsymbol{x}}=-\boldsymbol{Q}\boldsymbol{x}-\boldsymbol{A}^T\boldsymbol{\lambda} \tag{7-8 a}$$

$$\boldsymbol{0}=\frac{\partial H_0}{\partial \boldsymbol{u}}=\boldsymbol{H}\boldsymbol{u}+\boldsymbol{B}^T\boldsymbol{\lambda} \tag{7-8 b}$$

$$\dot{\boldsymbol{x}}=\boldsymbol{A}\boldsymbol{x}+\boldsymbol{B}\boldsymbol{u}=\frac{\partial H_0}{\partial \boldsymbol{\lambda}} \tag{7-8 c}$$

が成り立ち，境界条件は，$\boldsymbol{x}(0)=\boldsymbol{x}_0$ および

$$\boldsymbol{\lambda}(T)=\boldsymbol{0} \tag{7-9}$$

となる．(7-8)式は $\boldsymbol{x},\boldsymbol{u}$ が評価関数(7-2)式の極値となるための条件，すなわち停留条件を与えるものである．

ちなみに(7-8)式は，

$$\int_0^T\left(\frac{\partial L}{\partial \dot{\boldsymbol{x}}}\right)^T\delta\dot{\boldsymbol{x}}dt=\left[\left(\frac{\partial L}{\partial \dot{\boldsymbol{x}}}\right)^T\delta\boldsymbol{x}\right]_0^T-\int_0^T\frac{d}{dt}\left(\frac{\partial L}{\partial \dot{\boldsymbol{x}}}\right)^T\delta\boldsymbol{x}dt$$
$$=-\int_0^T\frac{d}{dt}\left(\frac{\partial L}{\partial \dot{\boldsymbol{x}}}\right)^T\delta\boldsymbol{x}dt \tag{7-10 a}$$

$$\int_0^T\left(\frac{\partial L}{\partial \dot{\boldsymbol{u}}}\right)^T\delta\dot{\boldsymbol{u}}dt=\left[\left(\frac{\partial L}{\partial \dot{\boldsymbol{u}}}\right)^T\delta\boldsymbol{u}\right]_0^T-\int_0^T\frac{d}{dt}\left(\frac{\partial L}{\partial \dot{\boldsymbol{u}}}\right)^T\delta\boldsymbol{u}dt$$
$$=-\int_0^T\frac{d}{dt}\left(\frac{\partial L}{\partial \dot{\boldsymbol{u}}}\right)^T\delta\boldsymbol{u}dt \tag{7-10 b}$$

なる部分積分法を用いると(7-4)式が，

$$\delta J=\int_0^T\left[\left[\frac{\partial L}{\partial \boldsymbol{x}}-\frac{d}{dt}\left(\frac{\partial L}{\partial \dot{\boldsymbol{x}}}\right)\right]^T\delta\boldsymbol{x}+\left[\frac{\partial L}{\partial \boldsymbol{u}}-\frac{d}{dt}\left(\frac{\partial L}{\partial \dot{\boldsymbol{u}}}\right)\right]^T\delta\boldsymbol{u}\right.$$
$$\left.+(\boldsymbol{A}\boldsymbol{x}+\boldsymbol{B}\boldsymbol{u}-\dot{\boldsymbol{x}})^T\delta\boldsymbol{\lambda}\right]dt \tag{7-11}$$

と変形できることより，つぎの Euler の方程式 (Euler's equation) を解いても

得ることができる．

$$\frac{\partial L}{\partial \boldsymbol{x}}-\frac{d}{dt}\left(\frac{\partial L}{\partial \dot{\boldsymbol{x}}}\right)=0 \tag{7-12 a}$$

$$\frac{\partial L}{\partial \boldsymbol{u}}-\frac{d}{dt}\left(\frac{\partial L}{\partial \dot{\boldsymbol{u}}}\right)=0 \tag{7-12 b}$$

いま，(7-8 b)式より，

$$\boldsymbol{u}(t)=-\boldsymbol{H}^{-1}\boldsymbol{B}^T\boldsymbol{\lambda}(t) \tag{7-13}$$

となり，これが停留条件を満足する最適制御入力となる．そして，(7-13)式を(7-1 a)式に代入した式と(7-8 a)，(7-9)式をまとめると

$$\begin{bmatrix}\dot{\boldsymbol{x}}(t)\\ \dot{\boldsymbol{\lambda}}(t)\end{bmatrix}=\begin{bmatrix}\boldsymbol{A} & -\boldsymbol{B}\boldsymbol{H}^{-1}\boldsymbol{B}^T\\ -\boldsymbol{Q} & -\boldsymbol{A}^T\end{bmatrix}\begin{bmatrix}\boldsymbol{x}(t)\\ \boldsymbol{\lambda}(t)\end{bmatrix} \tag{7-14}$$

$$\boldsymbol{x}(0)=\boldsymbol{x}_0,\ \boldsymbol{\lambda}(T)=\boldsymbol{0}$$

となり，2 点境界値問題に帰着される．この式を解いて $\boldsymbol{\lambda}(t)$ が具体的に求まれば最適制御入力 $\boldsymbol{u}(t)$ が具体的な形で求められるが，2 点境界値問題であるので一般的に解くことはそれほど簡単ではない．

このため，(7-14)式の推移行列を $\boldsymbol{\Theta}(t)$ で表し，これを

$$\boldsymbol{\Theta}(t)=\begin{bmatrix}\boldsymbol{\Theta}_{11}(t) & \boldsymbol{\Theta}_{12}(t)\\ \boldsymbol{\Theta}_{21}(t) & \boldsymbol{\Theta}_{22}(t)\end{bmatrix} \tag{7-15}$$

のように分割して表す．そして，

$$\begin{bmatrix}\boldsymbol{x}(T)\\ \boldsymbol{\lambda}(T)\end{bmatrix}=\begin{bmatrix}\boldsymbol{\Theta}_{11}(T-t) & \boldsymbol{\Theta}_{12}(T-t)\\ \boldsymbol{\Theta}_{21}(T-t) & \boldsymbol{\Theta}_{22}(T-t)\end{bmatrix}\begin{bmatrix}\boldsymbol{x}(t)\\ \boldsymbol{\lambda}(t)\end{bmatrix} \tag{7-16}$$

より，$\boldsymbol{\lambda}(T)=0$ を用いると

$$\begin{aligned}\boldsymbol{\lambda}(t)&=-\boldsymbol{\Theta}_{22}{}^{-1}(T-t)\,\boldsymbol{\Theta}_{21}(T-t)\,\boldsymbol{x}(t)\\ &=\boldsymbol{P}(t)\,\boldsymbol{x}(t)\end{aligned} \tag{7-17}$$

と $\boldsymbol{\lambda}(t)$ と $\boldsymbol{x}(t)$ の関係を表すことができるため，以下では $\boldsymbol{P}(t)$ の存在を仮定して話を進める．

いま，(7-17)式を (7-14)式に代入すると

$$\dot{\boldsymbol{x}}(t)=\boldsymbol{A}\boldsymbol{x}(t)-\boldsymbol{B}\boldsymbol{H}^{-1}\boldsymbol{B}^T\boldsymbol{P}(t)\,\boldsymbol{x}(t) \tag{7-18}$$

$$\dot{\boldsymbol{P}}(t)\,\boldsymbol{x}(t)+\boldsymbol{P}(t)\,\dot{\boldsymbol{x}}(t)=-\boldsymbol{Q}\boldsymbol{x}(t)-\boldsymbol{A}^T\boldsymbol{P}(t)\,\boldsymbol{x}(t) \tag{7-19}$$

の 2 つの式が得られ，さらに(7-18)式を(7-19)式に代入すると

$$[\dot{\boldsymbol{P}}+\boldsymbol{PA}+\boldsymbol{A}^T\boldsymbol{P}+\boldsymbol{Q}-\boldsymbol{PBH}^{-1}\boldsymbol{B}^T\boldsymbol{P}]\boldsymbol{x}(t)=\boldsymbol{0} \tag{7-20}$$

となる．(7-20)式が $\boldsymbol{x}(t)$ に関係なく成り立つためには(7-21)式が成り立てばよい．この方程式をRiccati微分方程式 (Riccati differential equation) という．

$$\begin{aligned}&\dot{\boldsymbol{P}}(t)+\boldsymbol{P}(t)\boldsymbol{A}+\boldsymbol{A}^T\boldsymbol{P}(t)+\boldsymbol{Q}-\boldsymbol{P}(t)\boldsymbol{BH}^{-1}\boldsymbol{B}^T\boldsymbol{P}(t)=\boldsymbol{0}\\&\boldsymbol{P}(T)=\boldsymbol{0}\end{aligned} \tag{7-21}$$

制御対象と評価関数が与えられる($\boldsymbol{A},\boldsymbol{B},\boldsymbol{C},\boldsymbol{Q},\boldsymbol{H}$ が与えられる)と正定対称行列 $\boldsymbol{P}(t)$ は逆時間方向にオフラインで解くことによって求めることができる．求められた $\boldsymbol{P}(t)$ を用いて(7-13)，(7-17)式より最適制御入力は次のようになる．

$$\boldsymbol{u}(t)=-\boldsymbol{H}^{-1}\boldsymbol{B}^T\boldsymbol{P}(t)\boldsymbol{x}(t)=\boldsymbol{F}(t)\boldsymbol{x}(t) \tag{7-22}$$

ただし，$\boldsymbol{F}(t)=-\boldsymbol{H}^{-1}\boldsymbol{B}^T\boldsymbol{P}(t)$

このように，最適制御入力は状態変数 $\boldsymbol{x}(t)$ の関数として与えられる．ただし，(7-22)式は停留条件を満足するというだけであるがさらに検討をすることによって最適制御入力であることを示せる．(7-22)式は状態フィードバックの形になっているため，最適レギュレータ系 (optimal regulator system) の構成図は図7-1のように示すことができる．

次にこの最適制御入力を印加されたシステムの評価関数値を求める．ここで，

$$\dot{\boldsymbol{x}}(t)=\boldsymbol{Ax}(t)-\boldsymbol{BH}^{-1}\boldsymbol{B}^T\boldsymbol{P}(t)\boldsymbol{x}(t) \tag{7-23}$$

の関係を利用して，(7-21)，(7-22)式を用いると

$$\begin{aligned}\frac{d}{dt}(\boldsymbol{x}^T\boldsymbol{Px})&=\dot{\boldsymbol{x}}^T\boldsymbol{Px}+\boldsymbol{x}^T\dot{\boldsymbol{P}}\boldsymbol{x}+\boldsymbol{x}^T\boldsymbol{P}\dot{\boldsymbol{x}}\\&=\boldsymbol{x}^T[\boldsymbol{A}^T\boldsymbol{P}-\boldsymbol{PBH}^{-1}\boldsymbol{B}^T\boldsymbol{P}+\boldsymbol{PA}-\boldsymbol{PBH}^{-1}\boldsymbol{B}^T\boldsymbol{P}+\dot{\boldsymbol{P}}]\boldsymbol{x}\end{aligned}$$

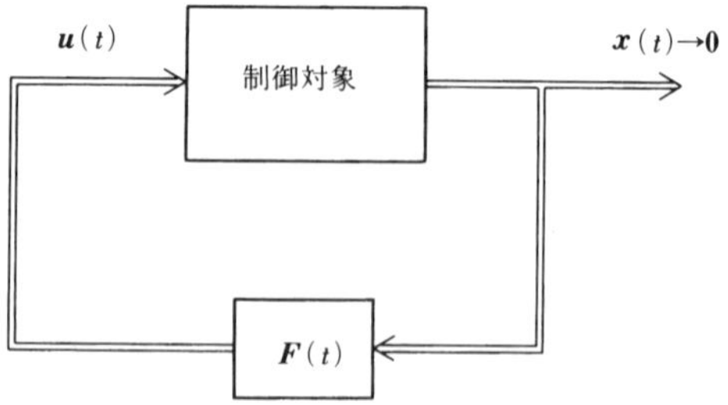

図7-1　最適レギュレータ系構成図

$$= \boldsymbol{x}^T[-\boldsymbol{Q}-\boldsymbol{PBH}^{-1}\boldsymbol{B}^T\boldsymbol{P}]\boldsymbol{x} = -[\boldsymbol{x}^T\boldsymbol{Qx}+\boldsymbol{u}^T\boldsymbol{Hu}] \quad (7\text{-}24)$$

が成り立ち，(7-24)式の両辺を 0 から T まで積分して次の評価関数値を得る．

$$J_{\min} = \frac{1}{2}\int_0^T[\boldsymbol{x}^T\boldsymbol{Qx}+\boldsymbol{u}^T\boldsymbol{Hu}]dt = \frac{1}{2}[\boldsymbol{x}^T(0)\boldsymbol{P}(0)\boldsymbol{x}(0)-\boldsymbol{x}^T(T)\boldsymbol{P}(T)\boldsymbol{x}(T)] \quad (7\text{-}25)$$

すなわち，最適制御を実行した結果，全制御時間にわたっての評価関数値は初期時刻における状態の値と Riccati 微分方程式の初期時刻における解により決定されるという大変簡単な形で与えられることがわかる．

7-1-2　無限制御時間の場合

前節では制御時間が有限の場合について扱ったので，状態フィードバック入力を決めるフィードバック係数

$$\boldsymbol{F}(t) = -\boldsymbol{H}^{-1}\boldsymbol{B}^T\boldsymbol{P}(t) \quad (7\text{-}26)$$

は時変形となる．このため時々刻々のフィードバックゲインをメモリに記憶しておき，それを取り出して制御を実行することになるがこれは実現上必ずしも好ましいことでなく，最適レギュレータ系の性質を解析するのにも障害となる．

そこで(7-2)式の評価関数の上限を無限大（$T\to\infty$）とし，

$$J = \frac{1}{2}\int_0^\infty[\boldsymbol{x}^T(t)\boldsymbol{Qx}(t)+\boldsymbol{u}^T(t)\boldsymbol{Hu}(t)]\,dt \quad (7\text{-}27)$$

ただし，$\boldsymbol{Q}$：半正定行列（$n\times n$），$\boldsymbol{H}$：正定行列($r\times r$)

なる評価関数を用いる場合の最適レギュレータ問題について考察する．

最初に $\boldsymbol{Q}$ が正定のときを取り上げる．そのとき(7-25)式の値はすべての $\boldsymbol{x}(0)$ に対して常に正でなければならないので，Riccati 方程式の解 $\boldsymbol{P}(t)$ は正定行列である．また，制御時間 $T\to\infty$ のとき $\boldsymbol{P}(t)$ は定数である正定対称行列 $\boldsymbol{P}$ に収束し，次の Riccati 代数方程式（Riccati algebraic equation）を満たすことが知られている．

$$\boldsymbol{PA}+\boldsymbol{A}^T\boldsymbol{P}+\boldsymbol{Q}-\boldsymbol{PBH}^{-1}\boldsymbol{B}^T\boldsymbol{P} = \boldsymbol{0} \quad (7\text{-}28)$$

このとき，最適制御入力は

$$\boldsymbol{u}(t) = -\boldsymbol{H}^{-1}\boldsymbol{B}^T\boldsymbol{Px}(t) = \boldsymbol{Fx}(t) \quad (7\text{-}29)$$

となり，状態フィードバック係数は定数となる．また，評価関数の最小値は次

式となる．

$$J_{\min}=\frac{1}{2}[\boldsymbol{x}(0)^T\boldsymbol{P}\boldsymbol{x}(0)] \tag{7-30}$$

(7-28)式～(7-30)式を導出するに当たって，以上では標準的な変分法を用いた有限制御時間の結果を基にして行ったが，Brockettの方法も知られており，こちらの方が理解が容易と考えられるのでこれも示しておく．

同じく(7-1)式で表される制御対象と(7-27)式の評価関数を考える．(7-27)式の評価関数の最小値が存在するためには $t\to\infty$ で $\boldsymbol{x}(t)\to\boldsymbol{0}$ でなければならない．このため $\boldsymbol{P}$ を任意の $n\times n$ 対称行列として，

$$\begin{aligned}\int_0^\infty \frac{d}{dt}[\boldsymbol{x}^T(t)\boldsymbol{P}\boldsymbol{x}(t)]dt &= -\boldsymbol{x}^T(0)\boldsymbol{P}\boldsymbol{x}(0)\\ &=\int_0^\infty[\boldsymbol{x}^T(t)(\boldsymbol{A}^T\boldsymbol{P}+\boldsymbol{P}\boldsymbol{A})\boldsymbol{x}(t)\\ &\quad+\boldsymbol{u}^T(t)\boldsymbol{B}^T\boldsymbol{P}\boldsymbol{x}(t)+\boldsymbol{x}^T(t)\boldsymbol{P}\boldsymbol{B}\boldsymbol{u}(t)]\,dt\end{aligned} \tag{7-31}$$

が成り立つ．(7-31)式はさらに

$$\begin{aligned}&\int_0^\infty[\boldsymbol{x}^T(t)(\boldsymbol{A}^T\boldsymbol{P}+\boldsymbol{P}\boldsymbol{A})\boldsymbol{x}(t)+\boldsymbol{u}^T(t)\boldsymbol{B}^T\boldsymbol{P}\boldsymbol{x}(t)\\ &\quad+\boldsymbol{x}^T(t)\boldsymbol{P}\boldsymbol{B}\boldsymbol{u}(t)]\,dt+\boldsymbol{x}^T(0)\boldsymbol{P}\boldsymbol{x}(0)=\boldsymbol{0}\end{aligned} \tag{7-32}$$

となる．(7-32)式を(7-27)式に加えると

$$\begin{aligned}J&=\frac{1}{2}\boldsymbol{x}(0)^T\boldsymbol{P}\boldsymbol{x}(0)\\ &\quad+\frac{1}{2}\int_0^\infty[[\boldsymbol{u}(t)+\boldsymbol{H}^{-1}\boldsymbol{B}^T\boldsymbol{P}\boldsymbol{x}(t)]^T\boldsymbol{H}[\boldsymbol{u}(t)+\boldsymbol{H}^{-1}\boldsymbol{B}^T\boldsymbol{P}\boldsymbol{x}(t)]\\ &\quad+\boldsymbol{x}^T(t)(\boldsymbol{A}^T\boldsymbol{P}+\boldsymbol{P}\boldsymbol{A}+\boldsymbol{Q}-\boldsymbol{P}\boldsymbol{B}\boldsymbol{H}^{-1}\boldsymbol{B}^T\boldsymbol{P})\boldsymbol{x}(t)]\,dt\end{aligned} \tag{7-33}$$

が成り立つ．(7-33)式より J を最小とする条件は(7-28)，(7-29)式であり，その最小値は(7-30)式となることがわかる．

以上より最適レギュレータ系は次の式で表されることがわかる．

$$\dot{\boldsymbol{x}}(t)=[\boldsymbol{A}+\boldsymbol{B}\boldsymbol{F}]\boldsymbol{x}(t)=[\boldsymbol{A}-\boldsymbol{B}\boldsymbol{H}^{-1}\boldsymbol{B}^T\boldsymbol{P}]\boldsymbol{x}(t) \tag{7-34}$$

この最適レギュレータ系が漸近安定であることを示そう．いま，(7-28)式を，

$$\boldsymbol{P}(\boldsymbol{A}-\boldsymbol{B}\boldsymbol{H}^{-1}\boldsymbol{B}^T\boldsymbol{P})+(\boldsymbol{A}^T-\boldsymbol{P}\boldsymbol{B}\boldsymbol{H}^{-1}\boldsymbol{B}^T)\boldsymbol{P}=-\boldsymbol{Q}-\boldsymbol{P}\boldsymbol{B}\boldsymbol{H}^{-1}\boldsymbol{B}^T\boldsymbol{P} \tag{7-35}$$

のように変形し，(7-34)式の閉ループ系に対するLyapunov関数の候補として

(7-36)式を考える.

$$V(\boldsymbol{x}) = \boldsymbol{x}^T\boldsymbol{P}\boldsymbol{x} \tag{7-36}$$

(7-36)式の微分値は次のようになる.

$$\dot{V}(\boldsymbol{x}) = -\boldsymbol{x}^T\boldsymbol{Q}\boldsymbol{x} - \boldsymbol{x}^T\boldsymbol{P}\boldsymbol{B}\boldsymbol{H}^{-1}\boldsymbol{B}^T\boldsymbol{P}\boldsymbol{x} \tag{7-37}$$

(7-37)式の右辺第2項は少なくとも半正定であり, $\boldsymbol{Q}$ が正定であるならば, $\dot{V}(\boldsymbol{x})$ は負となり Lyapunov の安定定理により(7-34)式は漸近安定であることが示される.

$\boldsymbol{Q}$ が半正定対称行列である場合にはその証明は省略するが, $\boldsymbol{Q} = \boldsymbol{C}^T\boldsymbol{C}$ と表したときに($\boldsymbol{C}$, $\boldsymbol{A}$)が可観測ならば閉ループ系(7-34)式は漸近安定であることが保証されている.

次に最適レギュレータ系の代表的な性質について調べる.

いま, (7-28)式の Riccati 代数方程式の左辺に $s\boldsymbol{P}$(s はラプラス変換の変数)を操作する.

$$\boldsymbol{P}(s\boldsymbol{I} - \boldsymbol{A}) + (-s\boldsymbol{I} - \boldsymbol{A}^T)\boldsymbol{P} + \boldsymbol{F}^T\boldsymbol{H}\boldsymbol{F} = \boldsymbol{Q} \tag{7-38}$$

(7-38)式の両辺に左から $\boldsymbol{B}^T[-s\boldsymbol{I} - \boldsymbol{A}^T]^{-1}$, 右から $[s\boldsymbol{I} - \boldsymbol{A}]^{-1}\boldsymbol{B}$ をかけ, さらに $\boldsymbol{F} = -\boldsymbol{H}^{-1}\boldsymbol{B}^T\boldsymbol{P}$ より $\boldsymbol{B}^T\boldsymbol{P} = -\boldsymbol{H}\boldsymbol{F}$, $\boldsymbol{P}\boldsymbol{B} = -\boldsymbol{F}^T\boldsymbol{H}$ を用いると

$$\begin{aligned} &-\boldsymbol{B}^T[-s\boldsymbol{I} - \boldsymbol{A}^T]^{-1}\boldsymbol{F}^T\boldsymbol{H} - \boldsymbol{H}\boldsymbol{F}[s\boldsymbol{I} - \boldsymbol{A}]^{-1}\boldsymbol{B} + \boldsymbol{B}^T[-s\boldsymbol{I} - \boldsymbol{A}^T]^{-1} \\ &\quad \times \boldsymbol{F}^T\boldsymbol{H}\boldsymbol{F}[s\boldsymbol{I} - \boldsymbol{A}]^{-1}\boldsymbol{B} = \boldsymbol{B}^T[-s\boldsymbol{I} - \boldsymbol{A}^T]^{-1}\boldsymbol{Q}[s\boldsymbol{I} - \boldsymbol{A}]^{-1}\boldsymbol{B} \end{aligned} \tag{7-39}$$

となり, 両辺に $\boldsymbol{H}$ を加え整理して次の Kalman 方程式(Kalman equation)をうる.

$$\begin{aligned} &\{\boldsymbol{I} - \boldsymbol{F}[-s\boldsymbol{I} - \boldsymbol{A}]^{-1}\boldsymbol{B}\}^T\boldsymbol{H}\{\boldsymbol{I} - \boldsymbol{F}[s\boldsymbol{I} - \boldsymbol{A}]^{-1}\boldsymbol{B}\} \\ &\quad = \boldsymbol{H} + \boldsymbol{B}^T[-s\boldsymbol{I} - \boldsymbol{A}^T]^{-1}\boldsymbol{Q}[s\boldsymbol{I} - \boldsymbol{A}]^{-1}\boldsymbol{B} \end{aligned} \tag{7-40}$$

さらに(7-40)式において $s = j\omega$ とおくと右辺第2項は.

$$\begin{aligned} &\boldsymbol{B}^T[-j\omega\boldsymbol{I} - \boldsymbol{A}^T]^{-1}\boldsymbol{Q}[j\omega\boldsymbol{I} - \boldsymbol{A}]^{-1}\boldsymbol{B} \\ &\quad = \{[-j\omega\boldsymbol{I} - \boldsymbol{A}]^{-1}\boldsymbol{B}\}^T\boldsymbol{Q}\{[j\omega\boldsymbol{I} - \boldsymbol{A}]^{-1}\boldsymbol{B}\} \geqq 0 \end{aligned} \tag{7-41}$$

となり, (7-40), (7-41)式より任意の ω について(7-42)式が得られる.

$$\{\boldsymbol{I} - \boldsymbol{F}[-j\omega\boldsymbol{I} - \boldsymbol{A}]^{-1}\boldsymbol{B}\}^T\boldsymbol{H}\{\boldsymbol{I} - \boldsymbol{F}[j\omega\boldsymbol{I} - \boldsymbol{A}]^{-1}\boldsymbol{B}\} \geqq \boldsymbol{H} \tag{7-42}$$

ここで, $\boldsymbol{T}(s) = \boldsymbol{I} - \boldsymbol{F}[s\boldsymbol{I} - \boldsymbol{A}]^{-1}\boldsymbol{B}$ は還送差行列(return difference matrix)であり, (7-42)式は

$$\boldsymbol{T}(-j\omega)\boldsymbol{H}\boldsymbol{T}(j\omega) \geqq \boldsymbol{H} \tag{7-43}$$

と書ける．(7-42)，(7-43)式は最適レギュレータ系のゲイン $\boldsymbol{F}$ が満足しなければならない必要条件である．

この条件は1入力1出力系では次のようになる．

制御対象

$$\dot{\boldsymbol{x}}(t)=\boldsymbol{A}\boldsymbol{x}(t)+\boldsymbol{b}u(t) \tag{7-44 a}$$

$$y(t)=\boldsymbol{c}\boldsymbol{x}(t) \tag{7-44 b}$$

評価関数

$$J=\frac{1}{2}\int_0^\infty\left[\boldsymbol{x}^T(t)\boldsymbol{Q}\boldsymbol{x}(t)+hu^2(t)\right]dt \tag{7-45}$$

最適制御入力

$$u(t)=\boldsymbol{f}\boldsymbol{x}(t)\qquad \boldsymbol{f}=-\frac{1}{h}\boldsymbol{b}^T\boldsymbol{P} \tag{7-46}$$

そして(7-42)式は次のようになる．

$$|1-\boldsymbol{f}[j\omega\boldsymbol{I}-\boldsymbol{A}]^{-1}\boldsymbol{b}|\geqq 1 \tag{7-47}$$

ここで，$q_0(s)=-\boldsymbol{f}[s\boldsymbol{I}-\boldsymbol{A}]^{-1}\boldsymbol{b}$ とおくと，これは図7-2の系，すなわち最適レギュレータ系の一巡伝達関数でありそのベクトル軌跡が $(-1+j\,0)$ を中心にした半径1の円外にあることを意味している．これを最適レギュレータ系の円条件（circle condition）という．

図7-2の閉ループ系は漸近安定であることが保証されているから，その一巡伝達関数のベクトル軌跡はNyquist安定判別条件を満足しなければならない．それは $q_0(s)$ のベクトル軌跡が点 $(-1+j\,0)$ を反時計方向にまわる回数と開ループ系の不安定極の数とは一致しなければならないことを意味している．なぜならば，そうでないと閉ループ系は不安定になってしまうからである．これより

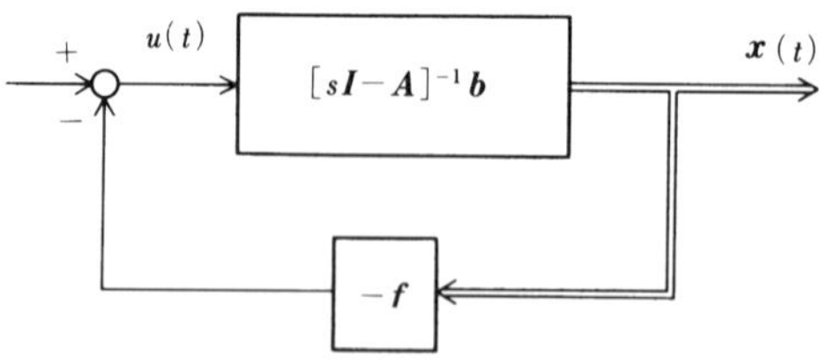

図7-2　1入力1出力系の最適レギュレータ

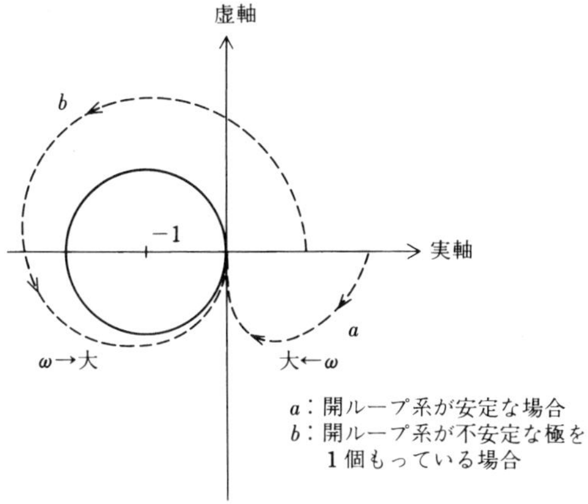

図 7-3　最適レギュレータ系のベクトル軌跡

このベクトル軌跡は図 7-3 に示されるような形になり，以上から次のようなことがいえる．$q_0(s)$のベクトル軌跡は $\omega\to\infty$ で-90° の角度で原点に漸近し，図 7-3 からわかるように $\omega\to\infty$ で $q_0(s)$ の位相遅れは 90° である．それはまた $q_0(s)$ の分母と分子の次数差はせいぜい 1 であることを意味する．

次に最適レギュレータ系の安定余有について考える．図 7-4 のように前向き伝達関数の前にゲインのみを変化できる要素 β を挿入してこの β がどれだけ変化したときこの閉ループ系は不安定になるかを調べる(ゲイン余有)．また，図 7-5 でやはり前向き伝達関数の前に位相のみを変化できる要素を挿入したときを考えて，この位相変化 ϕ がどれだけ変化したとき閉ループ系は不安定になるかを調べる(位相余有)．これらは図 7-6 のベクトル軌跡①と②を図 5-4 に示したゲイン余有と位相余有の定義について考察することによりわかる．図 5-4 における $\overline{\mathrm{OC}}$ の値は図 7-6 では零であるから (5-38) 式によりゲイン増大に対する

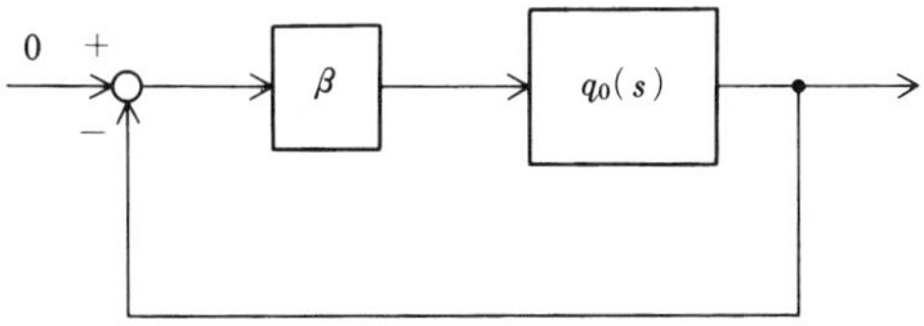

図 7-4　ゲイン余有の解釈

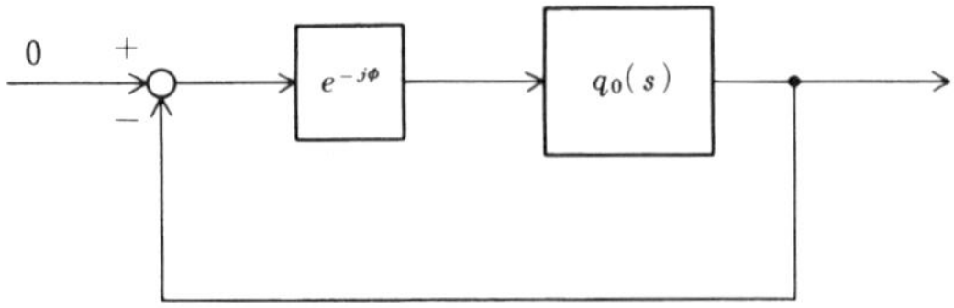

図 7-5　位相余有の解釈

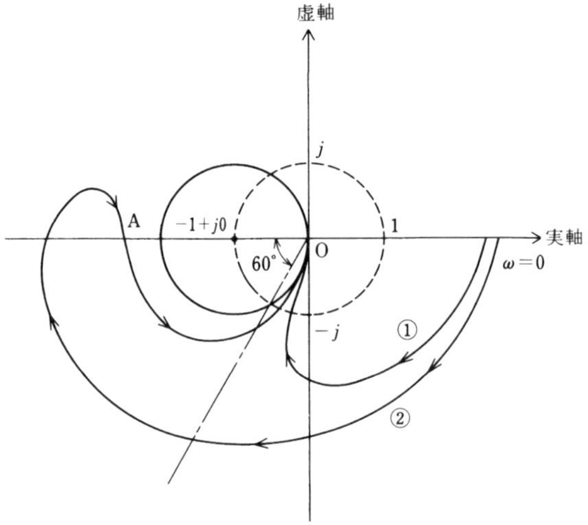

図 7-6　最適レギュレータ系の余有と位相余有

ゲイン余有は無限大である．一方，ゲイン減少については②の場合を見ると β の減少が 1/2 ならば A 点が点（$-1+j\,0$）より右側にくることはないので閉ループ系の安定性は保たれる．したがって，ゲイン減少に対するゲイン余有は少なくとも 1/2(すなわち 6 dB)である．また，円条件を満足することから図 7-6 における軌跡点は点 ($-1+j\,0$) を中心とする単位円内に入ることはないので位相余有 ϕ（図 5-4）は少なくとも 60° あることがわかる．

この結果を多入力多出力系に拡張すると次のようになる．

制御対象

$$\dot{\boldsymbol{x}}(t) = \boldsymbol{A}\boldsymbol{x}(t) + \boldsymbol{B}\boldsymbol{u}(t) \tag{7-48 a}$$

$$\boldsymbol{y}(t) = \boldsymbol{C}\boldsymbol{x}(t) \tag{7-48 b}$$

評価関数

$$J=\int_0^\infty[\boldsymbol{x}^T(t)\boldsymbol{Q}\boldsymbol{x}(t)+\boldsymbol{u}^T(t)\boldsymbol{H}\boldsymbol{u}(t)]dt \tag{7-49}$$

$$\boldsymbol{H}=\mathrm{diag}[h_1,h_2,\cdots,h_r]$$

最適制御入力

$$\boldsymbol{u}(t)=-\boldsymbol{H}^{-1}\boldsymbol{B}^T\boldsymbol{P}\boldsymbol{x}(t)=\boldsymbol{F}\boldsymbol{x}(t) \tag{7-50}$$

Riccati 方程式

$$\boldsymbol{A}^T\boldsymbol{P}+\boldsymbol{P}\boldsymbol{A}+\boldsymbol{Q}-\boldsymbol{P}\boldsymbol{B}\boldsymbol{H}^{-1}\boldsymbol{B}^T\boldsymbol{P}=\boldsymbol{0} \tag{7-51}$$

このとき，制御入力 $\boldsymbol{u}(t)$ が制御対象に入る前に $\boldsymbol{K}=\mathrm{diag}[k_1,k_2,\cdots,k_r]$ のゲイン変動があったとする．ゲイン変動が次式を満足するとき閉ループ系の安定が保証される．

$$(1/2)\leqq k_i<\infty \qquad i=1,2,\cdots,r \tag{7-52}$$

このことは Riccati 方程式を以下のように変形して示すことができる．

$$\begin{aligned}&[\boldsymbol{A}-\boldsymbol{B}\boldsymbol{K}\boldsymbol{H}^{-1}\boldsymbol{B}^T\boldsymbol{P}]^T\boldsymbol{P}+\boldsymbol{P}[\boldsymbol{A}-\boldsymbol{B}\boldsymbol{K}\boldsymbol{H}^{-1}\boldsymbol{B}^T\boldsymbol{P}]\\&\quad=-\boldsymbol{Q}+\boldsymbol{P}\boldsymbol{B}\boldsymbol{H}^{-1}\boldsymbol{B}^T\boldsymbol{P}-\boldsymbol{P}\boldsymbol{B}\boldsymbol{H}^{-1}\boldsymbol{H}\boldsymbol{K}\boldsymbol{H}^{-1}\boldsymbol{B}^T\boldsymbol{P}-\boldsymbol{P}\boldsymbol{B}\boldsymbol{H}^{-1}\boldsymbol{K}\boldsymbol{H}\boldsymbol{H}^{-1}\boldsymbol{B}^T\boldsymbol{P}\\&\quad=-\boldsymbol{Q}+\boldsymbol{P}\boldsymbol{B}\boldsymbol{H}^{-1}(\boldsymbol{H}-\boldsymbol{H}\boldsymbol{K}-\boldsymbol{K}\boldsymbol{H})\boldsymbol{H}^{-1}\boldsymbol{B}^T\boldsymbol{P}\\&\quad=-\boldsymbol{Q}+\boldsymbol{P}\boldsymbol{B}\boldsymbol{H}^{-1}\,\mathrm{diag}(h_i-2\,h_ik_i)\,\boldsymbol{H}^{-1}\boldsymbol{B}^T\boldsymbol{P}\end{aligned} \tag{7-53}$$

これより k_i が(7-52)式を満足するならば Lyapunov 関数が構成されることになり閉ループ系 $[\boldsymbol{A}-\boldsymbol{B}\boldsymbol{K}\boldsymbol{H}^{-1}\boldsymbol{B}^T\boldsymbol{P}]$ は安定であることが示される．これらの結果は制御対象のパラメータや評価関数の重みに関係ないことに注意する．

また，最適レギュレータ系の性質としては，評価関数の重みと最適レギュレータ系の極・零点との関係を根軌跡として表した 2 乗根軌跡(square root locus)という重要なものがあるが他の著書を参考にして欲しい．

無限制御時間最適レギュレータ系をまとめると次のようになる．

制御対象（可制御，可観測）

$$\dot{\boldsymbol{x}}(t)=\boldsymbol{A}\boldsymbol{x}(t)+\boldsymbol{B}\boldsymbol{u}(t)$$

$$\boldsymbol{y}(t)=\boldsymbol{C}\boldsymbol{x}(t) \qquad \boldsymbol{x}(0)=\boldsymbol{x}_0$$

評価関数

$$J=\frac{1}{2}\int_0^\infty[\boldsymbol{x}^T\boldsymbol{Q}\boldsymbol{x}+\boldsymbol{u}^T\boldsymbol{H}\boldsymbol{u}]dt$$

$$=\frac{1}{2}\int_0^\infty[\boldsymbol{x}^T\boldsymbol{Q}^{1/2}\boldsymbol{Q}^{1/2}\boldsymbol{x}+\boldsymbol{u}^T\boldsymbol{H}\boldsymbol{u}]dt$$

ここで $\boldsymbol{Q}$：正定，$\boldsymbol{H}$：正定，または $\boldsymbol{Q}$ が半正定の場合，$\boldsymbol{Q}=\boldsymbol{Q}^{1/2}\boldsymbol{Q}^{1/2}$ において（$\boldsymbol{Q}^{1/2},\boldsymbol{A}$）は可観測とする．

$\boldsymbol{Q}^{1/2}=\boldsymbol{C}$ とすれば，評価関数は

$$J=\frac{1}{2}\int_0^\infty[\boldsymbol{x}^T\boldsymbol{C}^T\boldsymbol{C}\boldsymbol{x}+\boldsymbol{u}^T\boldsymbol{H}\boldsymbol{u}]dt=\frac{1}{2}\int_0^\infty[\boldsymbol{y}^T\boldsymbol{y}+\boldsymbol{u}^T\boldsymbol{H}\boldsymbol{u}]dt$$

となって出力レギュレータ問題となる．

最適制御入力

$$\boldsymbol{u}(t)=-\boldsymbol{H}^{-1}\boldsymbol{B}^T\boldsymbol{P}\boldsymbol{x}(t)=\boldsymbol{F}\boldsymbol{x}(t)$$

$\boldsymbol{P}$ は次の Riccati 方程式の正定対称解

$$\boldsymbol{A}^T\boldsymbol{P}+\boldsymbol{P}\boldsymbol{A}-\boldsymbol{P}\boldsymbol{B}\boldsymbol{H}^{-1}\boldsymbol{B}^T\boldsymbol{P}+\boldsymbol{Q}=\boldsymbol{0}$$

最適レギュレータ系は安定

$$\dot{\boldsymbol{x}}(t)=[\boldsymbol{A}+\boldsymbol{B}\boldsymbol{F}]\boldsymbol{x}(t)$$

評価関数値

$$J_{\min}=(1/2)(\boldsymbol{x}_0{}^T\boldsymbol{P}\boldsymbol{x}_0)$$

安定余有（1入力1出力系）

（i） ゲイン余有は1/2から∞

（ii） 位相余有は少なくとも60°

7-2 ディジタル最適レギュレータ系

前節での議論で想像されるとおり，最適レギュレータ系は種々の優れた性質をもつことからその応用が期待されるものである．その場合にはマイクロプロセッサやディジタルシグナルプロセッサ（DSP）などによるディジタル制御で実現する場合が多い．その方法には2つあって，1つはもともと連続時間系で最適制御入力を求めてその後そのアルゴリズムを離散化するディジタル再設計というものである．もう1つは制御対象の状態方程式の段階で離散時間系に変換し，ディジタル制御系を構成するものである．それぞれに意義があり場合によ

って使い分けることが必要であるが，本書では，後者によりディジタル最適レギュレータ系の構成を述べる．第8章で展開する各種のディジタル制御法はすべてこのディジタル最適レギュレータ系との関連で進められている．ディジタル再設計について第6章でも触れたが詳細は他の成書を参考にして欲しい．

7-2-1　制御時間が有限の場合

制御対象

$$\boldsymbol{x}(k+1)=\boldsymbol{A}\boldsymbol{x}(k)+\boldsymbol{B}\boldsymbol{u}(k) \tag{7-54 a}$$

$$\boldsymbol{y}(k)=\boldsymbol{C}\boldsymbol{x}(k) \qquad \boldsymbol{x}(1)=\boldsymbol{x}_1 \tag{7-54 b}$$

ここで，$\boldsymbol{x}(k)$：状態変数（$n\times1$），$\boldsymbol{u}(k)$：入力変数（$r\times1$）

評価関数

$$J=\frac{1}{2}\sum_{k=1}^{N-1}[\boldsymbol{x}^T(k)\boldsymbol{Q}\boldsymbol{x}(k)+\boldsymbol{u}^T(k)\boldsymbol{H}\boldsymbol{u}(k)] \tag{7-55}$$

ここで，$\boldsymbol{Q}$：半正定対称行列（$n\times n$），$\boldsymbol{H}$：正定行列（$r\times r$）

最適レギュレータ問題の意味は連続時間系の場合と同じである．ラグランジュ未定乗数ベクトル $\boldsymbol{\lambda}^T(k)=[\lambda_1\ \lambda_2\ \cdots\ \lambda_n]$ を用いて最小化すべき関数は次のようになる．

$$L=\Big[1/2\cdot\{\boldsymbol{x}^T(k)\boldsymbol{Q}\boldsymbol{x}(k)+\boldsymbol{u}^T(k)\boldsymbol{H}\boldsymbol{u}(k)\} + \sum_{k=1}^{N-1}\boldsymbol{\lambda}^T(k+1)\{\boldsymbol{A}\boldsymbol{x}(k)+\boldsymbol{B}\boldsymbol{u}(k)-\boldsymbol{x}(k+1)\}\Big] \tag{7-56}$$

この最小化問題の必要条件は次のようである．

$$\left.\begin{aligned}\frac{\partial L}{\partial \boldsymbol{x}(k)}&=\boldsymbol{0}\\ \frac{\partial L}{\partial \boldsymbol{u}(k)}&=\boldsymbol{0}\\ \frac{\partial L}{\partial \boldsymbol{\lambda}(k)}&=\boldsymbol{0}\end{aligned}\right\}\qquad k=1,\cdots,N-1 \tag{7-57}$$

(7-57)式をそれぞれ計算して次式を得る．

$$\left.\begin{aligned}&\boldsymbol{Q}\boldsymbol{x}(k)+\boldsymbol{A}^T\boldsymbol{\lambda}(k+1)-\boldsymbol{\lambda}(k)=\boldsymbol{0}\\ &\boldsymbol{H}\boldsymbol{u}(k)+\boldsymbol{B}^T\boldsymbol{\lambda}(k+1)=\boldsymbol{0}\\ &\boldsymbol{A}\boldsymbol{x}(k)+\boldsymbol{B}\boldsymbol{u}(k)-\boldsymbol{x}(k+1)=\boldsymbol{0}\end{aligned}\right\} \tag{7-58}$$

上式より(7-59)～(7-61)式を得る．

$$\boldsymbol{u}(k)=-\boldsymbol{H}^{-1}\boldsymbol{B}^T\boldsymbol{\lambda}(k+1) \tag{7-59}$$

$$\boldsymbol{\lambda}(k)=\boldsymbol{Q}\boldsymbol{x}(k)+\boldsymbol{A}^T\boldsymbol{\lambda}(k+1) \tag{7-60}$$

$$\boldsymbol{x}(k+1)=\boldsymbol{A}\boldsymbol{x}(k)-\boldsymbol{B}\boldsymbol{H}^{-1}\boldsymbol{B}^T\boldsymbol{\lambda}(k+1) \tag{7-61}$$

ここで，

$$\boldsymbol{\lambda}(k)=\boldsymbol{P}(k)\boldsymbol{x}(k) \tag{7-62}$$

とおいて話を進める．(7-60)，(7-61)式に(7-62)式を代入すると

$$\boldsymbol{P}(k)\boldsymbol{x}(k)=\boldsymbol{Q}\boldsymbol{x}(k)+\boldsymbol{A}^T\boldsymbol{P}(k+1)\boldsymbol{x}(k+1) \tag{7-63}$$

$$\boldsymbol{x}(k+1)=\boldsymbol{A}\boldsymbol{x}(k)-\boldsymbol{B}\boldsymbol{H}^{-1}\boldsymbol{B}^T\boldsymbol{P}(k+1)\boldsymbol{x}(k+1) \tag{7-64}$$

となる．さらに(7-64)式を変形すると(7-65)式となる．

$$\boldsymbol{x}(k+1)=[\boldsymbol{I}+\boldsymbol{B}\boldsymbol{H}^{-1}\boldsymbol{B}^T\boldsymbol{P}(k+1)]^{-1}\boldsymbol{A}\boldsymbol{x}(k) \tag{7-65}$$

ここで逆行列に関する

$$[\boldsymbol{A}+\boldsymbol{B}\boldsymbol{C}]^{-1}=\boldsymbol{A}^{-1}-\boldsymbol{A}^{-1}\boldsymbol{B}[\boldsymbol{I}+\boldsymbol{C}\boldsymbol{A}^{-1}\boldsymbol{B}]^{-1}\boldsymbol{C}\boldsymbol{A}^{-1} \qquad \text{ただし，}\det \boldsymbol{A}\neq 0 \tag{7-66}$$

の関係を用いると次式が成り立つ．

$$\begin{aligned}&[\boldsymbol{I}+\boldsymbol{B}\boldsymbol{H}^{-1}\boldsymbol{B}^T\boldsymbol{P}(k+1)]^{-1}\\&\quad=\boldsymbol{I}-\boldsymbol{B}\boldsymbol{H}^{-1}[\boldsymbol{I}+\boldsymbol{B}^T\boldsymbol{P}(k+1)\boldsymbol{B}\boldsymbol{H}^{-1}]^{-1}\boldsymbol{B}^T\boldsymbol{P}(k+1)\\&\quad=\boldsymbol{I}-\boldsymbol{B}[\boldsymbol{H}+\boldsymbol{B}^T\boldsymbol{P}(k+1)\boldsymbol{B}]^{-1}\boldsymbol{B}^T\boldsymbol{P}(k+1)\end{aligned} \tag{7-67}$$

したがって，(7-67)式の関係を(7-65)式に用いると(7-68)式が成り立つ．

$$\boldsymbol{x}(k+1)=\{\boldsymbol{I}-\boldsymbol{B}[\boldsymbol{H}+\boldsymbol{B}^T\boldsymbol{P}(k+1)\boldsymbol{B}]^{-1}\boldsymbol{B}^T\boldsymbol{P}(k+1)\}\boldsymbol{A}\boldsymbol{x}(k) \tag{7-68}$$

一方，(7-65) 式を(7-63) 式に代入して次式を得る．

$$\{\boldsymbol{P}(k)-\boldsymbol{Q}-\boldsymbol{A}^T\boldsymbol{P}(k+1)[\boldsymbol{I}+\boldsymbol{B}\boldsymbol{H}^{-1}\boldsymbol{B}^T\boldsymbol{P}(k+1)]^{-1}\boldsymbol{A}\}\boldsymbol{x}(k)=\boldsymbol{0} \tag{7-69}$$

(7-69)式は(7-66)式の関係を使って次のようになる．

$$\begin{aligned}\{\boldsymbol{P}(k)-\boldsymbol{Q}-\boldsymbol{A}^T\boldsymbol{P}(k+1)\boldsymbol{A}+\boldsymbol{A}^T\boldsymbol{P}(k+1)\boldsymbol{B}[\boldsymbol{H}+\boldsymbol{B}^T\boldsymbol{P}(k+1)\boldsymbol{B}]^{-1}\\\times\boldsymbol{B}^T\boldsymbol{P}(k+1)\boldsymbol{A}\}\boldsymbol{x}(k)=\boldsymbol{0}\end{aligned} \tag{7-70}$$

任意の $\boldsymbol{x}(k)$ について(7-69)，(7-70)式が成り立たなければならないので $\boldsymbol{P}(k)$ は次の方程式を満たす必要がある．

$$\boldsymbol{P}(k)-\boldsymbol{Q}-\boldsymbol{A}^T\boldsymbol{P}(k+1)[\boldsymbol{I}+\boldsymbol{B}\boldsymbol{H}^{-1}\boldsymbol{B}^T\boldsymbol{P}(k+1)]^{-1}\boldsymbol{A}=\boldsymbol{0} \tag{7-71 a}$$

$$\boldsymbol{P}(N)=\boldsymbol{0}$$

あるいは

$$\boldsymbol{P}(k)-\boldsymbol{Q}-\boldsymbol{A}^T\boldsymbol{P}(k+1)\boldsymbol{A}+\boldsymbol{A}^T\boldsymbol{P}(k+1)\boldsymbol{B}[\boldsymbol{H}+\boldsymbol{B}^T\boldsymbol{P}(k+1)\boldsymbol{B}]^{-1}$$
$$\times\boldsymbol{B}^T\boldsymbol{P}(k+1)\boldsymbol{A}=\boldsymbol{0}\qquad \boldsymbol{P}(N)=\boldsymbol{0} \tag{7-71 b}$$

(7-71)式は離散時間 Riccati 方程式(discrete-time Riccati equation)となる．

ところで(7-71)式で境界条件 $\boldsymbol{P}(N)=\boldsymbol{0}$ は $k=N$ のとき

$$\frac{\partial L}{\partial \boldsymbol{x}(N)}=-\boldsymbol{\lambda}(N)=\boldsymbol{0} \tag{7-72}$$

が成り立つが，さらにこれを(7-62)式に代入することにより求められている．

以上により最適制御入力は(7-59)，(7-62)，(7-68)式により次のように求まる．

$$\begin{aligned}\boldsymbol{u}(k)&=-\boldsymbol{H}^{-1}\boldsymbol{B}^T\boldsymbol{P}(k+1)\{\boldsymbol{I}-\boldsymbol{B}[\boldsymbol{H}+\boldsymbol{B}^T\boldsymbol{P}(k+1)\boldsymbol{B}]^{-1}\\&\quad\times\boldsymbol{B}^T\boldsymbol{P}(k+1)\}\boldsymbol{A}\boldsymbol{x}(k)\\&=-\{\boldsymbol{H}^{-1}-\boldsymbol{H}^{-1}\boldsymbol{B}^T\boldsymbol{P}(k+1)\boldsymbol{B}[\boldsymbol{H}+\boldsymbol{B}^T\boldsymbol{P}(k+1)\boldsymbol{B}]^{-1}\}\\&\quad\times\boldsymbol{B}^T\boldsymbol{P}(k+1)\boldsymbol{A}\boldsymbol{x}(k)\\&=-[\boldsymbol{H}+\boldsymbol{B}^T\boldsymbol{P}(k+1)\boldsymbol{B}]^{-1}\boldsymbol{B}^T\boldsymbol{P}(k+1)\boldsymbol{A}\boldsymbol{x}(k)\\&=\boldsymbol{F}(k)\boldsymbol{x}(k)\end{aligned} \tag{7-73}$$

ただし，$\boldsymbol{F}(k)=-[\boldsymbol{H}+\boldsymbol{B}^T\boldsymbol{P}(k+1)\boldsymbol{B}]^{-1}\boldsymbol{B}^T\boldsymbol{P}(k+1)\boldsymbol{A}$

連続時間系と同様に制御対象と評価関数が与えられると（$\boldsymbol{A}$，$\boldsymbol{B}$，$\boldsymbol{C}$，$\boldsymbol{Q}$，$\boldsymbol{H}$ が与えられると)，Riccati 方程式がオフラインで解け，最適レギュレータ系は状態フィードバックの形になって，さらにその係数は時変形であることなどに注意する．

次に最適制御された場合の評価関数値を計算しよう．(7-65)，(7-71)式を用いると以下のように変形できる．

$$\begin{aligned}&\boldsymbol{x}^T(k)\boldsymbol{P}(k)\boldsymbol{x}(k)\\&\quad=\boldsymbol{x}^T(k)\boldsymbol{A}^T\boldsymbol{P}(k+1)[\boldsymbol{I}+\boldsymbol{B}^T\boldsymbol{H}^{-1}\boldsymbol{B}\boldsymbol{P}(k+1)]^{-1}\boldsymbol{A}\boldsymbol{x}(k)\\&\qquad+\boldsymbol{x}(k)\boldsymbol{Q}\boldsymbol{x}(k)\\&\quad=\boldsymbol{x}^T(k)\boldsymbol{A}^T\boldsymbol{P}(k+1)\boldsymbol{x}(k+1)+\boldsymbol{x}^T(k)\boldsymbol{Q}\boldsymbol{x}(k)\\&\quad=\boldsymbol{x}^T(k+1)[\boldsymbol{I}+\boldsymbol{B}\boldsymbol{H}^{-1}\boldsymbol{B}^T\boldsymbol{P}(k+1)]^T\boldsymbol{P}(k+1)\boldsymbol{x}(k+1)\\&\qquad+\boldsymbol{x}^T(k)\boldsymbol{Q}\boldsymbol{x}(k)\\&\quad=\boldsymbol{x}^T(k+1)\boldsymbol{P}(k+1)\boldsymbol{x}(k+1)\\&\qquad+\boldsymbol{x}^T(k+1)\boldsymbol{P}(k+1)\boldsymbol{B}\boldsymbol{H}^{-1}\boldsymbol{B}^T\boldsymbol{P}(k+1)\boldsymbol{x}(k+1)\end{aligned}$$

$$+\boldsymbol{x}^T(k)\boldsymbol{Q}\boldsymbol{x}(k) \tag{7-74}$$

(7-74)式は(7-59)，(7-62)式を用いるとさらに以下のように変形できる．

$$\boldsymbol{x}^T(k+1)\boldsymbol{P}(k+1)\boldsymbol{x}(k+1)-\boldsymbol{x}^T(k)\boldsymbol{P}(k)\boldsymbol{x}(k)$$
$$=-[\boldsymbol{x}^T(k)\boldsymbol{Q}\boldsymbol{x}(k)+\boldsymbol{u}^T(k)\boldsymbol{H}\boldsymbol{u}(k)] \tag{7-75}$$

これを k について1から $N-1$ まで加算して次式の評価関数値を得る．

$$J_{\min}=\frac{1}{2}[\boldsymbol{x}^T(1)\boldsymbol{P}(1)\boldsymbol{x}(1)] \tag{7-76}$$

7-2-2 無限制御時間の場合

(7-55)式の評価関数の上限を無限大（$N\to\infty$）とし，

$$J=\frac{1}{2}\sum_{k=1}^{\infty}[\boldsymbol{x}^T(k)\boldsymbol{Q}\boldsymbol{x}(k)+\boldsymbol{u}^T(k)\boldsymbol{H}\boldsymbol{u}(k)] \tag{7-77}$$

ただし，$\boldsymbol{Q}$：半正定行列$(n\times n)$，$\boldsymbol{H}$：正定行列（$r\times r$）

なる評価関数を用いる場合の最適レギュレータ問題について考察する．

(7-71)式に示した有限時間の場合の Riccati 方程式において制御時間を $N\to\infty$ とすると $\boldsymbol{P}(1)$は定数行列に収束することが知られている．$\boldsymbol{P}$ は次の定常 Riccati 方程式の正定対称解である．

$$\boldsymbol{P}=\boldsymbol{Q}+\boldsymbol{A}^T\boldsymbol{P}\boldsymbol{A}-\boldsymbol{A}^T\boldsymbol{P}\boldsymbol{B}[\boldsymbol{H}+\boldsymbol{B}^T\boldsymbol{P}\boldsymbol{B}]^{-1}\boldsymbol{B}^T\boldsymbol{P}\boldsymbol{A} \tag{7-78}$$

最適制御入力は(7-73)式より連続時間値系と同じように次のような定数フィードバック行列と状態変数の積の形で表される．

$$\boldsymbol{u}(k)=-[\boldsymbol{H}+\boldsymbol{B}^T\boldsymbol{P}\boldsymbol{B}]^{-1}\boldsymbol{B}^T\boldsymbol{P}\boldsymbol{A}\boldsymbol{x}(k)=\boldsymbol{F}\boldsymbol{x}(k) \tag{7-79}$$

また評価関数の最小値は次式となる．

$$J_{\min}=\frac{1}{2}\boldsymbol{x}^T(1)\boldsymbol{P}\boldsymbol{x}(1) \tag{7-80}$$

離散時間系の場合にも連続時間系の場合と同様に以上に述べた標準的な変分法を基にしたものとは別な方法も示しておく．

(7-54)式で表される制御対象と(7-77)式の評価関数を考える．(7-77)式の評価関数の最小値が存在するためには $k\to\infty$ で $\boldsymbol{x}(k)\to\boldsymbol{0}$ でなければならない．このため $\boldsymbol{P}$ を任意の $n\times n$ 対称行列として，

$$\sum_{k=1}^{\infty}[\boldsymbol{x}^T(k)\boldsymbol{P}\boldsymbol{x}(k)-\boldsymbol{x}^T(k+1)\boldsymbol{P}\boldsymbol{x}(k+1)]=\boldsymbol{x}^T(1)\boldsymbol{P}\boldsymbol{x}(1) \tag{7-81}$$

が成り立つ．(7-81)式を(7-77)式に加えると

$$J=\frac{1}{2}\sum_{k=1}^{\infty}[\boldsymbol{x}^T(k)\boldsymbol{Q}\boldsymbol{x}(k)+\boldsymbol{u}^T(k)\boldsymbol{H}\boldsymbol{u}(k)$$
$$+\boldsymbol{x}^T(k+1)\boldsymbol{P}\boldsymbol{x}(k+1)-\boldsymbol{x}^T(k)\boldsymbol{P}\boldsymbol{x}(k)]+\frac{1}{2}\boldsymbol{x}^T(1)\boldsymbol{P}\boldsymbol{x}(1) \qquad (7\text{-}82)$$

となる．(7-82)式に(7-54)式の関係を用いると

$$J=\frac{1}{2}\sum_{k=1}^{\infty}[\boldsymbol{x}^T(k)\boldsymbol{Q}\boldsymbol{x}(k)+\boldsymbol{u}^T(k)\boldsymbol{H}\boldsymbol{u}(k)$$
$$+\boldsymbol{x}^T(k)\boldsymbol{A}^T\boldsymbol{P}\boldsymbol{A}\boldsymbol{x}(k)+\boldsymbol{x}^T(k)\boldsymbol{A}^T\boldsymbol{P}\boldsymbol{B}\boldsymbol{u}(k)+$$
$$+\boldsymbol{u}^T(k)\boldsymbol{B}^T\boldsymbol{P}\boldsymbol{A}\boldsymbol{x}(k)+\boldsymbol{u}^T(k)\boldsymbol{B}^T\boldsymbol{P}\boldsymbol{B}\boldsymbol{u}(k)-\boldsymbol{x}^T(k)\boldsymbol{P}\boldsymbol{x}(k)]$$
$$+\frac{1}{2}\boldsymbol{x}^T(1)\boldsymbol{P}\boldsymbol{x}(1)$$
$$=\frac{1}{2}\boldsymbol{x}^T(1)\boldsymbol{P}\boldsymbol{x}(1)$$
$$+\frac{1}{2}\sum_{k=1}^{\infty}[[\boldsymbol{u}(k)+(\boldsymbol{H}+\boldsymbol{B}^T\boldsymbol{P}\boldsymbol{B})^{-1}\boldsymbol{B}^T\boldsymbol{P}\boldsymbol{A}\boldsymbol{x}(k)]^T(\boldsymbol{H}+\boldsymbol{B}^T\boldsymbol{P}\boldsymbol{B})[\boldsymbol{u}(k)$$
$$+(\boldsymbol{H}+\boldsymbol{B}^T\boldsymbol{P}\boldsymbol{B})^{-1}\boldsymbol{B}^T\boldsymbol{P}\boldsymbol{A}\boldsymbol{x}(k)]$$
$$+\boldsymbol{x}^T(k)[-\boldsymbol{P}+\boldsymbol{Q}+\boldsymbol{A}^T\boldsymbol{P}\boldsymbol{A}-\boldsymbol{A}^T\boldsymbol{P}\boldsymbol{B}(\boldsymbol{H}+\boldsymbol{B}^T\boldsymbol{P}\boldsymbol{B})^{-1}\boldsymbol{B}^T\boldsymbol{P}\boldsymbol{A}]\boldsymbol{x}(k)]]$$
$$(7\text{-}83)$$

が成り立つ．(7-83)式より J を最小とする条件は(7-78)，(7-79)式であり，その最小値は(7-80)式となることがわかる．

このときディジタル最適レギュレータ系は(7-84)式となる．

$$\boldsymbol{x}(k+1)=[\boldsymbol{A}+\boldsymbol{B}\boldsymbol{F}]\boldsymbol{x}(k)$$
$$=\{\boldsymbol{A}-\boldsymbol{B}[\boldsymbol{H}+\boldsymbol{B}^T\boldsymbol{P}\boldsymbol{B}]^{-1}\boldsymbol{B}^T\boldsymbol{P}\boldsymbol{A}\}\boldsymbol{x}(k)=\boldsymbol{\Psi}\boldsymbol{x}(k) \qquad (7\text{-}84)$$

ここで，$\boldsymbol{\Psi}=[\boldsymbol{A}+\boldsymbol{B}\boldsymbol{F}]=\{\boldsymbol{A}-\boldsymbol{B}[\boldsymbol{H}+\boldsymbol{B}^T\boldsymbol{P}\boldsymbol{B}]^{-1}\boldsymbol{B}^T\boldsymbol{P}\boldsymbol{A}\}$：閉ループ系

ここで(7-78)式を変形すると

$$\boldsymbol{P}=\boldsymbol{A}^T\boldsymbol{P}\boldsymbol{A}-2\,\boldsymbol{A}^T\boldsymbol{P}\boldsymbol{B}[\boldsymbol{H}+\boldsymbol{B}^T\boldsymbol{P}\boldsymbol{B}]^{-1}\boldsymbol{B}^T\boldsymbol{P}\boldsymbol{A}+\boldsymbol{Q}$$
$$+\boldsymbol{A}^T\boldsymbol{P}\boldsymbol{B}[\boldsymbol{H}+\boldsymbol{B}^T\boldsymbol{P}\boldsymbol{B}]^{-1}\boldsymbol{B}^T\boldsymbol{P}\boldsymbol{A} \qquad (7\text{-}85)$$

となり，さらに(7-85)式は

$$\boldsymbol{A}^T\boldsymbol{P}\boldsymbol{A}-\boldsymbol{P}-2\boldsymbol{A}^T\boldsymbol{P}\boldsymbol{B}[\boldsymbol{H}+\boldsymbol{B}^T\boldsymbol{P}\boldsymbol{B}]^{-1}\boldsymbol{B}^T\boldsymbol{P}\boldsymbol{A}$$
$$+\boldsymbol{A}^T\boldsymbol{P}\boldsymbol{B}[\boldsymbol{H}+\boldsymbol{B}^T\boldsymbol{P}\boldsymbol{B}]^{-1}\boldsymbol{B}^T\boldsymbol{P}\boldsymbol{B}[\boldsymbol{H}+\boldsymbol{B}^T\boldsymbol{P}\boldsymbol{B}]^{-1}\boldsymbol{B}^T\boldsymbol{P}\boldsymbol{A}$$

$$= -A^TPB[H+B^TPB]^{-1}H[H+B^TPB]^{-1}B^TPA - Q \tag{7-86}$$

となる．ゆえに以下の式が得られる．

$$\{A-B[H+B^TPB]^{-1}B^TPA\}^TP\{A-B[H+B^TPB]^{-1}B^TPA\}-P$$
$$= -Q - A^TPB[H+B^TPB]^{-1}H[H+B^TPB]B^TPA \tag{7-87 a}$$

あるいは，

$$\Psi^TP\Psi - P = -M \tag{7-87 b}$$

となる．ただし，$M = Q + A^TPB[H+B^TPB]^{-1}H[H+B^TPB]B^TPA$

すなわち，(7-87)式により Q が正定行列とすると，P は正定行列であるので Lyapunov の安定定理により閉ループ系 Ψ は漸近安定であることが保証される．また，Q が半正定対称行列であっても，$Q=Q^{1/2}Q^{1/2}$ としたとき ($Q^{1/2}$, A) が可観測であるならば閉ループ系 Ψ は漸近安定であることが知られている．

ゲイン余有については次のことが示せる．

制御対象

$$x(k+1) = Ax(k) + Bu(k) \tag{7-88}$$

評価関数

$$J = \sum_{k=1}^{\infty}[x^T(k)Qx(k) + u^T(k)Hu(k)] \tag{7-89}$$

ただし，Q：正定，H：$\mathrm{diag}[h_1, h_2, \cdots, h_r]$，$h_i > 0$

最適制御入力

$$u(k) = -[H+B^TPB]^{-1}B^TPAx(k) \tag{7-90}$$

Riccati 方程式

$$P = A^TPA + Q - A^TPB[H+B^TPB]^{-1}B^TPA \tag{7-91}$$

連続系での考察と同様にゲイン K が

$$K = \mathrm{diag}[k_1, k_2, \cdots, k_r] \tag{7-92}$$

の形で変動したと考えるとき閉ループ系は k_i が次の条件を満足するとき安定である．(証明略)[42]

$$\frac{1}{1+a_i} \leqq k_i \leqq \frac{1}{1-a_i}, \quad a_i = \frac{h_i}{h_i + \lambda_{\max}(B^TPB)} \tag{7-93}$$

以後の章でよく用いる無限制御時間ディジタル最適レギュレータ系をまとめると次のようになる．

制御対象（可制御，可観測）

$$\boldsymbol{x}(k+1)=\boldsymbol{A}\boldsymbol{x}(k)+\boldsymbol{B}\boldsymbol{u}(k)$$

$$\boldsymbol{y}(k)=\boldsymbol{C}\boldsymbol{x}(k) \qquad \boldsymbol{x}(1)=\boldsymbol{x}_1$$

評価関数

$$J=\frac{1}{2}\sum_{k=1}^{\infty}[\boldsymbol{x}^T(k)\boldsymbol{Q}\boldsymbol{x}(k)+\boldsymbol{u}^T(k)\boldsymbol{H}\boldsymbol{u}(k)]$$

ここで，$\boldsymbol{Q}$：正定対称行列，$\boldsymbol{H}$：正定行列，または $\boldsymbol{Q}$ が半正定の場合には，$\boldsymbol{Q}=\boldsymbol{Q}^{1/2}\boldsymbol{Q}^{1/2}$ と書いたとき（$\boldsymbol{Q}^{1/2}$，$\boldsymbol{A}$）は可観測とする．

$\boldsymbol{Q}^{1/2}=\boldsymbol{C}$ とすれば評価関数は

$$J=\frac{1}{2}\sum_{k=1}^{\infty}[\boldsymbol{x}^T(k)\boldsymbol{C}^T\boldsymbol{C}\boldsymbol{x}(k)+\boldsymbol{u}^T(k)\boldsymbol{H}\boldsymbol{u}(k)]$$

$$=\frac{1}{2}\sum_{k=1}^{\infty}[\boldsymbol{y}^T(k)\boldsymbol{y}(k)+\boldsymbol{u}^T(k)\boldsymbol{H}\boldsymbol{u}(k)]$$

となって最適出力レギュレータ問題となる．

最適制御入力

$$\boldsymbol{u}(k)=-[\boldsymbol{H}+\boldsymbol{B}^T\boldsymbol{P}\boldsymbol{B}]^{-1}\boldsymbol{B}^T\boldsymbol{P}\boldsymbol{A}\boldsymbol{x}(k)=\boldsymbol{F}\boldsymbol{x}(k)$$

$\boldsymbol{P}$ は次の定常 Riccati 方程式の正定対称解である．

$$\boldsymbol{P}=\boldsymbol{Q}+\boldsymbol{A}^T\boldsymbol{P}\boldsymbol{A}-\boldsymbol{A}^T\boldsymbol{P}\boldsymbol{B}[\boldsymbol{H}+\boldsymbol{B}^T\boldsymbol{P}\boldsymbol{B}]^{-1}\boldsymbol{B}^T\boldsymbol{P}\boldsymbol{A}$$

閉ループ系は安定

$$\boldsymbol{x}(k+1)=[\boldsymbol{A}+\boldsymbol{B}\boldsymbol{F}]\boldsymbol{x}(k)$$

$$=\{\boldsymbol{A}-\boldsymbol{B}[\boldsymbol{H}+\boldsymbol{B}^T\boldsymbol{P}\boldsymbol{B}]^{-1}\boldsymbol{B}^T\boldsymbol{P}\boldsymbol{A}\}\boldsymbol{x}(k)$$

評価関数値

$$J_{\min}=(1/2)(\boldsymbol{x}_1\boldsymbol{P}\boldsymbol{x}_1)$$

演 習 問 題

1．制御対象の状態方程式が

$$\begin{bmatrix}\dot{x}_1(t)\\ \dot{x}_2(t)\end{bmatrix}=\begin{bmatrix}0 & 1\\ -2 & 3\end{bmatrix}\begin{bmatrix}x_1(t)\\ x_2(t)\end{bmatrix}+\begin{bmatrix}0\\ 1\end{bmatrix}u(t)$$

で与えられるとき，この制御対象の極は 1 と 2 であり，不安定である．いま(7-27)式

で $H=1$ とし，$\boldsymbol{Q}$ をそれぞれ

$$\boldsymbol{Q}_1=\begin{bmatrix}1 & 0\\ 0 & 1\end{bmatrix},\quad \boldsymbol{Q}_2=\begin{bmatrix}10 & 0\\ 0 & 10\end{bmatrix},\quad \boldsymbol{Q}_3=\begin{bmatrix}100 & 0\\ 0 & 100\end{bmatrix}$$

とする．

（1）　$\boldsymbol{Q}_1$，$\boldsymbol{Q}_2$，$\boldsymbol{Q}_3$ に対する最適フィードバック係数 $\boldsymbol{F}_1$，$\boldsymbol{F}_2$，$\boldsymbol{F}_3$ を求めよ．

（2）　$\boldsymbol{Q}_1$，$\boldsymbol{Q}_2$，$\boldsymbol{Q}_3$ に対する最適レギュレータ系の極を調べて，これが安定になることを確かめよ．

（3）　$\boldsymbol{x}_1(0)=2.0$，$\boldsymbol{x}_2(0)=1.0$ としたときの $\boldsymbol{Q}_1$，$\boldsymbol{Q}_2$，$\boldsymbol{Q}_3$ に対する最適レギュレータ系の応答を示し，またこのときの評価関数値 $J_{\min}$ を調べよ．

（4）　$\boldsymbol{x}_1(0)=-2.0$，$\boldsymbol{x}_2(0)=1.0$ としたとき，（3）はどのようになるかを示せ．

第8章　最適ディジタルサーボ系

前章で述べたように，最適レギュレータ系は種々の優れた性質をもった1つの有力な制御系構成法といえる．しかし，実際の制御問題に最適レギュレータ理論を応用しようとするときにはさらに次のような点について考慮する必要がある．

① 零でない目標値信号に対して制御対象のパラメータ変動にかかわらず定常誤差を零とすること

② 外乱の影響を抑制すること

③ 制御アルゴリズムをコントローラで演算処理する場合の演算処理時間が無視できない場合の対策を考えること

④ 状態変数のうち，検出できないものがある場合の対策を行なうこと

⑤ フィードフォワード補償について考慮すること

これらの問題に対処するために，本章ではエラーシステムと呼ぶ拡大系を用いた系統的な方法について述べる．

最適レギュレータ理論に基づくサーボ系構成法にエラーシステムを用いることは次のような点に特徴がある．

(1) いわゆる内部モデル原理（internal model principle）を意識することなく簡単にサーボ系構成ができる

(2) フィードフォワード補償(予見フィードフォワード補償を含む)，入力むだ時間補償などについてエラーシステム基本形の拡張により容易に対応できる

(3) 一般型最適サーボ系，繰り返し制御系，周波数依存型サーボ系などへ

の拡張が容易である

8-1　最適1型ディジタルサーボ系の構成

まず最初に基本となる全状態フィードバック制御系について述べる．

制御対象

$$\boldsymbol{x}(k+1)=\boldsymbol{A}\boldsymbol{x}(k)+\boldsymbol{B}\boldsymbol{u}(k)+\boldsymbol{E}\boldsymbol{d}(k) \tag{8-1 a}$$

$$\boldsymbol{y}(k)=\boldsymbol{C}\boldsymbol{x}(k) \tag{8-1 b}$$

誤差信号

$$\boldsymbol{e}(k)=\boldsymbol{R}(k)-\boldsymbol{y}(k) \tag{8-2}$$

ただし，$\boldsymbol{x}(k)$：状態変数 $(n\times1)$，$\boldsymbol{y}(k)$：出力変数 $(m\times1)$，$\boldsymbol{u}(k)$：入力変数 $(r\times1)$，$\boldsymbol{R}(k)$：目標値信号 $(m\times1)$，$\boldsymbol{d}(k)$：外乱 $(q\times1)$，$\boldsymbol{A}$：$n\times n$，$\boldsymbol{B}$：$n\times r$，$\boldsymbol{C}$：$m\times n$，$\boldsymbol{E}$：$n\times q$

(8-1)式の系は可制御・可観測であるとし $r\geqq m$ とする．

誤差信号 $\boldsymbol{e}(k)$ の1階差分値は次のように求められる．

$$\begin{aligned}\varDelta\boldsymbol{e}(k+1)&=\varDelta\boldsymbol{R}(k+1)-\boldsymbol{C}\varDelta\boldsymbol{x}(k+1)\\&=\varDelta\boldsymbol{R}(k+1)-\boldsymbol{C}\boldsymbol{A}\varDelta\boldsymbol{x}(k)-\boldsymbol{C}\boldsymbol{B}\varDelta\boldsymbol{u}(k)-\boldsymbol{C}\boldsymbol{E}\varDelta\boldsymbol{d}(k)\end{aligned} \tag{8-3}$$

ただし，$\varDelta$ は1階後退差分オペレータであり，例えば

$$\varDelta\boldsymbol{e}(k+1)\equiv\boldsymbol{e}(k+1)-\boldsymbol{e}(k) \tag{8-4}$$

である．同様に $\boldsymbol{x}(k)$ の1階差分値も次のようになる．

$$\varDelta\boldsymbol{x}(k+1)=\boldsymbol{A}\varDelta\boldsymbol{x}(k)+\boldsymbol{B}\varDelta\boldsymbol{u}(k)+\boldsymbol{E}\varDelta\boldsymbol{d}(k) \tag{8-5}$$

(8-3)，(8-5)式は次式のようにまとめられる．

$$\begin{aligned}\begin{bmatrix}\boldsymbol{e}(k+1)\\\varDelta\boldsymbol{x}(k+1)\end{bmatrix}&=\begin{bmatrix}\boldsymbol{I}_m&-\boldsymbol{C}\boldsymbol{A}\\\boldsymbol{0}&\boldsymbol{A}\end{bmatrix}\begin{bmatrix}\boldsymbol{e}(k)\\\varDelta\boldsymbol{x}(k)\end{bmatrix}+\begin{bmatrix}-\boldsymbol{C}\boldsymbol{B}\\\boldsymbol{B}\end{bmatrix}\varDelta\boldsymbol{u}(k)\\&\quad+\begin{bmatrix}\boldsymbol{I}_m\\\boldsymbol{0}\end{bmatrix}\varDelta\boldsymbol{R}(k+1)+\begin{bmatrix}-\boldsymbol{C}\boldsymbol{E}\\\boldsymbol{E}\end{bmatrix}\varDelta\boldsymbol{d}(k)\end{aligned} \tag{8-6 a}$$

または

$$\boldsymbol{X}_0(k+1)=\boldsymbol{\varPhi}\boldsymbol{X}_0(k)+\boldsymbol{G}\varDelta\boldsymbol{u}(k)+\boldsymbol{G}_R\varDelta\boldsymbol{R}(k+1)+\boldsymbol{G}_d\varDelta\boldsymbol{d}(k) \tag{8-6 b}$$

上式は誤差信号と状態変数の1階差分値を新たな状態変数とし，入力変数の1階差分値を新たな入力変数とする拡大系であり，これを誤差信号のダイナミ

ックスを表すという意味でエラーシステム（error system）と呼ぶことにする．ここで目標値信号 $\boldsymbol{R}(k)$ と外乱信号 $\boldsymbol{d}(k)$ がステップ信号または一定値をとるとすると，それらの値の変化する時刻以外では $\Delta\boldsymbol{R}(k+1)=\boldsymbol{0}$, $\Delta\boldsymbol{d}(k)=\boldsymbol{0}$ であるので(8-6)式は次式となる．

$$\boldsymbol{X}_0(k+1)=\boldsymbol{\Phi}\boldsymbol{X}_0(k)+\boldsymbol{G}\Delta\boldsymbol{u}(k) \tag{8-7 a}$$

$$\boldsymbol{e}(k)=\boldsymbol{C}_0\boldsymbol{X}_0(k) \tag{8-7 b}$$

(8-7)式において適切な制御入力 $\Delta\boldsymbol{u}(k)$ を加えることにより閉ループ系を安定に制御できれば，$k\to\infty$ で $\boldsymbol{X}_0(k)\Rightarrow\boldsymbol{0}$ つまり $\boldsymbol{e}(k)\Rightarrow\boldsymbol{0}$ とできる．しかも制御対象のパラメータ変動があっても閉ループ系の安定性が保たれる範囲のパラメータ変動であるならば定常誤差を零とすることが保証される．また，$\boldsymbol{R}(k)$ と $\boldsymbol{d}(k)$ がステップ状に変化する前後の時刻では $\Delta\boldsymbol{R}(k+1)$ と $\Delta\boldsymbol{d}(k)$ は値をもつので，その情報を利用して制御性能を向上させるためのフィードフォワード補償が後節で考慮される．(8-7)式の可制御性・可観測性については，原系が可制御であり $z=1$ に零点がないときエラーシステムは可制御であり，原系が可観測であり $\boldsymbol{A}$ が正則ならばエラーシステムは可観測となる（演習問題参照）．なお，連続時間系を離散化した場合には $\boldsymbol{A}$ は正則である．また，$\boldsymbol{A}$ が正則でない場合は可観測ではないが可検出である．

(8-7)式のエラーシステムを安定に制御することによって定常ロバスト性(steady-state robustness）が保証されるが，そのような制御入力を求めるために最適レギュレータ理論を用いる．もちろん状態フィードバックによる制御系構成であるから他の方法によっても入力は決定できるわけであるが，本書では，最適レギュレータ理論のみを用いて以下の議論をする．ここで次の評価関数を定義する．

$$J=\sum_{k=1}^{\infty}\left[\boldsymbol{X}_0^T(k)\,\boldsymbol{Q}\boldsymbol{X}_0(k)+\Delta\boldsymbol{u}^T(k)\,\boldsymbol{H}\Delta\boldsymbol{u}(k)\right] \tag{8-8}$$

ただし，$\boldsymbol{Q}$：半正定対称行列 $(m+n)\times(m+n)$，$\boldsymbol{H}$：正定行列 $r\times r$

最適制御入力は第７章での結果を用いて容易に次のように求められる．

$$\Delta\boldsymbol{u}(k)=\boldsymbol{F}_0\mathbf{X}_0(k)=[\boldsymbol{F}_e\quad \boldsymbol{F}_x]\begin{bmatrix}\boldsymbol{e}(k)\\ \Delta\boldsymbol{x}(k)\end{bmatrix}=\boldsymbol{F}_e\boldsymbol{e}(k)+\boldsymbol{F}_x\Delta\boldsymbol{x}(k) \tag{8-9}$$

ここで，

$$F_0 = -[H + G^T P G]^{-1} G^T P \Phi \tag{8-10}$$

$$P = Q + \Phi^T P \Phi - \Phi^T P G [H + G^T P G]^{-1} G^T P \Phi \tag{8-11}$$

(8-9)式の制御入力はエラーシステムの全状態フィードバック制御となっており，これをエラーシステム(8-7)式に印加して次の閉ループ系が得られる．

$$X_0(k+1) = [\Phi + G F_0] X_0(k) \tag{8-12}$$

(8-12)式の閉ループ系が安定であることは Lyapunov の安定定理を用いて示される．(8-9) 式を $u(k)$ について解いて (8-13) 式を得る．

$$u(k) = F_e \sum_{i=1}^{k} e(i) + F_x x(k) - F_x x(0) + u(0) \tag{8-13}$$

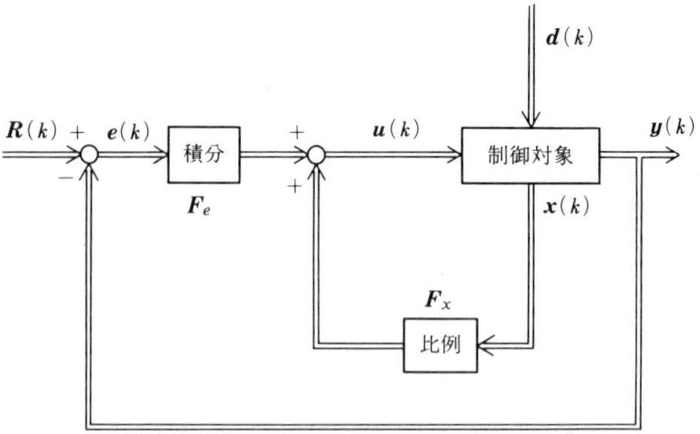

図 8-1 最適1型サーボ系（全状態フィードバック）

(8-13)式により最適1型ディジタルサーボ系は図8-1のようになることがわかる．ただし，そこでは $x(0)$ と $u(0)$ は示していない．(8-13)式における $u(0)$ は任意に決定できるパラメータであり，これをも考慮に入れて最適化をすることが必要であるが複雑となるのでここでは $u(0) = 0$ とする．この問題は初期値補償問題と呼ばれており，8-5節においてその基本を述べる．図8-1からわかるようにこの制御系は積分動作を含むものであり，1型となっていることからステップ目標値およびステップ外乱に対して定常誤差を零とできる．図8-1の制御系を第6章でのPI制御系と比較してみるのも興味深い．また，他の時間目標値への拡張は容易であり，目標値が任意の自由系の出力信号となる場合のサーボ系の構成への拡張は8-6節で示す．図8-1の系は制御対象の全状態変数を利用する基本的なものであり，これを基本として種々の展開を次節以降で行う．なお，エラーシステムの考え方は連続時間値系においても同様に適用できることに注意されたい（演習問題参照）．

8-2　フィードフォワード補償

(8-6)式においては，目標値信号 $\boldsymbol{R}(k)$ と外乱信号 $\boldsymbol{d}(k)$ をともにステップ信号または一定値として $\Delta\boldsymbol{R}(k+1)=\boldsymbol{0}$, $\Delta\boldsymbol{d}(k)=\boldsymbol{0}$ とおいてこれに関連する項を除いて(8-7)式のエラーシステムについて議論した．これは特に定常特性に主眼をおいたためであり，過渡特性については(8-8)式の評価関数の重み行列 $\boldsymbol{Q}$, $\boldsymbol{H}$ を調整することにより考慮することになっていた．しかしながら，$\boldsymbol{R}(k)$ と $\boldsymbol{d}(k)$ のステップ状変化の前後において $\Delta\boldsymbol{R}(k+1)$，$\Delta\boldsymbol{d}(k)$ は値をもち，その影響で過渡状態ではエラーシステムの状態は望ましくない方向に動かされることになる．そこで逆に $\Delta\boldsymbol{R}(k+1)$，$\Delta\boldsymbol{d}(k)$ の情報を利用してこれらの悪影響を軽減することを考える．

これは前節でのフィードバック制御（FB 制御）のように信号が制御対象に入りその結果を FB 信号として利用するものと違い，信号に対する制御対象の応答に先立って外生信号に基づき適切な動作を行う意味でフィードフォワード補償（FF 補償，feed-forward compensation）と呼ばれる．

FF 補償には目標値からのものと外乱からのものの 2 種類がある．また FF 補償はその目的によって

①　応答に着目した FF 補償

②　評価関数に着目した FF 補償

の 2 つの立場が考えられる．前者は過渡応答の改善を目的とした FF 補償であり，後者は評価関数のさらなる低減を目的とした FF 補償である．ここでは前者について述べ，後者については第 8-3 節の中で述べることにする．

(8-6)式のエラーシステムの状態変数 $\boldsymbol{X}_0(k)$ は定常状態では零である．しかし，$\Delta\boldsymbol{R}(k+1)$，$\Delta\boldsymbol{d}(k)$ が値をもつと，その時刻以降 $\boldsymbol{X}_0(k)$ はそれらの影響を受けて値をもちエラーシステムの過渡応答に悪影響を及ぼす．この過渡応答への影響を何らかの意味で最小にする FF 補償を 8-1 節で構成された全状態フィー

ドバック制御系に追加することにより，制御系の過渡応答の改善を考える．

まず(8-6) 式において定常状態では

$$\boldsymbol{X}_0(k)=\boldsymbol{0},\ \varDelta\boldsymbol{u}(k)=\boldsymbol{0},\ \varDelta\boldsymbol{R}(k+1)=\boldsymbol{0},\ \varDelta\boldsymbol{d}(k)=\boldsymbol{0} \tag{8-14}$$

が成り立つ．

いま，$k=k_0$ 時刻において目標値信号 $\boldsymbol{R}(k)$ が $\boldsymbol{R}_0$ だけステップ状に変化し，また $\boldsymbol{d}(k)$ は一定のまま変化しないとする．このとき図 8-2 に示すように，$k=k_0-1$ 時刻において $\varDelta\boldsymbol{R}(k+1)$ が $\boldsymbol{R}_0$ なる値をもつことになる．これにより(8-6) 式のエラーシステムの状態変数 $\boldsymbol{X}_0(k)$ は $\boldsymbol{G}_R\boldsymbol{R}_0$ なる値をもつことになる．これは等価的にエラーシステムの状態変数が $k=k_0$ において初期値 $\boldsymbol{G}_R\boldsymbol{R}_0$ をもつことに相当する．この初期値がエラーシステムの応答に与える影響を何らかの意味で最小にすることを考える．

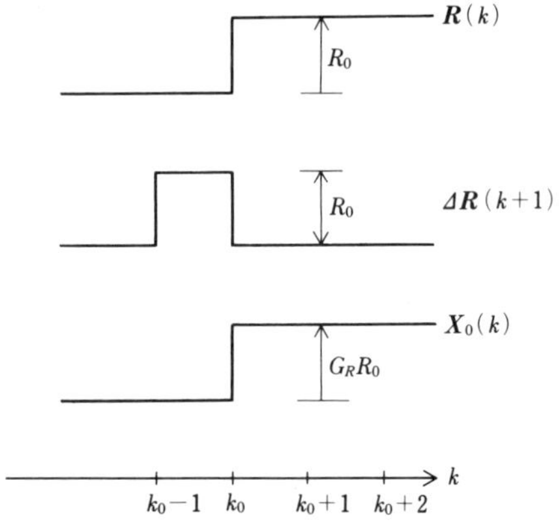

図 8-2　目標値信号のステップ状変化

(8-9)式で求められた FB 制御入力に次に示すように FF 補償入力を追加した入力を考える．

$$\varDelta\boldsymbol{u}(k)=\boldsymbol{F}_0\boldsymbol{X}_0(k)+\tilde{\boldsymbol{F}}_R\varDelta\boldsymbol{R}(k+1) \tag{8-15}$$

(8-15)式を(8-6)式に代入すると次式となる．

$$\boldsymbol{X}_0(k+1)=[\boldsymbol{\Phi}+\boldsymbol{G}\boldsymbol{F}_0]\boldsymbol{X}_0(k)+[\boldsymbol{G}_R+\boldsymbol{G}\tilde{\boldsymbol{F}}_R]\varDelta\boldsymbol{R}(k+1) \tag{8-16}$$

$k=k_0$ 時刻において $\boldsymbol{R}_0$ なる目標値信号変化があると $k=k_0-1$ において(8-16)式は

$$\boldsymbol{X}_0(k_0)=[\boldsymbol{G}_R+\boldsymbol{G}\tilde{\boldsymbol{F}}_R]\boldsymbol{R}_0 \tag{8-17}$$

のようになり，その時刻以降は次のようになる．

$$\boldsymbol{X}_0(k_0+N)=[\boldsymbol{\Phi}+\boldsymbol{G}\boldsymbol{F}_0]^N\boldsymbol{X}_0(k)=\boldsymbol{\xi}^N\boldsymbol{X}_0(k_0) \tag{8-18}$$

ただし，$\boldsymbol{\xi}=\boldsymbol{\Phi}+\boldsymbol{G}\boldsymbol{F}_0$　$(N=1,2,\cdots)$

ここで，次の評価関数を定義する．

$$J_F=\sum_{j=k_0}^{\infty}\boldsymbol{X}_0^T(j)\boldsymbol{\Lambda}\boldsymbol{X}_0(j) \tag{8-19}$$

ただし，$\boldsymbol{\Lambda}$ は正定行列とし設計者が自由に決めるものである．

(8-18)式を(8-19)式に代入して計算を進める．

$$\begin{aligned}J_F&=\boldsymbol{X}_0^T(k_0)[\boldsymbol{\Lambda}+\boldsymbol{\xi}^T\boldsymbol{\Lambda}\boldsymbol{\xi}+(\boldsymbol{\xi}^T)^2\boldsymbol{\Lambda}\boldsymbol{\xi}^2+\cdots]\boldsymbol{X}_0(k_0)\\&=\boldsymbol{X}_0^T(k_0)\tilde{\boldsymbol{P}}\boldsymbol{X}_0(k_0)\\&=\boldsymbol{R}_0^T[\boldsymbol{G}_R+\boldsymbol{G}\tilde{\boldsymbol{F}}_R]^T\tilde{\boldsymbol{P}}[\boldsymbol{G}_R+\boldsymbol{G}\tilde{\boldsymbol{F}}_R]\boldsymbol{R}_0\end{aligned} \tag{8-20}$$

ただし，$\tilde{\boldsymbol{P}}$ は次の Lyapunov 方程式の正定解である．

$$\tilde{\boldsymbol{P}}=\boldsymbol{\Lambda}+\boldsymbol{\xi}^T\tilde{\boldsymbol{P}}\boldsymbol{\xi} \tag{8-21}$$

(8-20)式を最小とする目標値からの FF 補償入力のゲインは

$$\frac{\partial J_F}{\partial\tilde{\boldsymbol{F}}_R\boldsymbol{R}_0}=[2\,\boldsymbol{G}^T\tilde{\boldsymbol{P}}\boldsymbol{G}_R+2\,\boldsymbol{G}^T\tilde{\boldsymbol{P}}\boldsymbol{G}\tilde{\boldsymbol{F}}_R]\boldsymbol{R}_0=\boldsymbol{0} \tag{8-22}$$

より次のようになる．

$$\tilde{\boldsymbol{F}}_R=-[\boldsymbol{G}^T\tilde{\boldsymbol{P}}\boldsymbol{G}]^{-1}\boldsymbol{G}^T\tilde{\boldsymbol{P}}\boldsymbol{G}_R\quad\text{(ideal case)} \tag{8-23}$$

同様にして，目標値は変化せず外乱 $\boldsymbol{d}(k)$ のみがステップ状に変化する場合を考えると外乱からの FF ゲインは次のように求まる．

$$\tilde{\boldsymbol{F}}_d=-[\boldsymbol{G}^T\tilde{\boldsymbol{P}}\boldsymbol{G}]^{-1}\boldsymbol{G}^T\tilde{\boldsymbol{P}}\boldsymbol{G}_d \tag{8-24}$$

以上により過渡応答を改善する FF 補償ゲインが決定されたが，(8-23) 式を実際の制御に利用するためには (8-15) 式から明らかなように目標値信号の 1 ステップ未来の値を必要とする．それは必ずしも常に可能とはいえない．その意味で ideal case というのが適当であろう．未来目標値を必要としない real case の FF 補償は次のようにして決められる．

制御入力を(8-15)式に対応して次のようにおく．

$$\Delta\boldsymbol{u}(k)=\boldsymbol{F}_0\boldsymbol{X}_0(k)+\tilde{\boldsymbol{F}}_R\Delta\boldsymbol{R}(k) \tag{8-25}$$

(8-25)式を(8-6)式に代入して次式を得る．ただし，$\Delta\boldsymbol{d}(k)=0$ とする．

$$\boldsymbol{X}_0(k+1)=[\boldsymbol{\Phi}+\boldsymbol{G}\boldsymbol{F}_0]\boldsymbol{X}_0(k)+\boldsymbol{G}\tilde{\boldsymbol{F}}_R\varDelta\boldsymbol{R}(k)+\boldsymbol{G}_R\varDelta\boldsymbol{R}(k+1) \qquad (8\text{-}26)$$

いま，$k=k_0$ 時刻において $\boldsymbol{R}_0$ なる目標値変化があったとすると $k=k_0-1$ においては $\varDelta\boldsymbol{R}(k_0-1)=\boldsymbol{0}$，$\varDelta\boldsymbol{R}(k_0)=\boldsymbol{R}_0$ であるから(8-26)式は次のようになる．

$$\boldsymbol{X}_0(k_0)=\boldsymbol{G}_R\boldsymbol{R}_0$$

また，$k=k_0$ においては $\varDelta\boldsymbol{R}(k_0)=\boldsymbol{R}_0$，$\varDelta\boldsymbol{R}(k_0+1)=\boldsymbol{0}$ となるため，

$$\boldsymbol{X}_0(k+1)=[\boldsymbol{\Phi}+\boldsymbol{G}\boldsymbol{F}_0]\boldsymbol{X}_0(k)+\boldsymbol{G}\tilde{\boldsymbol{F}}_R\boldsymbol{R}_0=[\boldsymbol{\xi}\boldsymbol{G}_R+\boldsymbol{G}\boldsymbol{F}_R]\boldsymbol{R}_0 \qquad (8\text{-}27)$$

となり，それ以降は次のようになる．

$$\boldsymbol{X}_0(k_0+1+N)=\boldsymbol{\xi}^N\boldsymbol{X}_0(k_0+1) \qquad (N=1,2,\cdots\ ) \qquad (8\text{-}28)$$

以上より(8-19)式の評価関数値は

$$\begin{aligned}J_F&=\boldsymbol{X}_0^T(k_0)\boldsymbol{\Lambda}\boldsymbol{X}_0(k_0)+\boldsymbol{X}_0^T(k_0+1)\tilde{\boldsymbol{P}}\boldsymbol{X}_0(k_0+1)\\&=\boldsymbol{R}_0^T[\boldsymbol{G}_R^T\boldsymbol{\Lambda}\boldsymbol{G}_R+\{\boldsymbol{\xi}\boldsymbol{G}_R+\boldsymbol{G}\tilde{\boldsymbol{F}}_R\}^T\tilde{\boldsymbol{P}}\{\boldsymbol{\xi}\boldsymbol{G}_R+\boldsymbol{G}\tilde{\boldsymbol{F}}_R\}]\boldsymbol{R}_0 \qquad (8\text{-}29)\end{aligned}$$

のようになり，(8-29)式を最小とする $\tilde{\boldsymbol{F}}_R$ は次のように求まる．

$$\tilde{\boldsymbol{F}}_R=-[\boldsymbol{G}^T\tilde{\boldsymbol{P}}\boldsymbol{G}]^{-1}\boldsymbol{G}^T\tilde{\boldsymbol{P}}\boldsymbol{\xi}\boldsymbol{G}_R \quad \text{(real case)} \qquad (8\text{-}30)$$

これが目標値の未来値を必要としない FF 補償ゲインとなる．

本節で示した FF 補償を含む最適1型サーボ系の構成図を図 8-3 に示す．

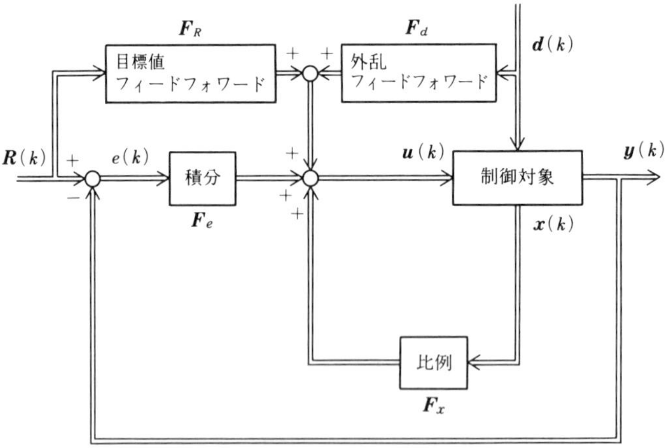

図 8-3　最適1型サーボ系構成図

8-3　最適予見サーボ系[59~63)]

目標値信号や外乱信号の未来情報が利用できるとするならば，制御性能の改善には相当効果があるものと思われる．例えば，我々は車を運転する場合には常に前方の道路状況を見ながら運転するし，夜間ならばヘッドライトを点灯しなければならない．このことは未来情報がいかに大切であるかを示す例である．通常のサーボ系の場合，未来情報がなくてもそれなりに目標値信号に追従でき，外乱の影響を抑制することができるが，もし未来情報が利用できるとするならば，制御性能をさらに改善できそうなことは期待できる．そのような例としてはロボットや工作機械などの経路制御，圧延機の外乱抑制，自動車・移動ロボットなどにおけるアクティブサスペンションなどが考えられる．この節ではやはり最適レギュレータ理論に基づいて，未来目標値・未来外乱情報を最適に利用するサーボ系構成について述べる．

このサーボ系は通常の最適サーボ系に未来情報を利用した予見フィードフォワード補償を付加したものとなり，第 8-2 節と同様に応答に着目したものと評価関数に着目したものの 2 つの立場によるものが考えられる．ここでは後者について述べる．前者については文献を参考にして欲しい[59)]．

1 型サーボ系を構成するためのエラーシステムを導出すると(8-6)式となる．ここで，次のような評価関数を定義する．

$$J=\sum_{k=-M}^{\infty}\left[\boldsymbol{X}_0^T(k)\boldsymbol{Q}\boldsymbol{X}_0(k)+\Delta\boldsymbol{u}^T(k)\boldsymbol{H}\Delta\boldsymbol{u}(k)\right] \tag{8-31}$$

ただし，$\boldsymbol{Q}=\begin{bmatrix}\boldsymbol{\Gamma} & \boldsymbol{0}\\ \boldsymbol{0} & \boldsymbol{0}\end{bmatrix}$：半正定行列 $(n+m)\times(n+m)$

$\boldsymbol{H}$：正定行列$(r\times r)$，$M=\mathrm{Max}[M_R, M_d]$，M_R：目標値信号の予見ステップ数，M_d：外乱信号の予見ステップ数

予見ステップ数以上の未来時刻における目標値信号と外乱信号は一定であると仮定すると(8-6)式の右辺第 3 項と第 4 項は零となるので，その場合に評価関数を(8-31)式とする最適レギュレータ問題を解いて次の制御入力を得る．

$$\Delta\boldsymbol{u}(k)=\boldsymbol{F}_0\boldsymbol{X}_0(k) \tag{8-32}$$

ここで,

$$\boldsymbol{F}_0 = -[\boldsymbol{H} + \boldsymbol{G}^T\boldsymbol{P}\boldsymbol{G}]^{-1}\boldsymbol{G}^T\boldsymbol{P}\boldsymbol{\Phi} \tag{8-33}$$

$$\boldsymbol{P} = \boldsymbol{Q} + \boldsymbol{\Phi}^T\boldsymbol{P}\boldsymbol{\Phi} - \boldsymbol{\Phi}^T\boldsymbol{P}\boldsymbol{G}[\boldsymbol{H} + \boldsymbol{G}^T\boldsymbol{P}\boldsymbol{G}]^{-1}\boldsymbol{G}^T\boldsymbol{P}\boldsymbol{\Phi} \tag{8-34}$$

いま，現在時刻 k から M_R ステップ未来までの目標値信号，M_d ステップ未来までの外乱信号が既知であるとし，そのような信号に対して最適な制御動作をさせるための制御入力を次のようにおく．

$$\varDelta\boldsymbol{u}(k) = \boldsymbol{F}_0\boldsymbol{X}_0(k) + \sum_{j=0}^{M_R}\boldsymbol{F}_R(j)\varDelta\boldsymbol{R}(k+j) + \sum_{j=0}^{M_d}\boldsymbol{F}_d(j)\varDelta\boldsymbol{d}(k+j) \tag{8-35}$$

上式の予見フィードフォワード係数 $\boldsymbol{F}_R(j)$，$\boldsymbol{F}_d(j)$ を求める1つの方針として(8-31)式の評価関数値を最小とするということが考えられる．

いま $\boldsymbol{F}_R(j)$ を求めることを考える．$k=0$ において $\varDelta\boldsymbol{R}(0)=\boldsymbol{R}_0$ のステップ状目標値変化があるとして，(8-35)式を(8-31)式に代入して整理すると次式となる．

$$J = \boldsymbol{R}_0{}^T[\bar{\boldsymbol{F}}_R{}^T\boldsymbol{\Gamma}_R\bar{\boldsymbol{F}}_R + 2\,\bar{\boldsymbol{F}}_R{}^T\boldsymbol{\varDelta}_R + \boldsymbol{G}^T\boldsymbol{P}\boldsymbol{G}]\boldsymbol{R}_0 \tag{8-36}$$

ただし,

$$\bar{\boldsymbol{F}}_R = \begin{bmatrix} \boldsymbol{F}_R(0) \\ \boldsymbol{F}_R(1) \\ \vdots \\ \boldsymbol{F}_R(M_R) \end{bmatrix} \qquad \boldsymbol{\varDelta}_R = \begin{bmatrix} \boldsymbol{0} \\ \boldsymbol{G}^T\boldsymbol{P}\boldsymbol{G}_R \\ \vdots \\ \boldsymbol{G}^T(\boldsymbol{\xi}^T)^{M_R-1}\boldsymbol{P}\boldsymbol{G}_R \end{bmatrix}$$

$$\boldsymbol{\Gamma}_R = \begin{bmatrix} \boldsymbol{H}+\boldsymbol{G}^T\boldsymbol{P}\boldsymbol{G} & \boldsymbol{0} & \cdots & \boldsymbol{0} \\ \boldsymbol{0} & \boldsymbol{H}+\boldsymbol{G}^T\boldsymbol{P}\boldsymbol{G} & \ddots & \vdots \\ \vdots & \ddots & \ddots & \boldsymbol{0} \\ \boldsymbol{0} & \cdots & \boldsymbol{0} & \boldsymbol{H}+\boldsymbol{G}^T\boldsymbol{P}\boldsymbol{G} \end{bmatrix}$$

$$\frac{\partial J}{\partial \bar{\boldsymbol{F}}_R\boldsymbol{R}_0} = \boldsymbol{0} \text{ より}$$

$$\bar{\boldsymbol{F}}_R = -\boldsymbol{\Gamma}_R{}^{-1}\boldsymbol{\varDelta}_R \tag{8-37}$$

と $\bar{\boldsymbol{F}}_R$ が求まる．したがって，$\boldsymbol{F}_R(j)$ は次のようになる．

$$\begin{cases} \boldsymbol{F}_R(0) = \boldsymbol{0} \\ \boldsymbol{F}_R(j) = -[\boldsymbol{H}+\boldsymbol{G}^T\boldsymbol{P}\boldsymbol{G}]^{-1}\boldsymbol{G}^T(\boldsymbol{\xi}^T)^{j-1}\boldsymbol{P}\boldsymbol{G}_R \qquad (j \geq 1) \end{cases} \tag{8-38}$$

ただし，$\boldsymbol{\xi}=\boldsymbol{\Phi}+\boldsymbol{G}\boldsymbol{F}_0$

同様に $k=0$ において $\Delta\boldsymbol{d}(0)=\boldsymbol{d}_0$ のステップ状外乱変化があるとして $\boldsymbol{F}_d(j)$ を求めると次式のようになる．

$$\boldsymbol{F}_d(j)=-[\boldsymbol{H}+\boldsymbol{G}^T\boldsymbol{P}\boldsymbol{G}]^{-1}\boldsymbol{G}^T(\boldsymbol{\xi}^T)^j\boldsymbol{P}\boldsymbol{G}_d \qquad (j\geq 0) \tag{8-39}$$

いま予見ステップ数を 0 とすると

$$\boldsymbol{F}_R(0)=\boldsymbol{0} \tag{8-40}$$

$$\boldsymbol{F}_d(0)=-[\boldsymbol{H}+\boldsymbol{G}^T\boldsymbol{P}\boldsymbol{G}]^{-1}\boldsymbol{G}^T\boldsymbol{P}\boldsymbol{G}_d \tag{8-41}$$

となり，それぞれ前節の（8-30），（8-24)式に対応した real case の（評価関数に着目した）FF ゲインとなる．また予見ステップ数を 1 とすると，

$$\boldsymbol{F}_R(1)=-[\boldsymbol{H}+\boldsymbol{G}^T\boldsymbol{P}\boldsymbol{G}]^{-1}\boldsymbol{G}^T\boldsymbol{P}\boldsymbol{G}_R \tag{8-42}$$

となり，(8-23)式に対応した ideal case の（評価関数に着目した）FF ゲインとなる．

以上より予見 FF 補償を含む全状態フィードバック制御系の最適制御入力(8-35）式のすべての係数が決まる．

(8-35) 式を $\boldsymbol{u}(k)$ について解くと(8-43)式を得る．ただし，簡単のため初期値はすべて零とおいた．初期値をも含めた最適問題は初期値補償問題として 8-5 節で述べる．

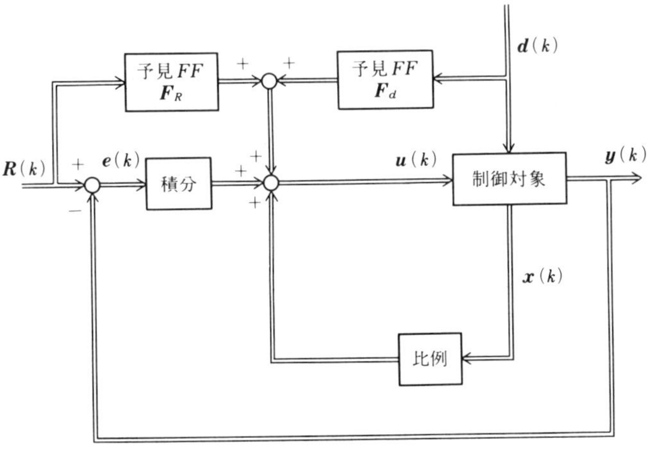

図 8-4　最適予見サーボ系構成図

$$\boldsymbol{u}(k)=\boldsymbol{F}_e\sum_{i=1}^{k}\boldsymbol{e}(i)+\boldsymbol{F}_x\boldsymbol{x}(k)+\boldsymbol{F}_{PR}(z)\boldsymbol{R}(k)+\boldsymbol{F}_{Pd}(z)\boldsymbol{d}(k) \tag{8-43}$$

$$\boldsymbol{F}_{PR}(z)=\boldsymbol{F}_R(1)z+\boldsymbol{F}_R(2)z^2+\cdots+\boldsymbol{F}_R(M_R)z^{M_R}$$

$$\boldsymbol{F}_{Pd}(z)=\boldsymbol{F}_d(0)+\boldsymbol{F}_d(1)z+\cdots+\boldsymbol{F}_d(M_d)z^{M_d}$$

これにより最適予見サーボ系は図8-4のような構成となることがわかる．最適1型サーボ系に予見FF補償のループが追加された形となっている．なお，ここでは1型サーボ系に予見FF補償を付加することを示したが，同様な方法により一般型最適サーボ系や繰り返し制御系に対しても付加することが可能である．また，入力むだ時間の考慮や部分状態フィードバック系の構成などについても予見FF補償の有無にかかわらず全く同じ考え方で実現できる．

ここで，未来情報を利用することによってどの程度評価関数の低減に効果があるかを確かめてみる．(8-37) 式を (8-36) 式に代入してまとめることなどにより予見動作がある場合とない場合の評価関数値を計算すると以下のようになる．

最適サーボ系

$$J_R=\boldsymbol{R}_0{}^T\boldsymbol{G}_R{}^T\boldsymbol{P}\boldsymbol{G}_R\boldsymbol{R}_0 \tag{8-44}$$

$$J_d=\boldsymbol{d}_0{}^T\boldsymbol{G}_d{}^T\boldsymbol{P}\boldsymbol{G}_d\boldsymbol{d}_0 \tag{8-45}$$

最適予見サーボ系

$$J_{PR}=J_R-\sum_{j=1}^{M_R}\boldsymbol{R}_0{}^T\boldsymbol{G}_R{}^T\boldsymbol{P}\boldsymbol{\xi}^{j-1}\boldsymbol{G}[\boldsymbol{H}+\boldsymbol{G}^T\boldsymbol{P}\boldsymbol{G}]^{-1}\boldsymbol{G}^T(\boldsymbol{\xi}^T)^{j-1}\boldsymbol{P}\boldsymbol{G}_R\boldsymbol{R}_0 \tag{8-46}$$

$$J_{Pd}=J_d-\sum_{j=0}^{M_d}\boldsymbol{d}_0{}^T\boldsymbol{G}_d{}^T\boldsymbol{P}\boldsymbol{\xi}^{j}\boldsymbol{G}[\boldsymbol{H}+\boldsymbol{G}^T\boldsymbol{P}\boldsymbol{G}]^{-1}\boldsymbol{G}^T(\boldsymbol{\xi}^T)^{j}\boldsymbol{P}\boldsymbol{G}_d\boldsymbol{d}_0 \tag{8-47}$$

(8-46)，(8-47)式の右辺第2項は正値であることが示せるので，予見動作を追加した場合の評価関数値は予見動作がない場合に比較して必ず減少することがわかる．

8-4　入力むだ時間の補償

(8-9) 式や(8-35)式などの制御アルゴリズムを演算実行するにはマイクロプロセッサなどを用いることが適当と思われるが，制御対象の動きの速さに比較してこの演算処理時間が必ずしも無視できない場合がある．本節では，このよ

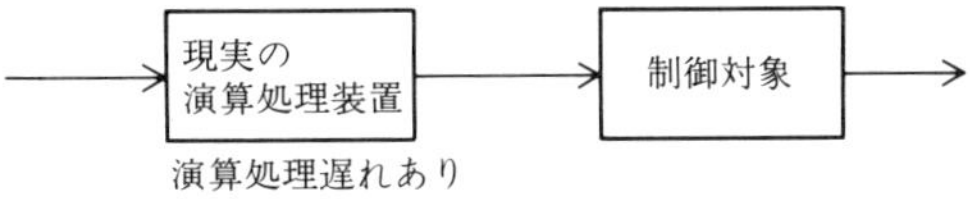

（a）現実の装置

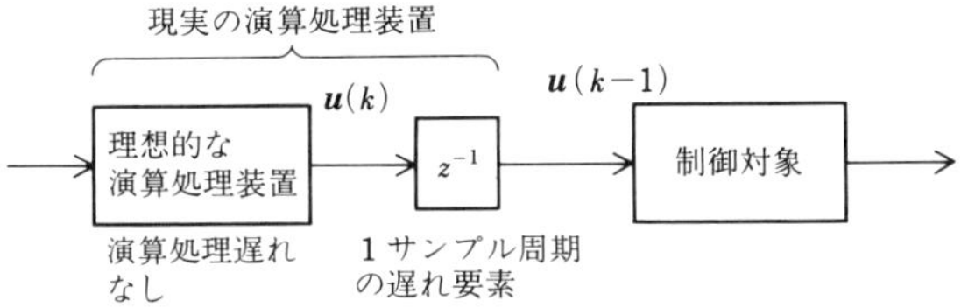

（b）1サンプル周期の遅れ要素を考慮したモデル

図 8-5　演算処理装置の扱い

うな演算処理時間を制御理論的に処理することについて述べる．以下の議論では，簡単のためこの演算処理時間は1サンプリング周期に等しいとして考えることにする．このような場合この演算処理時間を制御対象の入力むだ時間と見なして制御系構成を行うことが適当である．これは図 8-5 のように演算処理時間が零である理想的な演算処理装置を考えその後に1サンプリング周期に等しいむだ時間を考慮することによって現実の演算処理装置を扱うことになる．すなわち，制御対象には常に1サンプリング周期に等しいむだ時間要素を通過した制御入力が印加されると考えることになる．この場合には制御対象を次のように表現することにする．

制御対象

$$\boldsymbol{x}(k+1)=\boldsymbol{A}\boldsymbol{x}(k)+\boldsymbol{B}\boldsymbol{u}(k-1)+\boldsymbol{E}\boldsymbol{d}(k) \tag{8-48 a}$$

$$\boldsymbol{y}(k)=\boldsymbol{C}\boldsymbol{x}(k) \tag{8-48 b}$$

つまり，現在時刻に印加した入力は1ステップ遅れて制御対象に印加されると考えたものが上式である．前節までと同様にしてエラーシステムを導出する．

$$\begin{bmatrix} \boldsymbol{e}(k+1) \\ \varDelta\boldsymbol{x}(k+1) \\ \varDelta\boldsymbol{u}(k) \end{bmatrix}=\begin{bmatrix} \boldsymbol{I}_m & -\boldsymbol{C}\boldsymbol{A} & -\boldsymbol{C}\boldsymbol{B} \\ \boldsymbol{0} & \boldsymbol{A} & \boldsymbol{B} \\ \boldsymbol{0} & \boldsymbol{0} & \boldsymbol{0} \end{bmatrix}\begin{bmatrix} \boldsymbol{e}(k) \\ \varDelta\boldsymbol{x}(k) \\ \varDelta\boldsymbol{u}(k-1) \end{bmatrix}+\begin{bmatrix} \boldsymbol{0} \\ \boldsymbol{0} \\ \boldsymbol{I}_r \end{bmatrix}\varDelta\boldsymbol{u}(k)$$

$$+\begin{bmatrix} \boldsymbol{I}_m \\ \boldsymbol{0} \\ \boldsymbol{0} \end{bmatrix} \Delta \boldsymbol{R}(k+1) + \begin{bmatrix} -\boldsymbol{CE} \\ \boldsymbol{E} \\ \boldsymbol{0} \end{bmatrix} \Delta \boldsymbol{d}(k) \tag{8-49}$$

(8-49)式は(8-6)式の記号を用いて次のように表される．

$$\begin{bmatrix} \boldsymbol{X}_0(k+1) \\ \Delta \boldsymbol{u}(k) \end{bmatrix} = \begin{bmatrix} \boldsymbol{\Phi} & \boldsymbol{G} \\ \boldsymbol{0} & \boldsymbol{0} \end{bmatrix} \begin{bmatrix} \boldsymbol{X}_0(k) \\ \Delta \boldsymbol{u}(k-1) \end{bmatrix} + \begin{bmatrix} \boldsymbol{0} \\ \boldsymbol{I}_r \end{bmatrix} \Delta \boldsymbol{u}(k)$$
$$+ \begin{bmatrix} \boldsymbol{G}_R \\ \boldsymbol{0} \end{bmatrix} \Delta \boldsymbol{R}(k+1) + \begin{bmatrix} \boldsymbol{G}_d \\ \boldsymbol{0} \end{bmatrix} \Delta \boldsymbol{d}(k) \tag{8-50}$$

ここで，評価関数を次のように定義する．

$$J = \sum_{k=1}^{\infty} \left\{ [\boldsymbol{X}_0^T(k) \quad \Delta \boldsymbol{u}^T(k-1)] \begin{bmatrix} \boldsymbol{Q} & \boldsymbol{0} \\ \boldsymbol{0} & \boldsymbol{0} \end{bmatrix} \begin{bmatrix} \boldsymbol{X}_0(k) \\ \Delta \boldsymbol{u}(k-1) \end{bmatrix} \right.$$
$$\left. + \Delta \boldsymbol{u}^T(k) \boldsymbol{H} \Delta \boldsymbol{u}(k) \right\} \tag{8-51}$$

(8-51)式の評価関数のもとで，(8-50)式で $\Delta \boldsymbol{R}(k+1) = \boldsymbol{0}$, $\Delta \boldsymbol{d}(k) = \boldsymbol{0}$ とおいたエラーシステムの最適レギュレータ問題を解いて，制御入力は 8-1 節での結果を利用して次のように求まる．

$$\Delta \boldsymbol{u}(k) = [\boldsymbol{F}_D \quad \boldsymbol{F}_{Du}] \begin{bmatrix} \boldsymbol{X}_0(k) \\ \Delta \boldsymbol{u}(k-1) \end{bmatrix}$$
$$= \boldsymbol{F}_D \boldsymbol{X}_0(k) + \boldsymbol{F}_{Du} \Delta \boldsymbol{u}(k-1)$$
$$= \boldsymbol{F}_{De} \boldsymbol{e}(k) + \boldsymbol{F}_{Dx} \Delta \boldsymbol{x}(k) + \boldsymbol{F}_{Du} \Delta \boldsymbol{u}(k-1) \tag{8-52}$$

ただし，

$$[\boldsymbol{F}_D \quad \boldsymbol{F}_{Du}] = -\left\{ \boldsymbol{H} + [\boldsymbol{0} \quad \boldsymbol{I}_r] \boldsymbol{P}_D \begin{bmatrix} \boldsymbol{0} \\ \boldsymbol{I}_r \end{bmatrix} \right\}^{-1} [\boldsymbol{0} \quad \boldsymbol{I}_r] \boldsymbol{P}_D \begin{bmatrix} \boldsymbol{\Phi} & \boldsymbol{G} \\ \boldsymbol{0} & \boldsymbol{0} \end{bmatrix} \tag{8-53}$$

ここで，$\boldsymbol{P}_D$ は次式に示すように $(m+n+r)$ 次元の Riccati 方程式の解である．

$$\boldsymbol{P}_D = \begin{bmatrix} \boldsymbol{Q} & \boldsymbol{0} \\ \boldsymbol{0} & \boldsymbol{0} \end{bmatrix} + \begin{bmatrix} \boldsymbol{\Phi}^T & \boldsymbol{0} \\ \boldsymbol{G}^T & \boldsymbol{0} \end{bmatrix} \boldsymbol{P}_D \begin{bmatrix} \boldsymbol{\Phi} & \boldsymbol{G} \\ \boldsymbol{0} & \boldsymbol{0} \end{bmatrix} - \begin{bmatrix} \boldsymbol{\Phi}^T & \boldsymbol{0} \\ \boldsymbol{G}^T & \boldsymbol{0} \end{bmatrix} \boldsymbol{P}_D \begin{bmatrix} \boldsymbol{0} \\ \boldsymbol{I}_r \end{bmatrix}$$
$$\times \left\{ \boldsymbol{H} + [\boldsymbol{0} \quad \boldsymbol{I}_r] \boldsymbol{P}_D \begin{bmatrix} \boldsymbol{0} \\ \boldsymbol{I}_r \end{bmatrix} \right\}^{-1} [\boldsymbol{0} \quad \boldsymbol{I}_r] \boldsymbol{P}_D \begin{bmatrix} \boldsymbol{\Phi} & \boldsymbol{G} \\ \boldsymbol{0} & \boldsymbol{0} \end{bmatrix} \tag{8-54}$$

さらに FF 補償入力については基本的な考え方は前節と同様であるのでここでは省略するが，求まる制御入力は次のような形となる．

$$\Delta \boldsymbol{u}(k)=[\boldsymbol{F}_D \quad \boldsymbol{F}_{Du}]\begin{bmatrix}\boldsymbol{X}_0(k)\\ \Delta \boldsymbol{u}(k-1)\end{bmatrix}+\boldsymbol{F}_{DR}\Delta \boldsymbol{R}(k)+\boldsymbol{F}_{Dd}\Delta \boldsymbol{d}(k) \qquad (8\text{-}55)$$

FF 補償の係数 $\boldsymbol{F}_{DR}$，$\boldsymbol{F}_{Dd}$ に関しては，前節で述べた評価関数に着目した FF 補償ゲインを $\boldsymbol{F}_{DR0}$，$\boldsymbol{F}_{DR1}$，F_{Dd} で表すと次のようになる．

$$\boldsymbol{F}_{DR0}=\boldsymbol{0} \ \text{(real case)} \qquad (8\text{-}56)$$

$$\boldsymbol{F}_{DR1}=-\left\{\boldsymbol{H}+[\boldsymbol{0} \quad \boldsymbol{I}_r]\boldsymbol{P}_D\begin{bmatrix}\boldsymbol{0}\\ \boldsymbol{I}_r\end{bmatrix}\right\}^{-1}[\boldsymbol{0} \quad \boldsymbol{I}_r]\boldsymbol{P}_D\begin{bmatrix}\boldsymbol{G}_R\\ \boldsymbol{0}\end{bmatrix} \ \text{(ideal case)} \qquad (8\text{-}57)$$

$$\boldsymbol{F}_{Dd2}=-\left\{\boldsymbol{H}+[\boldsymbol{0} \quad \boldsymbol{I}_r]\boldsymbol{P}_D\begin{bmatrix}\boldsymbol{0}\\ \boldsymbol{I}_r\end{bmatrix}\right\}^{-1}[\boldsymbol{0} \quad \boldsymbol{I}_r]\boldsymbol{P}_D\begin{bmatrix}\boldsymbol{G}_d\\ \boldsymbol{0}\end{bmatrix} \qquad (8\text{-}58)$$

いま，(8-55)式の $\boldsymbol{P}_D$ を

$$\boldsymbol{P}_D=\begin{bmatrix}\boldsymbol{V} & \boldsymbol{W}\\ \boldsymbol{W}^T & \boldsymbol{Z}\end{bmatrix} \qquad (8\text{-}59)$$

のように分解して表すと，(8-53)，(8-54)，(8-57)，(8-58)式は次のようになる．

$$[\boldsymbol{F}_D \quad \boldsymbol{F}_{Du}]=-[\boldsymbol{H}+\boldsymbol{Z}]^{-1}\boldsymbol{W}^T[\boldsymbol{\Phi} \quad \boldsymbol{G}] \qquad (8\text{-}60)$$

$$\boldsymbol{F}_{DR1}=-[\boldsymbol{H}+\boldsymbol{Z}]^{-1}\boldsymbol{W}^T\boldsymbol{G}_R \qquad (8\text{-}61)$$

$$\boldsymbol{F}_{Dd}=-[\boldsymbol{H}+\boldsymbol{Z}]^{-1}\boldsymbol{W}^T\boldsymbol{G}_d \qquad (8\text{-}62)$$

$$\begin{bmatrix}\boldsymbol{V} & \boldsymbol{W}\\ \boldsymbol{W}^T & \boldsymbol{Z}\end{bmatrix}=\begin{bmatrix}\boldsymbol{Q} & 0\\ 0 & 0\end{bmatrix}+\begin{bmatrix}\boldsymbol{\Phi}^T & 0\\ \boldsymbol{G}^T & 0\end{bmatrix}\begin{bmatrix}\boldsymbol{V} & \boldsymbol{W}\\ \boldsymbol{W}^T & \boldsymbol{Z}\end{bmatrix}\begin{bmatrix}\boldsymbol{\Phi} & \boldsymbol{G}\\ 0 & 0\end{bmatrix}$$
$$-\begin{bmatrix}\boldsymbol{\Phi}^T & 0\\ \boldsymbol{G}^T & 0\end{bmatrix}\begin{bmatrix}\boldsymbol{V} & \boldsymbol{W}\\ \boldsymbol{W}^T & \boldsymbol{Z}\end{bmatrix}\begin{bmatrix}0\\ \boldsymbol{I}_r\end{bmatrix}[\boldsymbol{H}+\boldsymbol{Z}]^{-1}[0 \quad \boldsymbol{I}_r]$$
$$\times\begin{bmatrix}\boldsymbol{V} & \boldsymbol{W}\\ \boldsymbol{W}^T & \boldsymbol{Z}\end{bmatrix}\begin{bmatrix}\boldsymbol{\Phi} & \boldsymbol{G}\\ 0 & 0\end{bmatrix} \qquad (8\text{-}63)$$

さらに(8-63)式を各成分ごとに分割して表すと次のようになる．

$$\boldsymbol{V}=\boldsymbol{Q}+\boldsymbol{\Phi}^T\boldsymbol{P}\boldsymbol{\Phi}$$
$$\boldsymbol{W}=\boldsymbol{\Phi}^T\boldsymbol{P}\boldsymbol{G} \qquad (8\text{-}64)$$
$$\boldsymbol{Z}=\boldsymbol{G}^T\boldsymbol{P}\boldsymbol{G}$$

ここで，

$$\boldsymbol{P}=\boldsymbol{V}-\boldsymbol{W}[\boldsymbol{H}+\boldsymbol{Z}]^{-1}\boldsymbol{W}^T \qquad (8\text{-}65)$$

とおいて(8-64)式を(8-65)式に代入して $\boldsymbol{V}$，$\boldsymbol{W}$，$\boldsymbol{Z}$ を消去し次式を得る．

$$\boldsymbol{P}=\boldsymbol{Q}+\boldsymbol{\Phi}^T\boldsymbol{P}\boldsymbol{\Phi}-\boldsymbol{\Phi}^T\boldsymbol{P}\boldsymbol{G}[\boldsymbol{H}+\boldsymbol{G}^T\boldsymbol{P}\boldsymbol{G}]^{-1}\boldsymbol{G}^T\boldsymbol{P}\boldsymbol{\Phi} \tag{8-66}$$

これは(8-11)式に等しいものとなる．

一方，(8-64)式を(8-60)～(8-62)式に代入して次式を得る．

$$[\boldsymbol{F}_D \quad \boldsymbol{F}_{Du}]=-[\boldsymbol{H}+\boldsymbol{G}^T\boldsymbol{P}\boldsymbol{G}]^{-1}\boldsymbol{G}^T\boldsymbol{P}\boldsymbol{\Phi}[\boldsymbol{\Phi} \quad \boldsymbol{G}]=\boldsymbol{F}_0[\boldsymbol{\Phi} \quad \boldsymbol{G}] \tag{8-67}$$

$$\boldsymbol{F}_{DR1}=-[\boldsymbol{H}+\boldsymbol{G}^T\boldsymbol{P}\boldsymbol{G}]^{-1}\boldsymbol{G}^T\boldsymbol{P}\boldsymbol{\Phi}\boldsymbol{G}_R=\boldsymbol{F}_0\boldsymbol{G}_R \tag{8-68}$$

$$\boldsymbol{F}_{Dd}=-[\boldsymbol{H}+\boldsymbol{G}^T\boldsymbol{P}\boldsymbol{G}]^{-1}\boldsymbol{G}^T\boldsymbol{P}\boldsymbol{\Phi}\boldsymbol{G}_d=\boldsymbol{F}_0\boldsymbol{G}_d \tag{8-69}$$

以上を整理して入力むだ時間のある場合の評価関数に着目したFF補償を含む最適制御入力は次のようになる．

$$\begin{aligned}\Delta\boldsymbol{u}(k)&=[\boldsymbol{F}_D \quad \boldsymbol{F}_{Du}]\begin{bmatrix}\boldsymbol{X}_0(k)\\ \Delta\boldsymbol{u}(k-1)\end{bmatrix}\\ &\quad+\boldsymbol{F}_{DR1}\Delta\boldsymbol{R}(k+1)+\boldsymbol{F}_{Dd2}\Delta\boldsymbol{d}(k)\\ &=\boldsymbol{F}_0\boldsymbol{\Phi}\boldsymbol{X}_0(k)+\boldsymbol{F}_0\boldsymbol{G}\Delta\boldsymbol{u}(k-1)\\ &\quad+\boldsymbol{F}_0\boldsymbol{G}_R\Delta\boldsymbol{R}(k+1)+\boldsymbol{F}_0\boldsymbol{G}_d\Delta\boldsymbol{d}(k)\\ &=\boldsymbol{F}_0[\boldsymbol{\Phi}\boldsymbol{X}_0(k)+\boldsymbol{G}\Delta\boldsymbol{u}(k-1)+\boldsymbol{G}_R\Delta\boldsymbol{R}(k+1)+\boldsymbol{G}_d\Delta\boldsymbol{d}(k)]\end{aligned} \tag{8-70}$$

これより入力むだ時間のある場合の制御入力は次に示すように(8-6 b)式を予測式として用いたことに相当する．

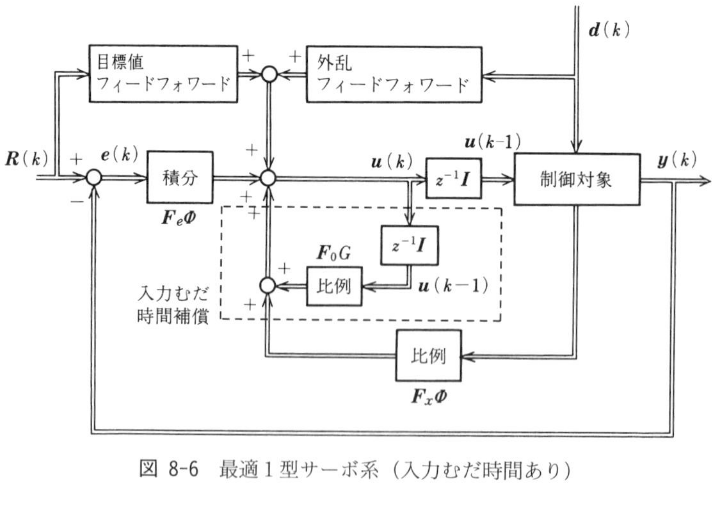

図 8-6　最適1型サーボ系（入力むだ時間あり）

$$\boldsymbol{F}_0\boldsymbol{X}_0(k+1)=\boldsymbol{F}_0[\boldsymbol{\Phi}\boldsymbol{X}_0(k)+\boldsymbol{G}\Delta\boldsymbol{u}(k-1)+\boldsymbol{G}_R\Delta\boldsymbol{R}(k+1)+\boldsymbol{G}_d\Delta\boldsymbol{d}(k)] \tag{8-71}$$

ただし，1ステップ未来値が利用できない場合（real case）には $\Delta\boldsymbol{R}(k+1)$ の FF 補償を考えないものとする．なお，過渡応答に着目した FF ゲインに関しては FB ゲイン決定の場合とは異なる評価関数によって求めたものであるため統一的に扱うことはできない．

ここで，FB ゲインを $\boldsymbol{F}_0=[\boldsymbol{F}_e\ \ \boldsymbol{F}_x]$ とし，また FF ゲインを $\boldsymbol{F}_{DR}$，$\boldsymbol{F}_{Dd}$ と一般的に考えると制御入力は次のように表される．

$$\begin{aligned}\Delta\boldsymbol{u}(k)=&\boldsymbol{F}_e\boldsymbol{\Phi}\boldsymbol{e}(k)+\boldsymbol{F}_x\boldsymbol{\Phi}\Delta\boldsymbol{x}(k)+\boldsymbol{F}_0\boldsymbol{G}\Delta\boldsymbol{u}(k-1)\\&+\boldsymbol{F}_{DR}\Delta\boldsymbol{R}(k)+\boldsymbol{F}_{Dd}\Delta\boldsymbol{d}(k)\end{aligned} \tag{8-72}$$

(8-72)式において初期値を零として $\boldsymbol{u}(k)$ について解いて次式を得る．

$$\begin{aligned}\boldsymbol{u}(k)=&\boldsymbol{F}_e\boldsymbol{\Phi}\sum_{i=1}^{k}\boldsymbol{e}(i)+\boldsymbol{F}_x\boldsymbol{\Phi}\boldsymbol{x}(k)+\boldsymbol{F}_0\boldsymbol{G}\boldsymbol{u}(k-1)\\&+\boldsymbol{F}_{DR}\boldsymbol{R}(k)+\boldsymbol{F}_{Dd}\boldsymbol{d}(k)\end{aligned} \tag{8-73}$$

この場合の制御系構成図は図 8-6 に示される．すなわち，入力むだ時間を考慮しない場合の構成図に入力むだ時間補償動作の部分が追加されたものとなる．

8-5　初期値補償

前節までに述べたエラーシステムを用いた最適1型サーボ系の構成ではエラーシステムには原系の初期値の情報が現われてこない．そのために単にエラーシステムに対する最適レギュレータ問題の解からは厳密な最適性はいえないことになる．前節までは原系の初期値をすべて零，あるいは前制御区間の定常値に等しいとして扱ってきたが，真の最適性をいうためには，この初期値を設計パラメータとした取り扱いが必要でありこれを初期値補償（initial value compensation）と呼ぶ．

いま(8-13)式を考える．(8-13)式における入力の初期値 $\boldsymbol{u}(0)$ は設計パラメータであり適切な値を別に定めることが必要である．いま，$\boldsymbol{u}(0)$ を求めるために(8-13)式の制御則によって得られる(8-8)式の評価関数値の最小値 $J_{\min}$ を考える．

$$\begin{aligned} J_{\min} &= \boldsymbol{X}_0^T(1)\boldsymbol{P}\boldsymbol{X}_0(1) \\ &= [\boldsymbol{G}_A\boldsymbol{x}(0) + \boldsymbol{G}_R\boldsymbol{R}(1) + \boldsymbol{G}_d\boldsymbol{d}(0)]^T \\ &\quad \times \boldsymbol{P}[\boldsymbol{G}_A\boldsymbol{x}(0) + \boldsymbol{G}_R\boldsymbol{R}(1) + \boldsymbol{G}_d\boldsymbol{d}(0)] \\ &\quad + 2\,\boldsymbol{u}^T(0)\,\boldsymbol{G}^T\boldsymbol{P}[\boldsymbol{G}_A\boldsymbol{x}(0) + \boldsymbol{G}_R\boldsymbol{R}(1) + \boldsymbol{G}_d\boldsymbol{d}(0)] \\ &\quad + \boldsymbol{u}^T(0)\,\boldsymbol{G}^T\boldsymbol{P}\boldsymbol{G}\boldsymbol{u}(0) \end{aligned} \tag{8-74}$$

ただし，

$$\boldsymbol{G}_A = \begin{bmatrix} -\boldsymbol{C}\boldsymbol{A} \\ \boldsymbol{A}-\boldsymbol{I} \end{bmatrix}$$

(8-74)式より，この $J_{\min}$ を最小にするような $\boldsymbol{u}(0)$ は次式のように求まる．

$$\begin{aligned} \boldsymbol{u}(0) &= -[\boldsymbol{G}^T\boldsymbol{P}\boldsymbol{G}]^{-1}\boldsymbol{G}^T\boldsymbol{P}[\boldsymbol{G}_A\boldsymbol{x}(0) + \boldsymbol{G}_R\boldsymbol{R}(1) + \boldsymbol{G}_d\boldsymbol{d}(0)] \\ &= \boldsymbol{F}_A\boldsymbol{x}(0) + \boldsymbol{F}_R\boldsymbol{R}(1) + \boldsymbol{F}_d\boldsymbol{d}(0) \end{aligned} \tag{8-75}$$

上式においては初期値補償において目標値信号の1ステップ未来値 $\boldsymbol{R}(1)$ が必要となるが，実際には目標値をステップ信号と仮定しているため $\boldsymbol{R}(1)=\boldsymbol{R}(0)$ となり現在値のみを用いる初期値補償が可能となる．

(8-75)式を(8-13)式に代入して初期値補償を含む最適制御入力としては次のように表される．

$$\begin{aligned} \boldsymbol{u}(k) &= \boldsymbol{F}_e\sum_{i=1}^{k}\boldsymbol{e}(i) + \boldsymbol{F}_x\boldsymbol{x}(k) - \boldsymbol{F}_x\boldsymbol{x}(0) + \boldsymbol{F}_A\boldsymbol{x}(0) \\ &\quad + \boldsymbol{F}_R\boldsymbol{R}(1) + \boldsymbol{F}_d\boldsymbol{d}(0) \end{aligned} \tag{8-76}$$

また，このときの評価関数の最小値は次のように表される．

$$\begin{aligned} J_{\min} &= [\boldsymbol{G}_A\boldsymbol{x}(0) + \boldsymbol{G}_R\boldsymbol{R}(1) + \boldsymbol{G}_d\boldsymbol{d}(0)]^T \\ &\quad \times [\boldsymbol{P} - \boldsymbol{P}\boldsymbol{G}[\boldsymbol{G}^T\boldsymbol{P}\boldsymbol{G}]^{-1}\boldsymbol{G}\boldsymbol{P}] \\ &\quad \times [\boldsymbol{G}_A\boldsymbol{x}(0) + \boldsymbol{G}_R\boldsymbol{R}(1) + \boldsymbol{G}_d\boldsymbol{d}(0)] \end{aligned} \tag{8-77}$$

(8-76)式による初期値補償入力も含めた制御入力を考えた場合の制御系構成図は，図8-1に(8-76)式の右辺第4項～6項を $\boldsymbol{u}(k)$ に追加した形となる．

ここでは，初期値補償を最も基本的な全状態FB系について説明したが，同じ考え方により各種の場合についての考察が可能である．

8-6　一般型最適ディジタルサーボ系

これまでは，目標値信号と外乱はステップ信号または一定値である場合について最適1型ディジタルサーボ系の構成を扱ってきた．ここでは，これらの信号がより一般的な場合に対応する最適ディジタルサーボ系について同じくエラーシステムを用いて構成することを述べる．この制御系の特殊なものが繰り返し制御系（repetitive control system）である．

制御対象などは(8-1)式などに示したものと同じである．目標値信号，外乱信号は次のような線形自由系で表される場合を考える．

$$\alpha_R(z^{-1})\boldsymbol{R}(k)=(1+\alpha_{RL}z^{-1}+\alpha_{RL-1}z^{-2}+\cdots+\alpha_{R2}z^{-(L-1)}+\alpha_{R1}z^{-L})\boldsymbol{R}(k)=\boldsymbol{0} \quad (8\text{-}78\,\mathrm{a})$$

$$\alpha_d(z^{-1})\boldsymbol{d}(k)=(1+\alpha_{dL}z^{-1}+\alpha_{dL-1}z^{-2}+\cdots+\alpha_{d2}z^{-(L-1)}+\alpha_{d1}z^{-L})\boldsymbol{d}(k)=\boldsymbol{0} \quad (8\text{-}78\,\mathrm{b})$$

いま，$\alpha(z^{-1})=l.c.m[\alpha_R(z^{-1}),\ \alpha_d(z^{-1})]$(最小公倍多項式)として以下のように考える．

$$\alpha(z^{-1})=1+\alpha_L z^{-1}+\alpha_{L-1}z^{-2}+\cdots+\alpha_2 z^{-(L-1)}+\alpha_1 z^{-L} \quad (8\text{-}79)$$

もし，$\alpha_1=-1$, $\alpha_2=\alpha_3=\cdots=\alpha_L=0$ とすれば目標値信号，外乱信号は周期 L をもつ任意の周期信号（繰り返し信号）を表す．

以上より以下の2つの式が計算できる．

$$\begin{aligned}\boldsymbol{e}(k+1)=&-(\alpha_L z^{-1}+\alpha_{L-1}z^{-2}+\cdots+\alpha_2 z^{-(L-1)}+\alpha_1 z^{-L})\boldsymbol{e}(k+1)\\&+\alpha(z^{-1})\boldsymbol{R}(k+1)-\boldsymbol{CA}\alpha(z^{-1})\boldsymbol{x}(k)\\&-\boldsymbol{CB}\alpha(z^{-1})\boldsymbol{u}(k)-\boldsymbol{CE}\alpha(z^{-1})\boldsymbol{d}(k)\end{aligned} \quad (8\text{-}80)$$

$$\begin{aligned}\alpha(z^{-1})\boldsymbol{x}(k+1)=&\boldsymbol{A}\alpha(z^{-1})\boldsymbol{x}(k)+\boldsymbol{B}\alpha(z^{-1})\boldsymbol{u}(k)\\&+\boldsymbol{E}\alpha(z^{-1})\boldsymbol{d}(k)\end{aligned} \quad (8\text{-}81)$$

(8-80)，(8-81)式をまとめて(8-82)式のエラーシステムを得る．

$$\begin{bmatrix}\boldsymbol{e}(k+1)\\ \boldsymbol{e}(k)\\ \vdots\\ \boldsymbol{e}(k-L+2)\\ \alpha(z^{-1})\boldsymbol{x}(k+1)\end{bmatrix}=\begin{bmatrix}-\alpha_L\boldsymbol{I}_m & -\alpha_{L-1}\boldsymbol{I}_m & \cdots & -\alpha_1\boldsymbol{I}_m & -\boldsymbol{CA}\\ \boldsymbol{I}_m & \boldsymbol{0} & \cdots & \boldsymbol{0} & \boldsymbol{0}\\ \boldsymbol{0} & \ddots & \ddots & \vdots & \vdots\\ \vdots & & \boldsymbol{I}_m & \boldsymbol{0} & \boldsymbol{0}\\ \boldsymbol{0} & \cdots & \boldsymbol{0} & \boldsymbol{0} & \boldsymbol{A}\end{bmatrix}$$

$$\times\begin{bmatrix} \boldsymbol{e}(k) \\ \boldsymbol{e}(k-1) \\ \vdots \\ \boldsymbol{e}(k-L+1) \\ \alpha(z^{-1})\,\boldsymbol{x}(k) \end{bmatrix}+\begin{bmatrix} -\boldsymbol{CB} \\ \boldsymbol{0} \\ \vdots \\ \boldsymbol{B} \end{bmatrix}\alpha(z^{-1})\,\boldsymbol{u}(k)$$

$$+\begin{bmatrix} \boldsymbol{I}_m \\ \boldsymbol{0} \\ \vdots \\ \boldsymbol{0} \end{bmatrix}\alpha(z^{-1})\,\boldsymbol{R}(k+1)+\begin{bmatrix} -\boldsymbol{CE} \\ \boldsymbol{0} \\ \vdots \\ \boldsymbol{0} \\ \boldsymbol{E} \end{bmatrix}\alpha(z^{-1})\,\boldsymbol{d}(k) \tag{8-82 a}$$

または次のように書く．

$$\boldsymbol{X}_G(k+1)=\boldsymbol{\Phi}_G\boldsymbol{X}_G(k)+\boldsymbol{G}_G\alpha(z^{-1})\,\boldsymbol{u}(k)+\boldsymbol{G}_{GR}\alpha(z^{-1})\,\boldsymbol{R}(k+1)$$
$$+\boldsymbol{G}_{Gd}\alpha(z^{-1})\,\boldsymbol{d}(k) \tag{8-82 b}$$

ここで次の評価関数を定義する．

$$J=\sum_{k=1}^{\infty}\{\boldsymbol{X}_G{}^T(k)\,\boldsymbol{Q}_G\boldsymbol{X}_G(k)+[\alpha(z^{-1})\,\boldsymbol{u}(k)]^T\boldsymbol{H}[\alpha(z^{-1})\,\boldsymbol{u}(k)]\} \tag{8-83}$$

ここで，$\boldsymbol{Q}$：半正定対称行列，$\boldsymbol{H}$：正定行列

(8-78)式が成り立つ場合には(8-82)式の右辺第3項，第4項は零となるので，その場合の最適レギュレータ問題を解いて最適制御入力は(8-84)式のように求められる．(8-82)式でそれらを残して書いたのはこの一般型最適ディジタルサーボ系にFF補償を追加する場合に必要となるためである．

$$\alpha(z^{-1})\,\boldsymbol{u}(k)=\boldsymbol{F}_G\boldsymbol{X}_G(k)$$
$$=[\boldsymbol{f}_0\quad \boldsymbol{f}_1\quad \cdots\quad \boldsymbol{f}_{L-1}]\begin{bmatrix} \boldsymbol{e}(k) \\ \boldsymbol{e}(k-1) \\ \vdots \\ \boldsymbol{e}(k-L+1) \end{bmatrix}$$
$$+\boldsymbol{f}_x\alpha(z^{-1})\,\boldsymbol{x}(k) \tag{8-84}$$

ここで，

$$\boldsymbol{F}_G=[\boldsymbol{f}_0\quad \boldsymbol{f}_1\quad \cdots\quad \boldsymbol{f}_{L-1}\quad \boldsymbol{f}_x]=-[\boldsymbol{H}+\boldsymbol{G}_G{}^T\boldsymbol{P}_G\boldsymbol{G}_G]^{-1}\boldsymbol{G}_G{}^T\boldsymbol{P}_G\boldsymbol{\Phi}_G$$
$$\boldsymbol{P}_G=\boldsymbol{Q}_G+\boldsymbol{\Phi}_G{}^T\boldsymbol{P}_G\boldsymbol{\Phi}_G-\boldsymbol{\Phi}_G{}^T\boldsymbol{P}_G\boldsymbol{G}_G[\boldsymbol{H}+\boldsymbol{G}_G{}^T\boldsymbol{P}_G\boldsymbol{G}_G]^{-1}\boldsymbol{G}_G{}^T\boldsymbol{P}_G\boldsymbol{\Phi}_G$$

この場合の制御系構造を見るために(8-84)式において以下のように変数変換を行なう．

$$\left.\begin{aligned} \boldsymbol{e}(k) &= \alpha(z^{-1})\,\boldsymbol{w}_0(k) \\ \boldsymbol{e}(k-1) &= \alpha(z^{-1})\,\boldsymbol{w}_1(k) \\ &\cdots\cdots \\ \boldsymbol{e}(k-L) &= \alpha(z^{-1})\,\boldsymbol{w}_L(k) \end{aligned}\right\} \tag{8-85}$$

(8-85)式より次の関係が成り立つ.

$$\begin{aligned} &\boldsymbol{w}_1(k+1) = \boldsymbol{w}_0(k) \\ &\boldsymbol{w}_2(k+1) = \boldsymbol{w}_1(k) \\ &\quad\cdots\cdots \\ &\boldsymbol{w}_{L-1}(k+1) = \boldsymbol{w}_{L-2}(k) \\ &\boldsymbol{w}_L(k+1) = \boldsymbol{w}_{L-1}(k) \\ &\boldsymbol{w}_0(k) = \boldsymbol{e}(k) - \alpha_L \boldsymbol{w}_1(k) - \alpha_{L-1}\boldsymbol{w}_2(k) \cdots - \alpha_1 \boldsymbol{w}_L(k) \end{aligned} \tag{8-86}$$

(8-86)式の関係を用いて(8-84)式は(8-87)式と表される.

$$\begin{aligned} \boldsymbol{u}(k) = {} & \boldsymbol{f}_0 \boldsymbol{w}_0(k) + \boldsymbol{f}_1 \boldsymbol{w}_1(k) + \cdots \boldsymbol{f}_{L-1}\boldsymbol{w}_{L-1}(k) + \boldsymbol{f}_x \boldsymbol{x}(k) \\ & + \boldsymbol{f}_{0,L-1}\boldsymbol{w}_0(L-1) + \cdots + \boldsymbol{f}_{0,0}\boldsymbol{w}_0(0) \\ & + \boldsymbol{f}_{1,L-1}\boldsymbol{w}_1(L-1) + \cdots + \boldsymbol{f}_{1,0}\boldsymbol{w}_1(0) \\ & \cdots\cdots\cdots \\ & + \boldsymbol{f}_{L-1,L-1}\boldsymbol{w}_{L-1}(L-1) + \cdots + \boldsymbol{f}_{L-1,0}\boldsymbol{w}_{L-1}(0) \\ & + \boldsymbol{f}_{x,L-1}\boldsymbol{x}(L-1) + \cdots + \boldsymbol{f}_{x,0}\boldsymbol{x}(0) \\ & + \boldsymbol{f}_{u,L-1}\boldsymbol{u}(L-1) + \cdots + \boldsymbol{f}_{u,0}\boldsymbol{u}(0) \end{aligned} \tag{8-87}$$

ただし,

$$[\boldsymbol{f}_{i,L-1} \quad \boldsymbol{f}_{i,L-2} \quad \cdots \quad \boldsymbol{f}_{i,0}] = [\boldsymbol{f}_i \quad \boldsymbol{0} \quad \cdots \quad \boldsymbol{0}]\boldsymbol{\varepsilon}^{-1}\boldsymbol{\eta}$$

$$i = 0, 1, \cdots, L-1$$

$$[\boldsymbol{f}_{x,L-1} \quad \boldsymbol{f}_{x,L-2} \quad \cdots \quad \boldsymbol{f}_{x,0}] = [\boldsymbol{f}_x \quad \boldsymbol{0} \quad \cdots \quad \boldsymbol{0}]\boldsymbol{\varepsilon}^{-1}\boldsymbol{\eta}$$

$$[\boldsymbol{f}_{u,L-1} \quad \boldsymbol{f}_{u,L-2} \quad \cdots \quad \boldsymbol{f}_{u,0}] = -[\boldsymbol{I}_r \quad \boldsymbol{0} \quad \cdots \quad \boldsymbol{0}]\boldsymbol{\varepsilon}^{-1}\boldsymbol{\eta}$$

$$\boldsymbol{\varepsilon} = \begin{bmatrix} \boldsymbol{I}_r & \alpha_L \boldsymbol{I}_r & \cdots & \alpha_1 \boldsymbol{I}_r & \boldsymbol{0} & \cdots & \boldsymbol{0} \\ \boldsymbol{0} & \boldsymbol{I}_r & \ddots & & \ddots & & \vdots \\ \vdots & \ddots & \ddots & \ddots & & \ddots & \boldsymbol{0} \\ & & & & & & \alpha_1 \boldsymbol{I}_r \\ \vdots & & & \ddots & \ddots & & \vdots \\ & & & & & \ddots & \alpha_L \boldsymbol{I}_r \\ \boldsymbol{0} & \cdots & & \cdots & & \boldsymbol{0} & \boldsymbol{I}_r \end{bmatrix}$$

$$
\boldsymbol{\eta}=\begin{bmatrix}
\mathbf{0} & \cdots & \cdots & \mathbf{0} \\
\vdots & & & \vdots \\
\mathbf{0} & \cdots & \cdots & \mathbf{0} \\
\alpha_1 \boldsymbol{I}_r & \mathbf{0} & \cdots & \mathbf{0} \\
\vdots & \ddots & \ddots & \vdots \\
\alpha_{L-1} \boldsymbol{I}_r & \cdots & \alpha_1 \boldsymbol{I}_r & \mathbf{0} \\
\alpha_L \boldsymbol{I}_r & \alpha_{L-1} \boldsymbol{I}_r & \cdots & \alpha_1 \boldsymbol{I}_r
\end{bmatrix}
$$

(8-87)式により最適ディジタルサーボ系の制御入力が求まったのであるが，(8-87)式には制御入力 $\boldsymbol{u}(0)$，$\boldsymbol{u}(1) \sim \boldsymbol{u}(L-1)$ が未知パラメータとして入って

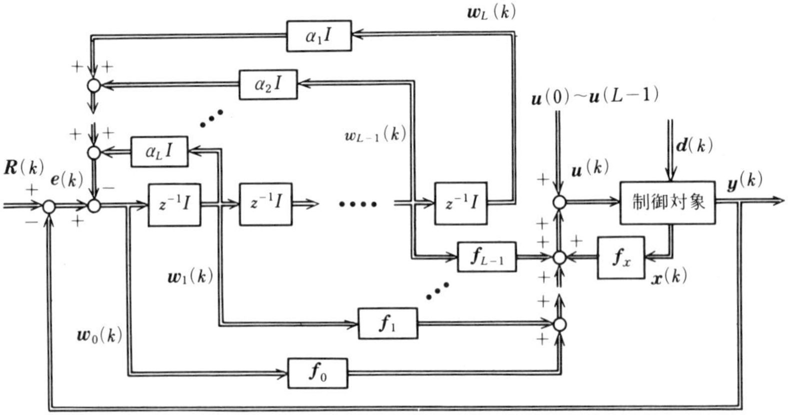

図 8-7(a)　一般型最適ディジタルサーボ系構成図

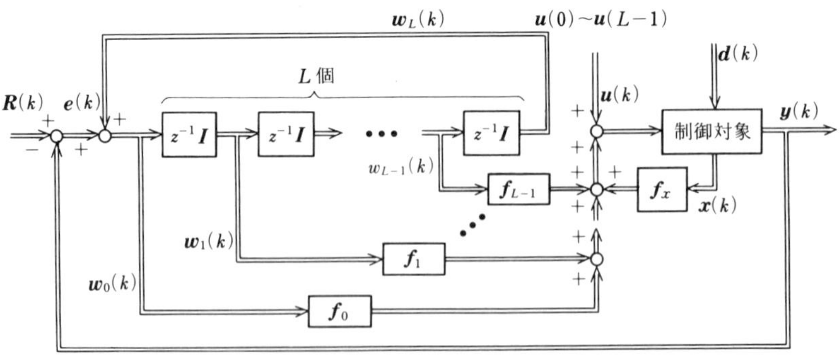

図 8-7(b)　最適繰り返し制御系構成図

おりこのままでは真の最適性がいえない．その問題は再び初期値補償問題として扱うことができるが，紙面の都合上文献を参考にしていただきたい[61]．図8-7(a)は上で求められた一般型最適ディジタルサーボ系の構成図である．図8-7(b)は $\alpha_1=-1, \alpha_2=\alpha_3=\cdots=\alpha_L=0$ とした場合，つまり，L 周期の繰り返し周期信号に対する最適繰り返し制御系構成図でもある．また，これらにFF補償や予見FF補償などを追加することなども容易となる．

8-7　出力フィードバック制御系[59]

前節までは制御対象のすべての状態変数が検出できるとして基本的な制御系構成法を述べた．工学的には全状態変数を検出できるということは必ずしも容易でない．そのような場合に検出できる信号から状態変数を推定することを考えようというのが6-3-2項で述べたオブザーバである．ここでは，オブザーバを表面的には意識しないで出力信号のみを用いて前節までの制御系を構成する1つの方法について述べる．

(8-1)式から次式を得る．

$$
\begin{aligned}
\boldsymbol{y}(k) &= \boldsymbol{Cx}(k)\\
\boldsymbol{y}(k+1) &= \boldsymbol{Cx}(k+1) = \boldsymbol{CAx}(k)+\boldsymbol{CBu}(k)+\boldsymbol{CEd}(k)\\
\boldsymbol{y}(k+2) &= \boldsymbol{CA}^2\boldsymbol{x}(k)+\boldsymbol{CABu}(k)+\boldsymbol{CBu}(k+1)\\
&\quad +\boldsymbol{CAEd}(k)+\boldsymbol{CEd}(k+1) \qquad (8\text{-}88)\\
&\cdots\cdots\cdots\\
\boldsymbol{y}(k+p-1) &= \boldsymbol{CA}^{p-1}\boldsymbol{x}(k)+\sum_{i=0}^{p-2}\boldsymbol{CA}^{p-2-i}\boldsymbol{Bu}(k+i)+\sum_{i=0}^{p-2}\boldsymbol{CA}^{p-2-i}\boldsymbol{Ed}(k+i)
\end{aligned}
$$

ただし，p は可観測指数である．上式を次のように行列表現する．

$$
\begin{bmatrix} \boldsymbol{y}(k)\\ \boldsymbol{y}(k+1)\\ \vdots\\ \boldsymbol{y}(k+p-1) \end{bmatrix} = \begin{bmatrix} \boldsymbol{C}\\ \boldsymbol{CA}\\ \vdots\\ \boldsymbol{CA}^{p-1} \end{bmatrix}\boldsymbol{x}(k)
$$

$$+\begin{bmatrix} \mathbf{0} & \cdots & & \mathbf{0} \\ \boldsymbol{CB} & \ddots & & \vdots \\ \boldsymbol{CAB} & \boldsymbol{CB} & \ddots & \mathbf{0} \\ \vdots & & \ddots & \\ \boldsymbol{CA}^{p-2}\boldsymbol{B} & \boldsymbol{CA}^{p-3}\boldsymbol{B} & \cdots & \boldsymbol{CB} \end{bmatrix}\begin{bmatrix} \boldsymbol{u}(k) \\ \boldsymbol{u}(k+1) \\ \vdots \\ \boldsymbol{u}(k+p-2) \end{bmatrix}$$

$$+\begin{bmatrix} \mathbf{0} & \cdots & & \mathbf{0} \\ \boldsymbol{CE} & \ddots & & \vdots \\ \boldsymbol{CAE} & \boldsymbol{CE} & \ddots & \mathbf{0} \\ \vdots & & \ddots & \\ \boldsymbol{CA}^{p-2}\boldsymbol{E} & \boldsymbol{CA}^{p-3}\boldsymbol{E} & \cdots & \boldsymbol{CE} \end{bmatrix}\begin{bmatrix} \boldsymbol{d}(k) \\ \boldsymbol{d}(k+1) \\ \vdots \\ \boldsymbol{d}(k+p-2) \end{bmatrix} \tag{8-89 a}$$

これを次式のように表す.

$$\boldsymbol{Y}_p(k)=\boldsymbol{\Omega}_p\boldsymbol{x}(k)+\boldsymbol{\Psi}_p\boldsymbol{u}_{p-1}(k)+\boldsymbol{\Phi}_p\boldsymbol{d}_{p-1}(k) \tag{8-89 b}$$

ただし, $\boldsymbol{\Omega}_p$: $mp\times n$, $\boldsymbol{\Psi}_p$: $mp\times r(p-1)$, $\boldsymbol{\Phi}_p$: $mp\times s(p-1)$

仮定により制御対象は可観測であるから

$$\mathrm{rank}\ \boldsymbol{\Omega}_p=n \tag{8-90}$$

である. したがって, $\boldsymbol{\Omega}_p$ は n 本の独立な行をもち, 適当な n 本の独立な行を選びだす行列を $\boldsymbol{S}(n\times mp)$ とすると次式が成り立つ.

$$\mathrm{rank}\ \boldsymbol{S\Omega}_p=\mathrm{rank}\ \boldsymbol{\Omega}_p{}^*=n \qquad \boldsymbol{S\Omega}_p=\boldsymbol{\Omega}_p{}^* : n\times n \tag{8-91}$$

ここで(8-89)式に左から $\boldsymbol{S}$ を掛けると,

$$\begin{aligned}\boldsymbol{SY}_p(k)&=\boldsymbol{S\Omega}_p\boldsymbol{x}(k)+\boldsymbol{S\Psi}_p\boldsymbol{u}_{p-1}(k)+\boldsymbol{S\Phi}_p\boldsymbol{d}_{p-1}(k)\\&=\boldsymbol{\Omega}_p{}^*\boldsymbol{x}(k)+\boldsymbol{S\Psi}_p\boldsymbol{u}_{p-1}(k)+\boldsymbol{S\Phi}_p\boldsymbol{d}_{p-1}(k)\end{aligned} \tag{8-92}$$

となり, $\boldsymbol{\Omega}_p{}^*$ は正則であるから(8-93)式と変形できる.

$$\begin{aligned}\boldsymbol{x}(k)=&(\boldsymbol{\Omega}_p{}^*)^{-1}\boldsymbol{SY}_p(k)-(\boldsymbol{\Omega}_p{}^*)^{-1}\boldsymbol{S\Psi}_p\boldsymbol{u}_{p-1}(k)\\&-(\boldsymbol{\Omega}_p{}^*)^{-1}\boldsymbol{S\Phi}_p\boldsymbol{d}_{p-1}(k)\end{aligned} \tag{8-93}$$

一方, (8-1)式から次式が成り立つ.

$$\begin{aligned}\boldsymbol{x}(k+p-1)&=\boldsymbol{A}^{p-1}\boldsymbol{x}(k)+\sum_{i=0}^{p-2}\boldsymbol{A}^{p-2-i}\boldsymbol{Bu}(k+i)\\&\qquad+\sum_{i=0}^{p-2}\boldsymbol{A}^{p-2-i}\boldsymbol{Ed}(k+i)\\&=\boldsymbol{A}^{p-1}\boldsymbol{x}(k)+\boldsymbol{U}_p\boldsymbol{u}_{p-1}(k)+\boldsymbol{D}_p\boldsymbol{d}_{p-1}(k)\end{aligned} \tag{8-94}$$

ただし, $\boldsymbol{U}_p=[\boldsymbol{A}^{p-2}\boldsymbol{B}\quad \boldsymbol{A}^{p-3}\boldsymbol{B}\quad \cdots\quad \boldsymbol{B}]$

$$\boldsymbol{D}_p = [\boldsymbol{A}^{p-2}\boldsymbol{E} \quad \boldsymbol{A}^{p-3}\boldsymbol{E} \quad \cdots \quad \boldsymbol{E}]$$

(8-94)式に(8-93)式を代入すると，

$$\begin{aligned}\boldsymbol{x}(k+p-1) = \boldsymbol{A}^{p-1}(\boldsymbol{\Omega}_p{}^*)^{-1}\boldsymbol{S}\boldsymbol{Y}_p(k) \\ +[\boldsymbol{U}_p - \boldsymbol{A}^{p-1}(\boldsymbol{\Omega}_p{}^*)^{-1}\boldsymbol{S}\boldsymbol{\Psi}_p]\boldsymbol{u}_{p-1}(k) \\ +[\boldsymbol{D}_p - \boldsymbol{A}^{p-1}(\boldsymbol{\Omega}_p{}^*)^{-1}\boldsymbol{S}\boldsymbol{\Phi}_p]\boldsymbol{d}_{p-1}(k)\end{aligned} \tag{8-95}$$

が得られ，(8-95)式をまとめさらに$(k+p-1)$をkとなるように時間をずらして表すと以下の式が得られる．

$$\boldsymbol{x}(k) = \boldsymbol{\alpha}_p\boldsymbol{Y}_p(k-p+1) + \boldsymbol{\beta}_p\boldsymbol{u}_{p-1}(k-p+1) + \boldsymbol{\gamma}_p\boldsymbol{d}_{p-1}(k-p+1) \tag{8-96}$$

ただし，

$$\boldsymbol{\alpha}_p = \boldsymbol{A}^{p-1}(\boldsymbol{\Omega}_p{}^*)^{-1}\boldsymbol{S}$$

$$\boldsymbol{\beta}_p = \boldsymbol{U}_p - \boldsymbol{A}^{p-1}(\boldsymbol{\Omega}_p{}^*)^{-1}\boldsymbol{S}\boldsymbol{\Psi}_p$$

$$\boldsymbol{\gamma}_p = \boldsymbol{D}_p - \boldsymbol{A}^{p-1}(\boldsymbol{\Omega}_p{}^*)^{-1}\boldsymbol{S}\boldsymbol{\Phi}_p$$

上式より制御対象の状態変数$\boldsymbol{x}(k)$は$\boldsymbol{y}(k)\sim\boldsymbol{y}(k-p+1)$，$\boldsymbol{u}(k-1)\sim\boldsymbol{u}(k-p+1)$，$\boldsymbol{d}(k-1)\sim\boldsymbol{d}(k-p+1)$の各信号により表現されることがわかる．すなわち，$\boldsymbol{x}(k)$は高々$p$ステップで推定されることになり，(8-96)式でオブザーバの極に相当するものはすべて零で，いわゆるデッドビートオブザーバの構造となっていることも明らかである．なお(8-96)式は適当なフィルタを導入することにより，オブザーバの極に相当するものを任意に指定することも可能である．

この変換を利用して8-1節で求められた全状態フィードバック制御系を出力フィードバック制御系（output feedback control）に変換することが可能となる．いま，(8-13)式に示す入力むだ時間のない場合の全状態FB系の制御入力にフィードフォワードも加えた入力の式に（8-96）式を代入すると，次式が成り立つ．ただし，ここでは簡単のため初期値は零とする．

$$\begin{aligned}\boldsymbol{u}(k) = \boldsymbol{F}_e\sum_{i=1}^{k}\boldsymbol{e}(i) + \boldsymbol{F}_x\boldsymbol{\alpha}_p\boldsymbol{Y}_p(k-p+1) + \boldsymbol{F}_x\boldsymbol{\beta}_p\boldsymbol{u}_{p-1}(k-p+1) \\ + \boldsymbol{F}_x\boldsymbol{\gamma}_p\boldsymbol{d}_{p-1}(k-p+1) + \boldsymbol{F}_R\boldsymbol{R}(k) + \boldsymbol{F}_d\boldsymbol{d}(k)\end{aligned} \tag{8-97}$$

ここで，

$$\begin{aligned}\boldsymbol{F}_x\boldsymbol{\alpha}_p &= [\boldsymbol{f}_{y_{p-1}},\ \boldsymbol{f}_{y_{p-2}},\ \cdots, \boldsymbol{f}_{y_0}] \\ \boldsymbol{F}_x\boldsymbol{\beta}_p &= [\boldsymbol{f}_{u_{p-1}},\ \boldsymbol{f}_{u_{p-2}},\ \cdots, \boldsymbol{f}_{u_1}] \\ \boldsymbol{F}_x\boldsymbol{\gamma}_p &= [\boldsymbol{f}_{d_{p-1}},\ \boldsymbol{f}_{d_{p-2}},\ \cdots, \boldsymbol{f}_{d_1}]\end{aligned} \tag{8-98}$$

とおくと(8-97)式は次のように表現できる.

$$
\begin{aligned}
\boldsymbol{u}(k) &= \boldsymbol{F}_e \frac{z}{z-1}\boldsymbol{e}(k) + [\boldsymbol{f}_{y_0} \quad \boldsymbol{f}_{y_1} \quad \cdots \quad \boldsymbol{f}_{y_{p-1}}]\begin{bmatrix} \boldsymbol{y}(k) \\ \boldsymbol{y}(k-1) \\ \vdots \\ \boldsymbol{y}(k-p+1) \end{bmatrix} \\
&\quad + [\boldsymbol{f}_{u_1} \quad \boldsymbol{f}_{u_2} \quad \cdots \quad \boldsymbol{f}_{u_{p-1}}]\begin{bmatrix} \boldsymbol{u}(k-1) \\ \boldsymbol{u}(k-2) \\ \vdots \\ \boldsymbol{u}(k-p+1) \end{bmatrix} \\
&\quad + [\boldsymbol{F}_d \quad \boldsymbol{f}_{d_1} \quad \cdots \quad \boldsymbol{f}_{d_{p-1}}]\begin{bmatrix} \boldsymbol{d}(k) \\ \boldsymbol{d}(k-1) \\ \vdots \\ \boldsymbol{d}(k-p+1) \end{bmatrix} \\
&\quad + \boldsymbol{F}_R \boldsymbol{R}(k) \\
&= \boldsymbol{F}_e \frac{z}{z-1}\boldsymbol{e}(k) + \frac{\boldsymbol{f}_{y_{p-1}}z + \boldsymbol{f}_{y_{p-2}}z^2 + \cdots + \boldsymbol{f}_{y_0}z^p}{z^p}\boldsymbol{y}(k) \\
&\quad + \frac{\boldsymbol{f}_{u_{p-1}}z + \boldsymbol{f}_{u_{p-2}}z^2 + \cdots + \boldsymbol{f}_{u_1}z^{p-1}}{z^p}\boldsymbol{u}(k) \\
&\quad + \frac{\boldsymbol{f}_{d_{p-1}}z + \boldsymbol{f}_{d_{p-2}}z^2 + \cdots + \boldsymbol{F}_d z^p}{z^p}\boldsymbol{d}(k) + \boldsymbol{F}_R \boldsymbol{R}(k) \\
&= \boldsymbol{F}_e \frac{z}{z-1}\boldsymbol{e}(k) + \frac{\boldsymbol{F}_y(z)}{z^p}\boldsymbol{y}(k) + \frac{\boldsymbol{F}_u(z)}{z^p}\boldsymbol{u}(k) \\
&\quad + \frac{\boldsymbol{F}_d(z)}{z^p}\boldsymbol{d}(k) + \boldsymbol{F}_R \boldsymbol{R}(k) \qquad (8\text{-}99)
\end{aligned}
$$

ただし,

$$
\begin{aligned}
\boldsymbol{F}_y(z) &= \boldsymbol{f}_{y_{p-1}}z + \boldsymbol{f}_{y_{p-2}}z^2 + \cdots + \boldsymbol{f}_{y_0}z^p \\
\boldsymbol{F}_u(z) &= \boldsymbol{f}_{u_{p-1}}z + \boldsymbol{f}_{u_{p-2}}z^2 + \cdots + \boldsymbol{f}_{u_1}z^{p-1} \\
\boldsymbol{F}_d(z) &= \boldsymbol{f}_{d_{p-1}}z + \boldsymbol{f}_{d_{p-2}}z^2 + \cdots + \boldsymbol{F}_{d_0}z^p
\end{aligned}
$$

このようにして出力FB系の制御系構造は図8-8のような構成となることがわかる.また,制御対象に入力むだ時間のある場合も上と同様な方法により状態変数を推定する関係式が求められる.

出力信号以外にも測定できる信号がある場合にはその情報を利用する方が有利である.このようなものを部分状態フィードバック制御系 (partial state

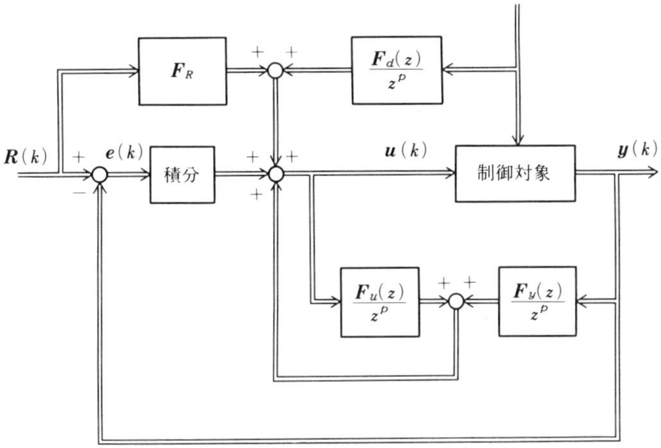

図 8-8 最適出力フィードバックサーボ系構成図

feedback control system) と呼ぶ．基本的には観測できる状態変数と出力変数をまとめて仮想出力信号と見なして上の方法を利用すればよい．

8-8 最適スライディングモード制御系

スライディングモード制御系 (sliding mode control system) は制御系の構造を変える可変構造制御系の一種であり，この中で最も理論的に体系化させているものである．このスライディングモード制御は状態空間内に希望の超平面を設計し，その面に拘束したまま平衡点に滑らすことにより閉ループ系を安定化するものである．滑り状態（スライディングモード）にある制御対象は超平面上に拘束されるため，通常の線形フィードバック制御を用いるよりも優れたロバスト性を実現することができる．

スライディングモード制御系は当初から連続時間系の設計法が研究されてきている．離散時間系については制御入力の不連続な切り換えを伴うため，その特性に基づいた設計が必要となり，研究が遅れていた．しかし，1989 年以降，古田らを中心としてこの離散時間系のスライディングモード制御系の設計法についても提案がされてきている[64]．本節ではこれまで述べてきた最適ディジタルサーボ系の設計法と離散時間スライディングモード制御系の設計法を組み合わせたスライディングモードサーボ系の設計法について紹介し，この最適予見サーボ系への拡張についても述べる．なお本節は主として文献65)の著書を参考にさせていただいた．

8-8-1　切り換え超平面の設計

制御対象として(8-1)式を考え，8-1節の手順により(8-6)式が導出されるがこれを再記する．

$$\boldsymbol{X}_0(k+1)=\boldsymbol{\Phi X}_0(k)+\boldsymbol{G}\Delta\boldsymbol{u}(k)+\boldsymbol{G}_R\Delta\boldsymbol{R}(k+1)+\boldsymbol{G}_d\Delta\boldsymbol{d}(k) \qquad \text{(8-6 b)}$$

いま $\Delta\boldsymbol{R}(k+1)=\boldsymbol{0}$, $\Delta\boldsymbol{d}(k)=\boldsymbol{0}$ として(8-7 a)式となる．

$$\boldsymbol{X}_0(k+1)=\boldsymbol{\Phi X}_0(k)+\boldsymbol{G}\Delta\boldsymbol{u}(k) \qquad \text{(8-7 a)}$$

ここで状態の線形関数を次式のように定義する．

$$\boldsymbol{\sigma}(k)=\boldsymbol{SX}_0(k) \qquad \text{(8-100)}$$

(8-100)式で $\boldsymbol{S}$ は超平面

$$\boldsymbol{\sigma}(k)=\boldsymbol{SX}_0(k)=\boldsymbol{0} \qquad \text{(8-101)}$$

上で(8-7 a)式のシステムの状態が安定となるように決める必要がある．このような $\boldsymbol{S}$ は(8-7 a)，(8-101)式より，

$$\det\begin{bmatrix} z\boldsymbol{I}-\boldsymbol{\Phi} & -\boldsymbol{G} \\ \boldsymbol{S} & \boldsymbol{0} \end{bmatrix}=\boldsymbol{0} \qquad \text{(8-102)}$$

を満たす z の絶対値が1より小さいものを与える $\boldsymbol{S}$，すなわち $(\boldsymbol{\Phi},\boldsymbol{G},\boldsymbol{S})$ のシステムの不変零点を安定とする $\boldsymbol{S}$ となる．

このような $\boldsymbol{S}$ の一例として8-1節の(8-10)式で示した最適サーボ系のフィードバック係数 $\boldsymbol{F}_0$，すなわち

$$\boldsymbol{S}=\boldsymbol{F}_0=-[\boldsymbol{H}+\boldsymbol{G}^T\boldsymbol{PG}]^{-1}\boldsymbol{G}^T\boldsymbol{P\Phi} \qquad \text{(8-103)}$$

を用いた場合，評価関数の重み $\boldsymbol{H}$ をあまり大きくとらずに設計するか，安定度を指定した設計[66]をすれば安定性に問題ないことが確かめられている[67]．

そのためここでは，$\boldsymbol{S}=\boldsymbol{F}_0$ と選んだとき，あるサンプリング時刻において，$\boldsymbol{SX}_0(k)$ が一定値をとる超平面上に達したとき，続くサンプリング時刻において状態をこの超平面上にとどめる等価入力を求める．

$\boldsymbol{\sigma}(k)=\boldsymbol{\sigma}(k+1)=\cdots$ を満たす等価入力 $\boldsymbol{u}_{eq}(k)$ は，

$$\boldsymbol{S}\boldsymbol{X}_0(k+1)=\boldsymbol{S}\boldsymbol{\Phi}\boldsymbol{X}_0(k)+\boldsymbol{S}\boldsymbol{G}\Delta\boldsymbol{u}(k)=\boldsymbol{S}\boldsymbol{X}_0(k) \tag{8-104}$$

より以下で与えられる．

$$\Delta\boldsymbol{u}_{eq}(k)=-(\boldsymbol{S}\boldsymbol{G})^{-1}\boldsymbol{S}(\boldsymbol{\Phi}-\boldsymbol{I})\boldsymbol{X}_0(k) \tag{8-105}$$

ただし $\det(\boldsymbol{S}\boldsymbol{G})\neq 0$ と仮定する．このとき等価制御系の状態方程式は次式のように与えられる．

$$\boldsymbol{X}_0(k+1)=\{\boldsymbol{\Phi}-\boldsymbol{G}(\boldsymbol{S}\boldsymbol{G})^{-1}\boldsymbol{S}(\boldsymbol{\Phi}-\boldsymbol{I})\}\boldsymbol{X}_0(k) \tag{8-106}$$

そして(8-106)式の固有値は

$$\begin{aligned}&\det[z\boldsymbol{I}-\{\boldsymbol{\Phi}-\boldsymbol{G}(\boldsymbol{S}\boldsymbol{G})^{-1}\boldsymbol{S}(\boldsymbol{\Phi}-\boldsymbol{I})\}]\\&\quad=(z-1)^r\det(\boldsymbol{S}\boldsymbol{G})^{-1}\det\begin{bmatrix}z\boldsymbol{I}-\boldsymbol{\Phi} & -\boldsymbol{G}\\ \boldsymbol{S} & \boldsymbol{0}\end{bmatrix}\\&\quad=0\end{aligned} \tag{8-107}$$

より，$(\boldsymbol{\Phi},\boldsymbol{G},\boldsymbol{S})$のシステムの $m+n-r$ 個の不変零点と r 個の $z=1$ の安定限界極となるが $\boldsymbol{S}=\boldsymbol{F}_0$ と選んでいるためこの不変零点は安定零点となる．$z=1$ の安定限界極は8-8-2項で求める状態を超平面上に移すように定められる入力 $\Delta\boldsymbol{u}_{nl}(k)$で安定化を行う．

8-8-2　離散時間スライディングモード制御系の設計

次に切り換え超平面上にない状態を超平面上に移す制御入力を考える．しかし，離散時間系のスライディングモード制御で問題となるのはシステムの状態は超平面に接近することはできるが，超平面上には拘束できないことである．これは制御入力がサンプリング周期間は一定であるため，超平面上に到達した瞬間に入力を切り換えることができないためである．

このため，離散時間系では超平面の付近に境界層をもうけ，この領域内に状態を拘束することになる．これを準スライディングモードという．つまり，離散時間系スライディングモード制御（discrete-time sliding modo control）では，システムの状態を超平面を含めたある領域内に到達させ，引き続いてのサンプリング期間で状態をこの領域内にとどまるような入力を設計する．

本節ではチャタリングを起こさない設計法について述べる．

境界層に状態を移すための到達条件は

$$|\boldsymbol{\sigma}(k+1)|<|\boldsymbol{\sigma}(k)| \tag{8-108}$$

となり，(8-108)式を満たせば状態は超平面上に近づいていくことがわかる．このような制御入力として，次の2つの独立した項から構成される入力

$$\Delta \boldsymbol{u}(k)=\Delta \boldsymbol{u}_{eq}(k)+\Delta \boldsymbol{u}_{nl}(k) \tag{8-109}$$

を考える．ここで，$\Delta \boldsymbol{u}_{eq}(k)$は(8-105)式で与えられる状態を超平面上にとどめる等価制御入力であり，$\Delta \boldsymbol{u}_{nl}(k)$は状態を超平面上に移すように定められる入力である．

$\Delta \boldsymbol{u}_{nl}(k)$は$\boldsymbol{\sigma}^T(k)\boldsymbol{\sigma}(k)$を小さくするものであるから，次の正定関数$V(k)$を定義する．

$$V(k)=\frac{1}{2}\boldsymbol{\sigma}^T(k)\boldsymbol{\sigma}(k) \tag{8-110}$$

この$V(k)$を減少させる制御入力が求められれば，超平面上に状態を移す制御入力が与えられる．ここで

$$\begin{aligned}\boldsymbol{\sigma}^T(k+1)\boldsymbol{\sigma}(k+1)=&\boldsymbol{\sigma}^T(k)\boldsymbol{\sigma}(k)+\boldsymbol{\sigma}^T(k)\Delta\boldsymbol{\sigma}(k+1)\\&+\Delta\boldsymbol{\sigma}^T(k+1)\boldsymbol{\sigma}(k)+\Delta\boldsymbol{\sigma}^T(k+1)\Delta\boldsymbol{\sigma}(k+1)\end{aligned} \tag{8-111}$$

が成り立ち，

$$\boldsymbol{\sigma}^T(k)\Delta\boldsymbol{\sigma}(k+1)+\Delta\boldsymbol{\sigma}^T(k+1)\boldsymbol{\sigma}(k)+\Delta\boldsymbol{\sigma}^T(k+1)\Delta\boldsymbol{\sigma}(k+1)<\boldsymbol{0} \tag{8-112}$$

を満たすような制御入力が求められれば$V(k+1)<V(k)$が得られ，$V(k)$は減少していく．

(8-7 a)，(8-100)，(8-105)，(8-109)式より，次式が得られる．

$$\begin{aligned}\boldsymbol{\sigma}(k+1)&=\boldsymbol{S}\{\boldsymbol{\Phi}\boldsymbol{X}_0(k)+\boldsymbol{G}[\Delta\boldsymbol{u}_{eq}(k)+\Delta\boldsymbol{u}_{nl}(k)]\}\\&=\boldsymbol{\sigma}(k)+\boldsymbol{S}\boldsymbol{G}\Delta\boldsymbol{u}_{nl}(k)\end{aligned} \tag{8-113}$$

この関係を(8-112)式に用いると

$$\begin{aligned}&\boldsymbol{\sigma}^T(k)\boldsymbol{S}\boldsymbol{G}\Delta\boldsymbol{u}_{nl}(k)+\Delta\boldsymbol{u}_{nl}{}^T(k)(\boldsymbol{S}\boldsymbol{G})^T\boldsymbol{\sigma}(k)\\&\quad+\Delta\boldsymbol{u}_{nl}{}^T(k)(\boldsymbol{S}\boldsymbol{G})^T\boldsymbol{S}\boldsymbol{G}\Delta\boldsymbol{u}_{nl}(k)<\boldsymbol{0}\end{aligned} \tag{8-114}$$

となる．いま$\Delta \boldsymbol{u}_{nl}(k)$として不連続関数を含まない

$$\Delta\boldsymbol{u}_{nl}(k)=-\eta(\boldsymbol{S}\boldsymbol{G})^{-1}\boldsymbol{\sigma}(k) \tag{8-115}$$

と選ぶと(8-114)式は

$$\eta(\eta-2)\boldsymbol{\sigma}^T(k)\boldsymbol{\sigma}(k)<\boldsymbol{0} \tag{8-116}$$

となり，$0<\eta<2$ とすれば(8-116)式が成り立つ．

一方，(8-113)，(8-115)式より次式が得られる．

$$\boldsymbol{\sigma}(k+1)=(1-\eta)\boldsymbol{\sigma}(k) \tag{8-117}$$

$1<\eta<2$ のとき $\boldsymbol{\sigma}(k+1)$ と $\boldsymbol{\sigma}(k)$ の符号が異なるので，状態は超平面を行き過ぎてしまいチャタリングを生じる．$0<\eta<1$ のときには符号は同じなので，状態はチャタリングを起こさずに超平面に近づいていくことがわかる．したがって η を $0<\eta<1$ の範囲で定めて，(8-115)式の制御入力を求めればチャタリングのない最適スライディングモード制御が実現できる．

このとき制御入力 $\Delta\boldsymbol{u}(k)$ は

$$\Delta\boldsymbol{u}(k)=-(\boldsymbol{SG})^{-1}[\boldsymbol{S}(\boldsymbol{\Phi}-\boldsymbol{I})+\eta\boldsymbol{S}]\boldsymbol{X}_0(k) \tag{8-118}$$

となり，これを(8-7 a)式に代入した閉ループ系

$$\boldsymbol{X}_0(k+1)=[\boldsymbol{\Phi}-\boldsymbol{G}(\boldsymbol{SG})^{-1}\{\boldsymbol{S}(\boldsymbol{\Phi}-\boldsymbol{I})+\eta\boldsymbol{S}\}]\boldsymbol{X}_0(k) \tag{8-119}$$

の固有値は，$(\boldsymbol{\Phi},\boldsymbol{G},\boldsymbol{S})$ のシステムの $m+n-r$ 個の安定零点と r 個の $1-\eta$ の安定極となって安定となり $k\to\infty$ で $\boldsymbol{X}_0(k)\to\boldsymbol{0}$ となる．すなわち(8-115)式の入力項により r 個の 1 の極は r 個の $1-\eta$ の安定極に移動することがわかる．

なお(8-118)式を見ると前節までと同じ線形フィードバック制御系の形をしているが，今回述べた最適スライディングモード制御系は $\Delta\boldsymbol{u}_{nl}(k)$ として不連続関数を含まないものを用いているからであり，一般的にこのようになるものではないことに注意されたい．

8-8-3　最適予見サーボ系への拡張

次にこの最適スライディングモード制御系を 8-3 節で述べた最適予見サーボ系へ拡張する．8-8-1 項では切り換え超平面を $\boldsymbol{\sigma}(k)=\boldsymbol{SX}_0(k)$ とし，この $\boldsymbol{S}$ として最適フィードバックゲイン $\boldsymbol{F}_0$ を用いた．いま，8-3 節と同じく M_R ステップ未来までの目標値信号および M_d ステップ未来までの外乱信号が既知であるとすると，これらの未来情報を用いて切り換え超平面を

$$\boldsymbol{\sigma}(k)=\boldsymbol{F}_0\boldsymbol{X}_0(k)+\sum_{j=1}^{M_R}\boldsymbol{F}_R(j)\Delta\boldsymbol{R}(k+j)+\sum_{j=0}^{M_d}\boldsymbol{F}_d(j)\Delta\boldsymbol{d}(k+j) \tag{8-120}$$

とする予見制御を考える．このとき $\boldsymbol{F}_0$，$\boldsymbol{F}_R(j)$，$\boldsymbol{F}_d(j)$ は 8-3 節と同じく，(8-31)式を最小とするように

$$\boldsymbol{F}_0 = -[\boldsymbol{H} + \boldsymbol{G}^T\boldsymbol{P}\boldsymbol{G}]^{-1}\boldsymbol{G}^T\boldsymbol{P}\boldsymbol{\Phi} \tag{8-10}$$

$$\boldsymbol{P} = \boldsymbol{Q} + \boldsymbol{\Phi}^T\boldsymbol{P}\boldsymbol{\Phi} - \boldsymbol{\Phi}^T\boldsymbol{P}\boldsymbol{G}[\boldsymbol{H} + \boldsymbol{G}^T\boldsymbol{P}\boldsymbol{G}]^{-1}\boldsymbol{G}^T\boldsymbol{P}\boldsymbol{\Phi} \tag{8-11}$$

$$\begin{cases} \boldsymbol{F}_R(0) = 0 \\ \boldsymbol{F}_R(j) = -[\boldsymbol{H} + \boldsymbol{G}^T\boldsymbol{P}\boldsymbol{G}]^{-1}\boldsymbol{G}^T(\boldsymbol{\xi}^T)^{j-1}\boldsymbol{P}\boldsymbol{G}_R \ (j \geq 1) \end{cases} \tag{8-38}$$

$$\boldsymbol{F}_d(j) = -[\boldsymbol{H} + \boldsymbol{G}^T\boldsymbol{P}\boldsymbol{G}]^{-1}\boldsymbol{G}^T(\boldsymbol{\xi}^T)^{j}\boldsymbol{P}\boldsymbol{G}_d \ (j \geq 0) \tag{8-39}$$

とする．

いま，目標値信号，外乱信号が変化する時刻も考慮して(8-6 b)式を用いると，8-8-1 項と同様にして $\boldsymbol{\sigma}(k) = \boldsymbol{\sigma}(k+1) = \cdots$ を満たす等価入力 $\boldsymbol{u}_{eq}(k)$ は，

$$\begin{aligned} \boldsymbol{F}_0\boldsymbol{X}_0(k+1) &= \boldsymbol{F}_0\boldsymbol{\Phi}\boldsymbol{X}_0(k) + \boldsymbol{F}_0\boldsymbol{G}\Delta\boldsymbol{u}(k) + \boldsymbol{F}_0\boldsymbol{G}_R\Delta\boldsymbol{R}(k+1) + \boldsymbol{F}_0\boldsymbol{G}_d\Delta\boldsymbol{d}(k) \\ &\quad + \sum_{j=1}^{M_R}\boldsymbol{F}_R(j)\Delta\boldsymbol{R}(k+j+1) + \sum_{j=0}^{M_d}\boldsymbol{F}_d(j)\Delta\boldsymbol{d}(k+j+1) \\ &= \boldsymbol{F}_0\boldsymbol{X}_0(k) + \sum_{j=1}^{M_R}\boldsymbol{F}_d(j)\Delta\boldsymbol{R}(k+j) + \sum_{j=0}^{M_d}\boldsymbol{F}_d(j)\Delta\boldsymbol{d}(k+j) \end{aligned} \tag{8-121}$$

より以下で与えられる．

$$\begin{aligned} \Delta\boldsymbol{u}_{eq}(k) &= -(\boldsymbol{F}_0\boldsymbol{G})^{-1}[\boldsymbol{F}_0(\boldsymbol{\Phi} - \boldsymbol{I})\boldsymbol{X}_0(k) \\ &\quad + \boldsymbol{F}_0\boldsymbol{G}_R\Delta\boldsymbol{R}(k+1) + \sum_{j=1}^{M_R}\boldsymbol{F}_R(j)\{\Delta\boldsymbol{R}(k+j+1) - \Delta\boldsymbol{R}(k+j)\} \\ &\quad + \boldsymbol{F}_0\boldsymbol{G}_d\Delta\boldsymbol{d}(k) + \sum_{j=0}^{M_d}\boldsymbol{F}_d(j)\{\Delta\boldsymbol{d}(k+j+1) - \Delta\boldsymbol{d}(k+j)\}] \end{aligned} \tag{8-122}$$

ただし $\det(\boldsymbol{S}\boldsymbol{G}) \neq 0$ と仮定する．(8-122)式において，$\Delta\boldsymbol{R}(k+M_R+1) = \Delta\boldsymbol{d}(k+M_d+1) = 0$ とするとこの式はさらに以下のように変形できる．

$$\begin{aligned} \Delta\boldsymbol{u}_{eq}(k) &= -(\boldsymbol{F}_0\boldsymbol{G})^{-1}[\boldsymbol{F}_0(\boldsymbol{\Phi} - \boldsymbol{I})\boldsymbol{X}_0(k) \\ &\quad + \{\boldsymbol{F}_0\boldsymbol{G}_R - \boldsymbol{F}_R(1)\}\Delta\boldsymbol{R}(k+1) + \sum_{j=2}^{M_R}\{\boldsymbol{F}_R(j-1) \\ &\quad - \boldsymbol{F}_R(j)\}\Delta\boldsymbol{R}(k+j) + \{\boldsymbol{F}_0\boldsymbol{G}_d - \boldsymbol{F}_d(0)\}\Delta\boldsymbol{d}(k) \\ &\quad + \sum_{j=1}^{M_d}\{\boldsymbol{F}_d(j-1) - \boldsymbol{F}_d(j)\}\Delta\boldsymbol{d}(k+j)] \end{aligned} \tag{8-123}$$

$\Delta\boldsymbol{u}_{nl}(k)$ は 8-8-2 項で述べたものと同じ形となり，したがって制御入力 $\Delta\boldsymbol{u}(k)$ は以下のようになる．

$$\Delta\boldsymbol{u}(k) = -(\boldsymbol{F}_0\boldsymbol{G})^{-1}[\{\boldsymbol{F}_0(\boldsymbol{\Phi} - \boldsymbol{I}) + \eta\boldsymbol{F}_0\}\boldsymbol{X}_0(k)$$

$$
\begin{aligned}
&+\{\boldsymbol{F}_0\boldsymbol{G}_R-(1-\eta)\boldsymbol{F}_R(1)\}\varDelta\boldsymbol{R}(k+1)\\
&+\sum_{j=2}^{M_R}\{\boldsymbol{F}_R(j-1)-(1-\eta)\boldsymbol{F}_R(j)\}\varDelta\boldsymbol{R}(k+j)\\
&+\{\boldsymbol{F}_0\boldsymbol{X}_d-(1-\eta)\boldsymbol{F}_d(0)\}\varDelta\boldsymbol{d}(k)\\
&+\sum_{j=1}^{M_d}\{\boldsymbol{F}_d(j-1)-(1-\eta)\boldsymbol{F}_d(j)\}\varDelta\boldsymbol{d}(k+j)]
\end{aligned}
\tag{8-124}
$$

演 習 問 題

1. (8-6)式で与えられるエラーシステムの可制御性，可観測性について調べよ．

2. 本章ではディジタル制御系構成に限って記述しているが，本章で述べたエラーシステムの考え方は連続時間系においても同様に適用可能である．エラーシステムの考え方を用いて連続時間系における最適1型サーボ系の構成法について論じよ．

第9章　リニアブラシレスモータの最適ディジタル位置決め制御

すでに第8章までにおいて制御理論の基礎を学んできた．このうちとくに現代制御理論は数学的な立場から理論的に制御問題を考えていこうという立場であるので，本来は階段を一段一段登って理解を深めていけるものではあるが，ともすれば抽象的な純粋数学的になりがちで全貌を把握するのが難しい場合が多い．したがって，本章では第8章までに学んだ内容のまとめをかねて現代制御理論を実際に利用しようとする場合に役立つように，リニアブラシレスモータの最適ディジタル位置決め制御を例として取り上げ，数値例を用いて具体的に説明する．

モータを例題に取り上げたのは産業界などでアクチュエータとして一般的に用いられ，実用性が高く，かつ例題としてわかりやすいからである．現場では前章までに何度も取り上げてきた回転型モータが最も一般的に用いられているが，直動運動などにはリニア型の適用例も年々増えてきている．リニア型も制御理論的に見れば回転型と全く同じように扱うことができ，本章の内容はそのまま回転型モータの最適ディジタル位置決め制御にも応用可能である．

9-1　リニアブラシレスモータシステム[68),69)]

まず制御対象であるリニアブラシレスモータおよびその駆動回路について説明する．またディジタル位置制御の制御回路についても述べる．ついでリニアブラシレスモータシステムのモデリングを行い状態方程式を求め，この状態方程式をディジタル制御に適するように離散時間系に変換し，最適サーボ系，最適予見サーボ系を構成する．

9-1-1　リニアブラシレスモータ

近年，産業界において半導体製造装置や各種OA，FA機器などにおいてマイクロメートル単位の精度が要求され，制御用アクチュエータに対しても高精度な位置決め制御が求められている．

このアクチュエータとしては回転型サーボモータが多く用いられ，直線運動を実現する場合にはボールネジやピニオンなどの補助機構を用いて回転運動を直線運動に変換することが多く行われている．しかしながらボールネジなどを用いる場合には高速性に欠ける，バックラッシュがみられるなど高精度位置決めには不利な点がある．これに対して補助機構を用いることなく直接，直線運動が得られるリニアモータを用いることにより，構造がシンプルとなり，小形軽量化が図れ，他のリニア送り機構に比べて高速，高精度が実現できることになる．

小形高精度サーボ用に適したリニアモータとしてはリニアパルスモータとリニアブラシレスモータが多くみられるが，リニアパルスモータは高速走行時の脱調やコギングなどの欠点が存在する．リニアブラシレスモータはリニアパルスモータに比べて制御装置は複雑になるが，高速走行時の脱調もなく，優れた制御性能を有している．本稿ではブラシレスでコアレスのリニアDCブラシレスモータ（LDM，linear dc brushless motor）に対して現代制御理論の立場から検討を行った例を示す．今回用いたLDMはDCサーボモータのもつ優れた制御性能以外にもコアレス構造のためコギングがない，ブラシレスでコアレスのため長寿命となる，などの特長があるものである．

今回用いたLDMを図9-1に示し，各コイル毎の駆動回路を図9-2に示す．このLDMはリード線を引きずって動くことのないように可動マグネット形となっている．固定子側には空心の電機子コイルとホール素子が設置されており，可動子側には界磁マグネットが設置されている．この界磁マグネットの磁極を各コイルのホール素子が検出すると，そのコイルの駆動回路が導通状態となり電機子コイルに電流が流れ，可動子が所定の方向に動く構造になっている．この

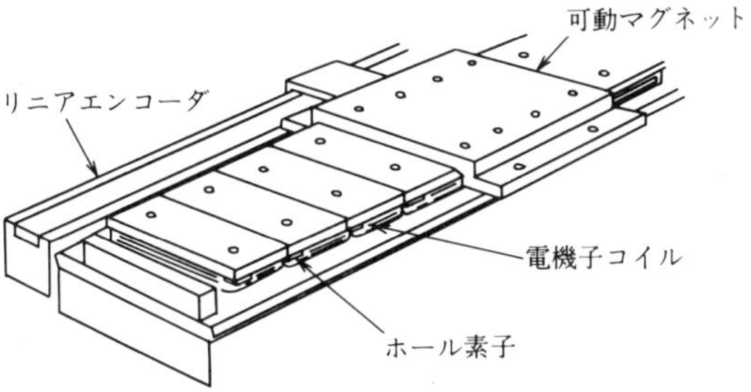

図 9-1 リニア DC ブラシレスモータ（㈱シコー技研製）

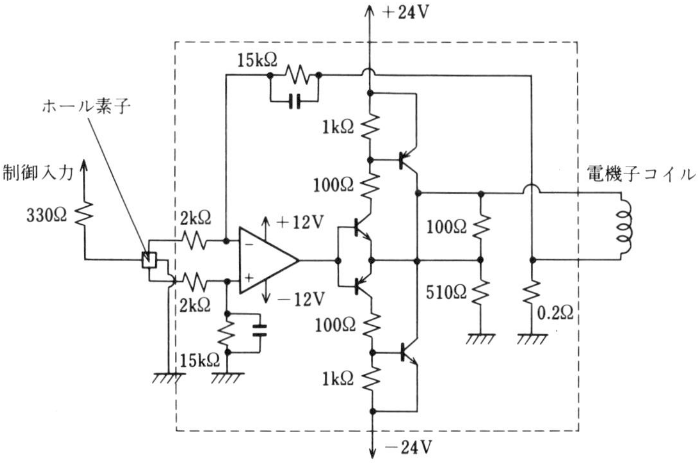

図 9-2 各コイル毎の駆動回路

際界磁マグネットの磁極のN極あるいはS極により電機子コイルに流れる電流の方向は逆になるが推力はフレミングの左手の法則により同一方向となる．

また電機子コイルは基本的には2極3コイルの構造となっているがコイルが重なることによりエアギャップが大きくなり，推力が不均一となるのを避けるために図 9-3 に示すように4極3コイルとして，コイルを同位相で重なりのない位置に配置する構造となっている．一方，図 9-2 の駆動回路は各コイル毎に1つずつ計33個用いられているが，電機子コイルに流れる電流に比例した電圧を駆動回路の入力側にフィードバックする構造となっており，これは電流制御

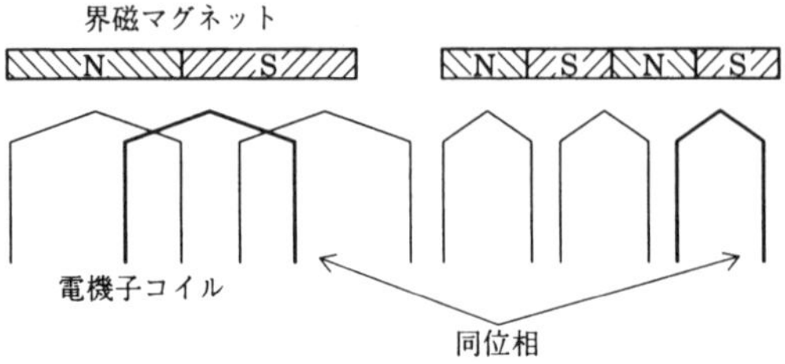

図 9-3　コイルの配置

ループがある制御系であり，電流入力型として扱えることになる．

9-1-2　リニアモータの制御回路

一般にモータの位置制御回路は当初はアナログ構成であったが，その後ディジタル電子技術が進歩してディジタル位置制御が主流となっている．そして，従来はリニアDCモータの位置制御回路としては図9-4に示すような偏差カウンタを用いた位置制御系が多く用いられていた．これはディジタル要素がソフトウエアを用いないディジタルハードウエアで構成されるものである．図9-4の動作は次の通りである[70]．

まず指令パルスを入力すると偏差カウンタにパルスが積算される．この積算されたパルスは溜まりパルスと呼ばれるが，このパルス量をD/A変換器で直流電圧とし，これが速度指令となる．この速度指令と速度との差が駆動回路に電

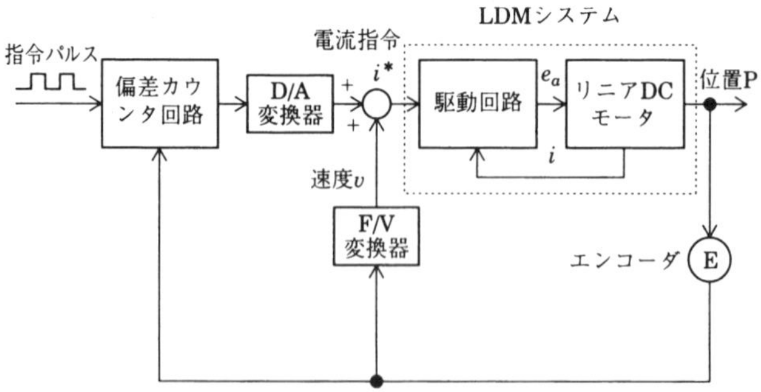

図 9-4　偏差カウンタを用いた位置制御回路

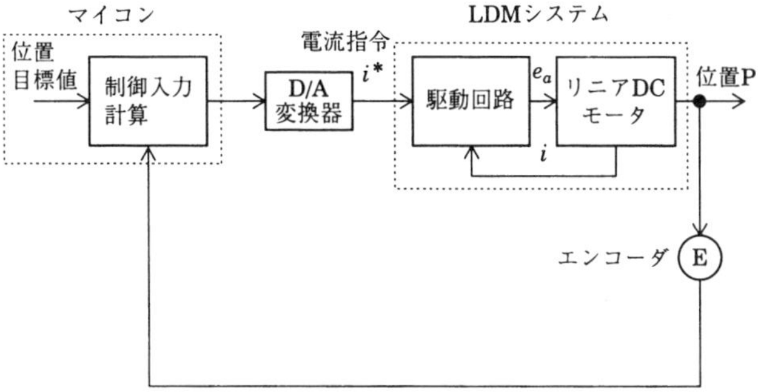

図 9-5 マイコンを用いた位置制御回路

流指令電圧として加わり，リニア DC モータが駆動する．リニアモータが動くと，取り付けられているリニアエンコーダがモータの移動距離に比例したパルスを発生し，これが偏差カウンタにフィードバックされ，溜まりパルスを減算（カウントダウン）する．そして指令パルス数とエンコーダの移動パルス数が一致し，最終的に溜まりパルスが 0 になったところでモータは停止し，位置制御が行われる．

しかし，最近ではマイコンなどの急速な進歩によって，図 9-5 に示すようなディジタル要素がソフトウエアで構成される位置制御系が一般的となってきている．マイコンを用いることにより，高信頼化と低価格化が実現されるが，さらに制御性能の向上が可能となる．すなわち，単に図 9-4 の偏差カウンタを用いた位置制御回路の動作をプログラム化するのではなく，制御理論に基づいた種々のアルゴリズムをプログラム化することにより，はるかに高性能な制御系を構成することが可能となる．例えば負荷の変動やパラメータ変化などに対応して，制御系の制御係数を変化させて適応させる適応制御やこれらを周波数的に補償するロバスト制御，未来目標値を利用して制御性能を向上させる予見制御などである．さらには起動時の電流を緩やかに立ちあげて，これにより起動時の衝撃をやわらげたり，2 軸同時制御でそれぞれの協調を考えたりすることも可能となる．

したがって本稿では図 9-5 のマイコンを用いた位置制御回路を用いることを前提として，リニア DC モータを制御するためにはシステム制御理論の立場から，どのような考え方（アルゴリズム）でプログラミングしたらよいかについて基本的なことを述べる．

なお本章で述べたことは一般の回転モータの場合に置き換えても全く同じである．

9-1-3　制御対象のモデリング

リニア DC モータと駆動回路を合わせたリニア DC モータシステムの動特性を表す状態方程式を考える．このリニア DC モータの固定子は 33 個の電機子コイルからなるが，瞬時瞬時に導通状態になっているのは界磁マグネットと相対した 4 個のコイルとなる．この 4 個のコイルを等価的な 1 個のコイルと考えて，図 9-6 に示すようにモデル化する．このシステムの運動を記述する運動方程式は機械系と電気系のそれぞれに対して次のようになる．

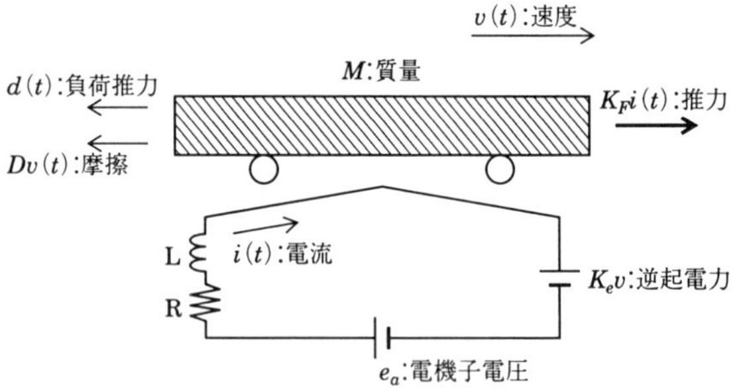

図 9-6　リニア DC ブラシレスモータのモデル

(a)　機　械　系

ニュートンの法則に従って（9-1）式の運動方程式を得る．

$$\frac{dp(t)}{dt}=v(t) \tag{9-1 a}$$

$$M\frac{dv(t)}{dt}+Dv(t)+d(t)=K_F i(t) \tag{9-1 b}$$

ただし，$P(t)$：可動子の位置，$v(t)$：可動子の速度，$i(t)$：電流，$d(t)$：負荷推力，M：可動子の質量，D：摩擦係数，K_F：推力定数

(b) 電　気　系

図 9-6 よりキルヒホッフの法則により次の関係式が成り立つ．

$$L\frac{di(t)}{dt}+Ri(t)+K_e v(t)=e_a(t) \tag{9-2}$$

ただし，$e_a(t)$：入力電圧，R：抵抗，L：インダクタンス，K_e：逆起電力定数

なお SI 単位で表した場合には $K_F=K_e$ となる．また図 9-2 の駆動回路は電流フィードバック型となっているため，この駆動回路への入力を電流指令（電圧）$i^*(t)$ とすると次式のようになる．

$$e_a(t)=K_A(i^*(t)-R_A i(t)) \tag{9-3}$$

ただし，K_A：駆動回路増幅度，R_A：抵抗（0.2 Ω）

$\mathcal{L}[i^*(t)]=I^*(s)$，$\mathcal{L}[p(t)]=P(s)$，$\mathcal{L}[v(t)]=V(s)$，$\mathcal{L}[i(t)]=I(s)$，$\mathcal{L}[e(t)]=E(s)$ として，(9-1)～(9-3)式をラプラス変換してブロック線図で表すと図 9-7 となる．図 9-7 において K_A は数十倍となるので(9-3)式より，

$$i^*(t)\cong R_A i(t) \tag{9-4}$$

とみなせる．

図 9-8 に電流指令と電流の実際の様子を示すが，ほぼ(9-4)式の関係が成り立っていることがわかる．

(9-4)式が成り立つとすると，(9-1 b)式は $K_F/R_A=K$ とおいて

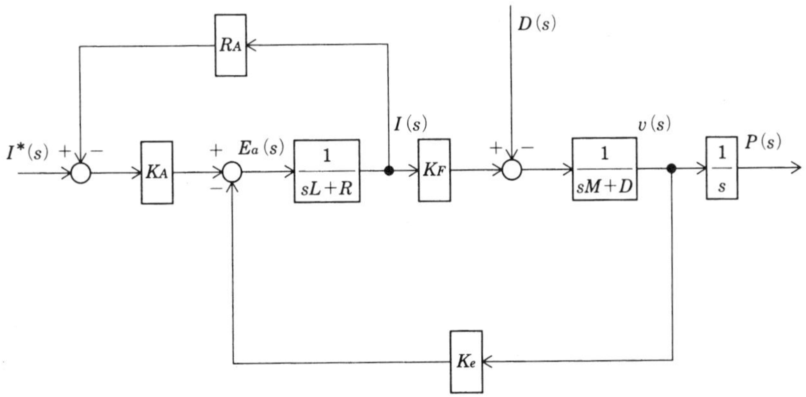

図 9-7　LDM システムのブロック線図

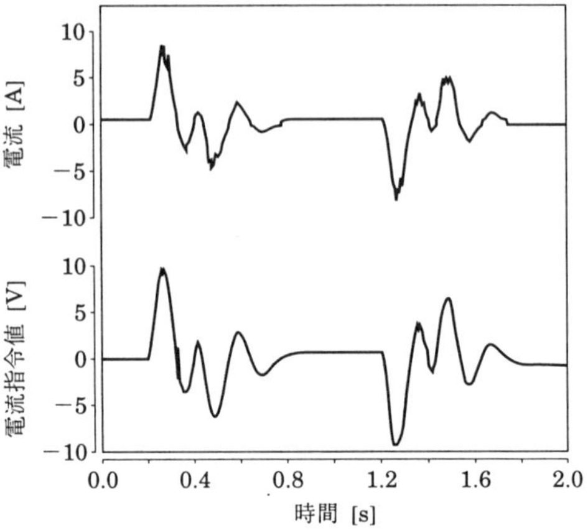

図 9-8　電流指令値と電流値

$$M\frac{dv(t)}{dt}+Dv(t)+d(t)=Ki^*(t) \tag{9-5}$$

と表せ，(9-2)式の電気系の式は不要となる．したがってこの LDM の基礎式は(9-1 a)および(9-5)式のみで表されることになる．

(9-1 a)，(9-5)式を行列表現して状態方程式で表すと(3-31 a)式に対応して以下のような状態方程式が得られる．

$$\begin{bmatrix}\dot{p}(t)\\ \dot{v}(t)\end{bmatrix}=\begin{bmatrix}0 & 1\\ 0 & -D/M\end{bmatrix}\begin{bmatrix}p(t)\\ v(t)\end{bmatrix}+\begin{bmatrix}0\\ K/M\end{bmatrix}i^*(t)+\begin{bmatrix}0\\ 1/M\end{bmatrix}d(t) \tag{9-6 a}$$

またこのシステムの出力は $p(t)$ であるので(3-31 b)式に対応して

$$p(t)=\begin{bmatrix}1 & 0\end{bmatrix}\begin{bmatrix}p(t)\\ v(t)\end{bmatrix} \tag{9-6 b}$$

が出力方程式となる．

次にディジタル制御を行うために(9-6)式を離散時間システムに変換する．(3-117)～(3-119)式に従って計算すると離散時間状態方程式は以下のように求められる．ただし $u(k)=i^*(k)$ としている．

$$\begin{bmatrix}p(k+1)\\ v(k+1)\end{bmatrix}=\begin{bmatrix}1 & -\frac{M}{D}(e^{-\frac{D}{M}T}-1)\\ 0 & e^{-\frac{D}{M}T}\end{bmatrix}\begin{bmatrix}p(k)\\ v(k)\end{bmatrix}$$

$$+\begin{bmatrix} \dfrac{MK}{D^2}\left(e^{-\frac{D}{M}T}-1+\dfrac{D}{M}T\right) \\ -\dfrac{K}{D}(e^{-\frac{D}{M}T}-1) \end{bmatrix} i^*(k)$$

$$+\begin{bmatrix} \dfrac{M}{D^2}\left(e^{-\frac{D}{M}T}-1+\dfrac{D}{M}T\right) \\ -\dfrac{1}{D}(e^{-\frac{D}{M}T}-1) \end{bmatrix} d(k) \qquad (9\text{-}7\,\mathrm{a})$$

また出力方程式は以下のようになる

$$p(k)=[1\quad 0]\begin{bmatrix} p(k) \\ v(k) \end{bmatrix} \qquad (9\text{-}7\,\mathrm{b})$$

今回実験に用いたリニア DC ブラシレスモータ（LDM）の定格，パラメータ値などは以下に示すようなものである．

定格：片側励磁構造

推力：30 N，分解能：7 μm/パルス，搭載重量：5 kg

ストローク：0.6 m，電源電圧：±24 V

パラメータ値：

M：0.4 kg，D=3.5 Ns/m，K=3.8 N/A

これらのパラメータ値を(9-6)，(9-7)式に代入すると具体的な状態方程式はそれぞれ次式のようになる．

$$\begin{bmatrix} \dot{p}(t) \\ \dot{v}(t) \end{bmatrix}=\begin{bmatrix} 0 & 1 \\ 0 & -8.75 \end{bmatrix}\begin{bmatrix} p(t) \\ v(t) \end{bmatrix}+\begin{bmatrix} 0 \\ 9.50 \end{bmatrix} i^*(t)+\begin{bmatrix} 0 \\ -2.50 \end{bmatrix} d(t) \qquad (9\text{-}8)$$

$$\begin{bmatrix} p(k+1) \\ v(k+1) \end{bmatrix}=\begin{bmatrix} 1.0 & 9.96\times10^{-4} \\ 0.0 & 9.91\times10^{-1} \end{bmatrix}\begin{bmatrix} p(k) \\ v(k) \end{bmatrix}$$

$$+\begin{bmatrix} 4.74\times10^{-6} \\ 9.46\times10^{-3} \end{bmatrix} u(k)+\begin{bmatrix} -1.25\times10^{-6} \\ -2.49\times10^{-3} \end{bmatrix} d(k) \qquad (9\text{-}9)$$

9-2　最適ディジタルサーボ系の構成

(9-9)式で示した LDM システムの離散時間モデルに対して，第 8 章で述べた最適ディジタルサーボ系を構成する．ここでは 8-4 節で述べた入力むだ時間の補償を考慮した最適サーボ系を構成する．

まず (8-49) 式のエラーシステムを構成すると以下のようになる．

$$\begin{bmatrix} e(k+1) \\ \Delta p(k+1) \\ \Delta v(k+1) \\ \Delta u(k) \end{bmatrix} = \begin{bmatrix} 1.0 & -1.0 & -9.96\times10^{-4} & -4.74\times10^{-6} \\ 0 & 1.0 & 9.96\times10^{-4} & 4.74\times10^{-6} \\ 0 & 0 & 9.91\times10^{-1} & 9.46\times10^{-3} \\ 0 & 0 & 0 & 0 \end{bmatrix}$$

$$\times \begin{bmatrix} e(k) \\ \Delta p(k) \\ \Delta v(k) \\ \Delta u(k-1) \end{bmatrix} + \begin{bmatrix} 0 \\ 0 \\ 0 \\ 1 \end{bmatrix} u(k) + \begin{bmatrix} 1 \\ 0 \\ 0 \\ 0 \end{bmatrix} \Delta R(k+1) + \begin{bmatrix} 1.25\times10^{-6} \\ -1.25\times10^{-6} \\ -2.49\times10^{-3} \\ 0 \end{bmatrix} \Delta d(k) \tag{9-10}$$

(9-10)式に対して(8-51)式の評価関数は次式のようになる．

$$J = \sum_{k=1}^{\infty} \left[[e(k) \quad \Delta p(k) \quad \Delta v(k) \quad \Delta u(k-1)] \begin{bmatrix} q_1 & 0 & 0 & 0 \\ 0 & q_2 & 0 & 0 \\ 0 & 0 & q_3 & 0 \\ 0 & 0 & 0 & 0 \end{bmatrix} \times \begin{bmatrix} e(k) \\ \Delta p(k) \\ \Delta v(k) \\ \Delta u(k-1) \end{bmatrix} + h\{\Delta u(k)\}^2 \right] \tag{9-11}$$

いま(9-11)式の重みを，$q_1=10.0$，$q_2=1.0\times10^4$，$q_3=1.0$，$h=0.1$ と選定すると(8-54)式の Riccati 方程式の解は

$$\boldsymbol{P}_D = \begin{bmatrix} 5.84\times10^2 & -1.18\times10^4 & -1.16\times10^2 & -1.05 \\ -1.18\times10^4 & 5.80\times10^5 & 6.61\times10^3 & 6.04\times10^1 \\ -1.16\times10^2 & 6.61\times10^3 & 1.23\times10^2 & 1.14 \\ -1.05 & 6.04\times10^1 & 1.14 & 1.05\times10^{-2} \end{bmatrix} \tag{9-12}$$

となり，(8-53)式のフィードバック係数は

$$[\boldsymbol{F}_D \quad \boldsymbol{F}_{Du}] = \boldsymbol{F}_0[\boldsymbol{\Phi G}] = [9.51 \quad -5.56\times10^2 \quad -10.7 \quad -9.98\times10^{-2}] \tag{9-13}$$

と求められる．

9-3　シミュレーションおよび実験による検討

図 9-9 にリニア DC ブラシレスモータシステムに最適ディジタルサーボ系を適用したシミュレーションおよび実験結果を示す．これらはステップ状の目標値変化に対して評価関数の重みを以下のように変化させて行ったものであり，それぞれシミュレーション結果と実験結果を併せて示す．

（a）　$h=0.1$　$q_1=10$　$q_2=1\times10^4$　$q_3=1$

（b）　$h=0.7$　$q_1=10$　$q_2=1\times10^4$　$q_3=1$

（c）　$h=0.1$　$q_1=5\times10^2$　$q_2=1\times10^4$　$q_3=1$

（d）　$h=0.1$　$q_1=10$　$q_2=1$　$q_3=1$

（e）　$h=0.1$　$q_1=10$　$q_2=1\times10^4$　$q_3=1\times10^2$

それぞれ図 9-9(a)を基準にして，１つずつ重みを変えた結果を示している．ハード上の問題から電流指令電圧は−9.5 V〜9.5 V の範囲でしか出力できないため−9.5 V および 9.5 V で入力制限がかかっており，応答はその影響も受けて

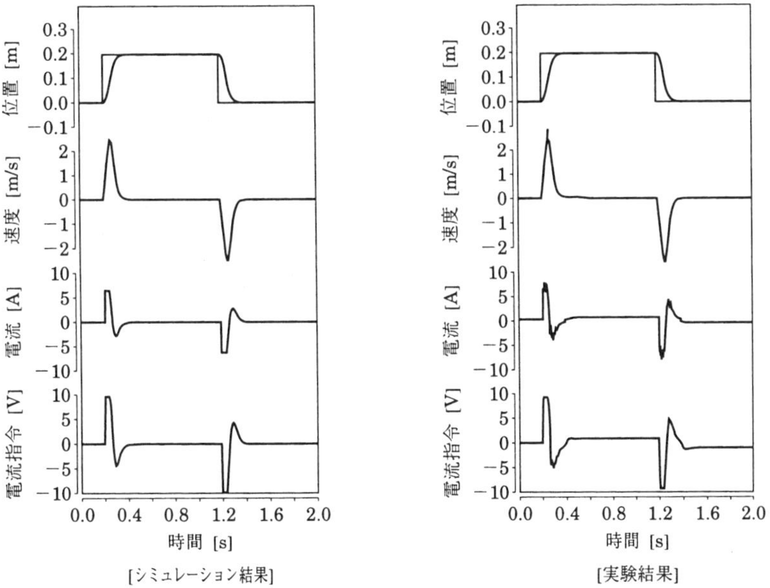

図 9-9　(a)　$h=0.1, q_1=10, q_2=1\times10^4, q_3=1, q_4=0$

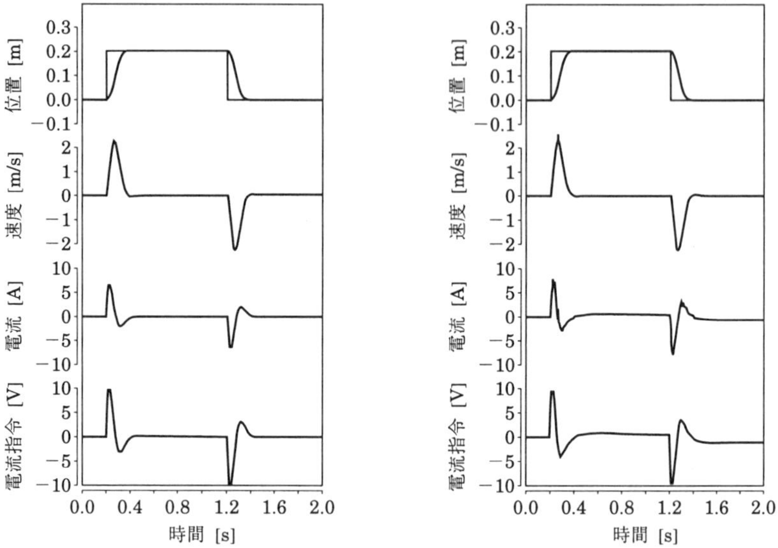

[シミュレーション結果]　　　　[実験結果]

図 9-9　(b) $h=0.7, q_1=10, q_2=1\times10^4, q_3=1, q_4=0$

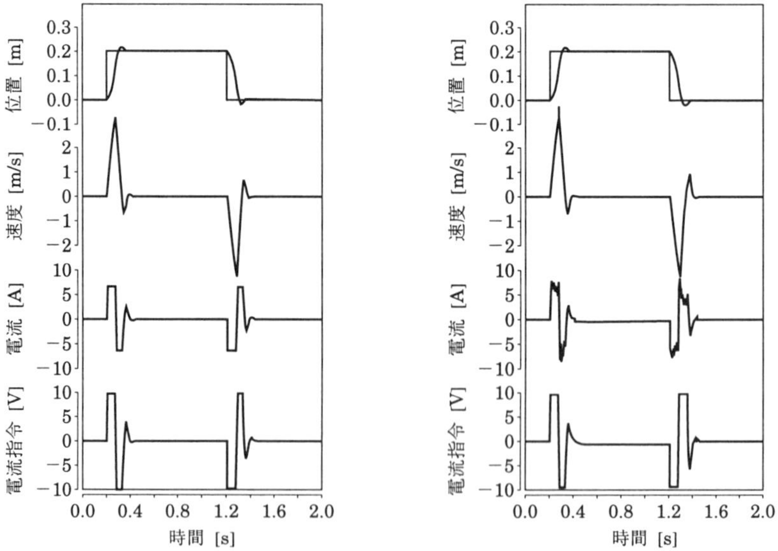

[シミュレーション結果]　　　　[実験結果]

図 9-9　(c) $h=0.1, q_1=5\times10^2, q_2=1\times10^4, q_3=1, q_4=0$

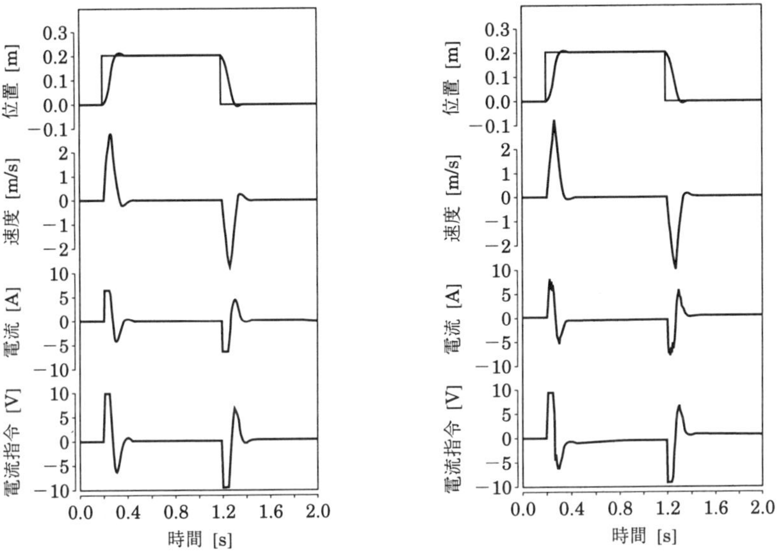

[シミュレーション結果] [実験結果]

図 9-9 (d) $h=0.1, q_1=10, q_2=1, q_3=1, q_4=0$

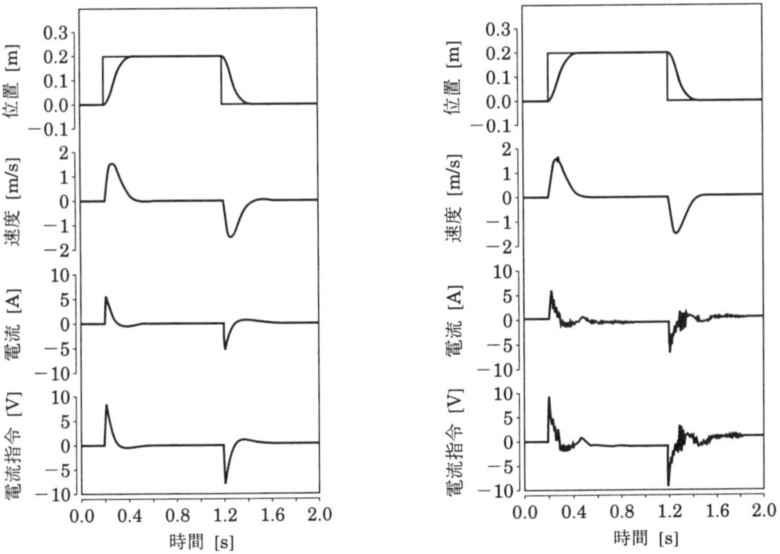

[シミュレーション結果] [実験結果]

図 9-9 (e) $h=0.1, q_1=10, q_2=1\times10^4, q_3=1\times10^2, q_4=0$

いるため重みによる応答の変化が多少わかりにくくなってはいるが，それぞれの重みを変化させたときの傾向は明らかである．またシミュレーション結果と実験結果がよく一致していることもわかる．

9-4　予見フィードフォワード補償[71),72)]

本節では 8-3 節で述べた最適予見サーボ系をリニア DC ブラシレスモータに適用した場合について述べる．最適予見サーボ系は 9-3 節で構成した最適ディジタルサーボ系に予見フィードフォワード補償を付加したものである．

最適予見サーボ系は目標値信号や外乱信号の未来情報が利用できる場合に，これらを積極的に利用することによって制御性能の改善を図ろうとするものである．リニア DC ブラシレスモータシステムに対してもこれをプリント基板孔あけ器，精密組立ロボット，直交座標系ロボットなどの工作機械やロボットへ適用した例がみられるが，これらを含めてメカトロ機器に用いた場合には外乱信号の未来値はともかくとして，目標値信号の未来値は既知の場合が少なくない．

最適予見サーボ系は構造的には通常の最適サーボ系に未来情報を利用した予見フィードフォワード補償を付加したものであるので，安定性などはそのままで，未来情報を用いることにより目標値への追従性の向上や入力のピーク値の低減などが期待できる．

最適予見サーボ系については拡大系および評価関数の意味の違いにより，いくつかの異なったものが提案されているが，ここでは 8-3 節で述べた予見フィードフォワード補償について説明する．なお 8-3 節では入力むだ時間補償のない場合について述べているが，本節では入力むだ時間補償のある場合の予見フィードフォワード補償について述べる．そしてこれをリニア DC ブラシレスモータシステムに適用した結果を示しながらこの最適予見サーボ系の基本的性質についても述べる．

9-4-1　予見フィードフォワード補償

入力むだ時間の補償がない場合の最適予見サーボ系の制御入力は 8-3 節より (8-35) 式で与えられ，その予見フィードフォワード係数は (8-38) および (8-39)

式で与えられる．

今回のように入力むだ時間の補償がある場合には(9-10)式の制御対象に対して，評価関数を

$$J=\sum_{k=-M}^{\infty}\left[\begin{bmatrix} e(k) & \Delta p(k) & \Delta v(k) & \Delta u(k-1)\end{bmatrix}\begin{bmatrix} q_1 & 0 & 0 & 0 \\ 0 & q_2 & 0 & 0 \\ 0 & 0 & q_3 & 0 \\ 0 & 0 & 0 & 0 \end{bmatrix}\begin{bmatrix} e(k) \\ \Delta p(k) \\ \Delta v(k) \\ \Delta u(k-1)\end{bmatrix}+h\{\Delta u(k)\}^2\right] \tag{9-14}$$

として最適予見サーボ系の制御入力を求めることになるが，基本的には(9-10)および(9-14)式を第 8 章の(8-6)および(8-31)式と見なして 8-3 節で示したのと全く同じ手続きで制御入力を求めればよい．すなわち入力むだ時間を考慮した(9-10)，(9-14)式を構成してしまえば，制御系設計に際してあとは入力むだ時間のない場合と全く同じととらえて差し支えないことになる．

入力むだ時間のある場合の最適予見サーボ系の制御入力は(8-6)式の係数を用いて表すと，

$$\begin{aligned}\Delta \boldsymbol{u}(k)=&\boldsymbol{F}_0\boldsymbol{\Phi}\boldsymbol{X}_0(k)+\boldsymbol{F}_0\boldsymbol{G}\Delta u(k-1)\\ &+\boldsymbol{F}_0\boldsymbol{G}_R\Delta\boldsymbol{R}(k+1)+\sum_{j=1}^{M_R-1}\boldsymbol{F}_R(j)\Delta\boldsymbol{R}(k+j+1)\\ &+\boldsymbol{F}_0\boldsymbol{G}_D\Delta\boldsymbol{d}(k)+\sum_{j=0}^{M_d-1}\boldsymbol{F}_d(j)\Delta\boldsymbol{d}(k+j+1)\end{aligned} \tag{9-15}$$

となる．

9-4-2　過渡応答

リニア DC ブラシレスモータシステムに対してこの最適予見サーボ系を構成し，台形状目標値に対して目標値予見を行い，予見ステップ数を変化させたときの応答の実験結果を図 9-10 に示す．評価関数の重み係数は図 9-9(a)で用いたものと同じく

$$h=0.1 \quad q_1=10 \quad q_2=1\times10^4 \quad q_3=1$$

と選定しており，フィードバック係数は(9-13)式で与えられる．また予見フィードフォワード係数，$F_R(j)$については120ステップまで5ステップ毎の値を示すと以下のようになる．

$F_R(1)=9.51$　　$F_R(65)=3.39$
$F_R(5)=9.51$　　$F_R(70)=2.86$
$F_R(10)=9.44$　　$F_R(75)=2.39$
$F_R(15)=9.26$　　$F_R(80)=1.99$
$F_R(20)=8.94$　　$F_R(85)=1.63$
$F_R(25)=8.51$　　$F_R(90)=1.34$
$F_R(30)=7.96$　　$F_R(95)=1.09$
$F_R(35)=7.34$　　$F_R(100)=0.883$
$F_R(40)=6.66$　　$F_R(105)=0.715$
$F_R(45)=5.96$　　$F_R(110)=0.579$
$F_R(50)=5.27$　　$F_R(115)=0.470$
$F_R(55)=4.60$　　$F_R(120)=0.382$
$F_R(60)=3.97$

図9-10において，それぞれ(a)は予見なし，(b)は30ステップ(30 ms)，(c)は60ステップ(60 ms)，(d)は90ステップ(90 ms)，(e)は120ステップ(120 ms)の予見を行った実験結果を示している．予見ステップ数が増えるにつれて目標値信号への追従性が向上しており，入力のピーク値が低減した滑らかな応答を示していることがわかる．そしてこの程度は予見ステップ数に応じて大きくなっていくが，(d)と(e)をみればわかるようにさらにある程度以上のステップの予見を行ってもほとんど効果がなく，この場合には90ステップ程度が限界であることがわかる．これは自動車の運転で必要以上に前方を遠くまで見ながら運転しても運転性能がほとんど変わらないことと同じであるといえる．

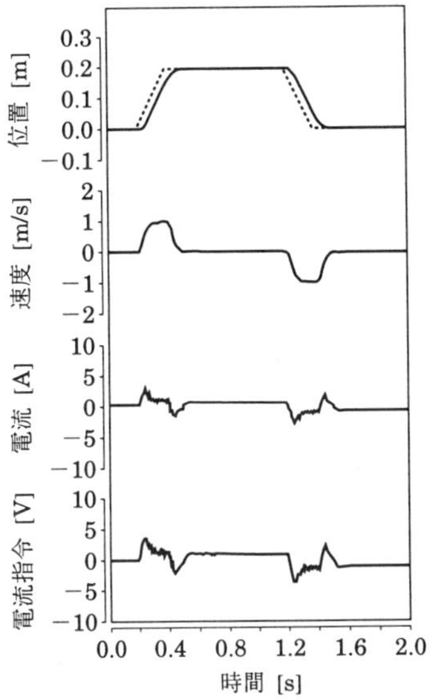

[シミュレーション結果]

(a) 予見ステップ=0

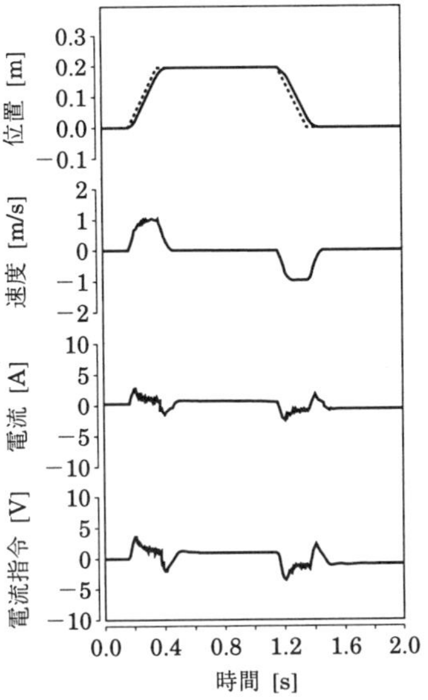

[実験結果]

(b) 予見ステップ=30

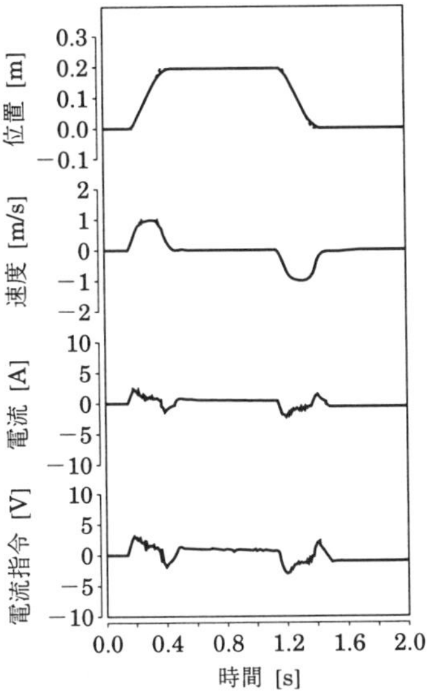

[シミュレーション結果]

(c) 予見ステップ=60

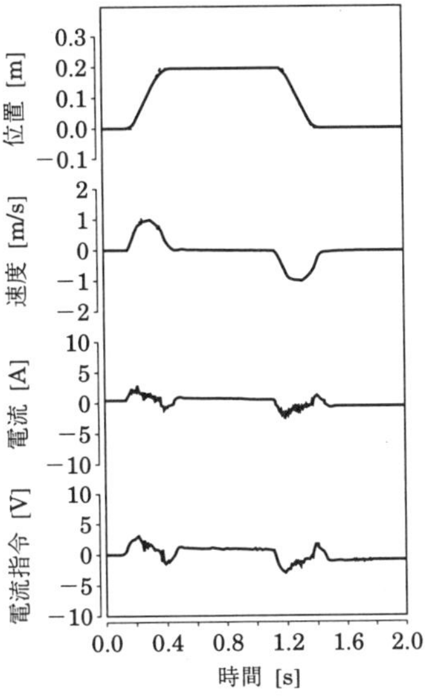

[実験結果]

(d) 予見ステップ=90

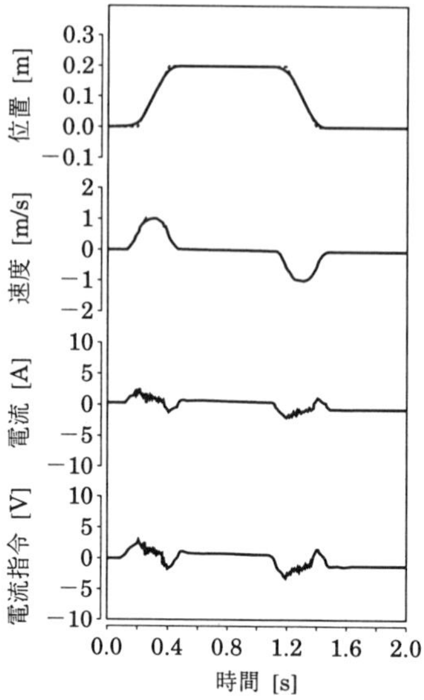

[シミュレーション結果]

(e) 予見ステップ＝120

図 9-10　ディジタル最適予見サーボ系の応答

9-4-3　周波数特性

図 9-11 に 9-4-2 項で構成したリニア DC ブラシレスモータ予見サーボ系の目標値-制御量間のボード線図を示す．図 9-10 と同じく (a) は予見なし，(b) は 30 ステップ(30 ms)，(c) は 60 ステップ(60 ms)，(d) は 90 ステップ(90 ms)，(e) は 120 ステップ(120 ms)の予見を行った結果を示している．予見ステップ数を増加することにより，ゲイン特性は若干劣化しているが位相特性が大幅に改善されることがわかる．90 ステップ程度以上予見してもボード線図があまり変化しないのは図 9-10 の結果と同様である．

9-4-4　評価関数値の検討

9-4-3 項においてある程度以上予見してもそれ以上特性が改善されないことを示したが，それでは何ステップ未来までの予見が適当かという問題が生じる．入力むだ時間のない場合の評価関数値はすでに(8-46)，(8-47)式で示したとおりであるが，入力むだ時間のある場合にその補償を考慮した(9-15)式の制御則を

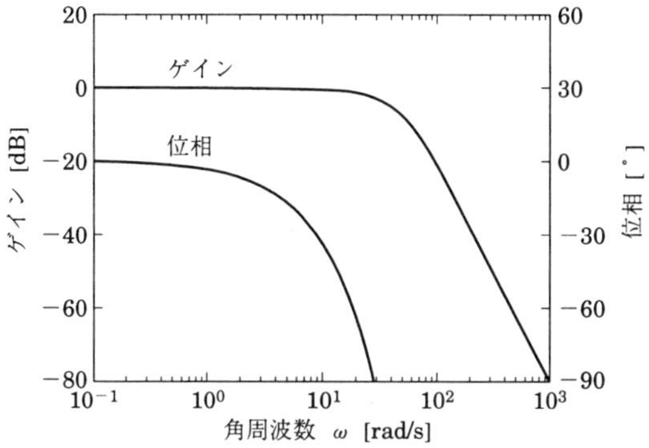

(a) 予見ステップ=0

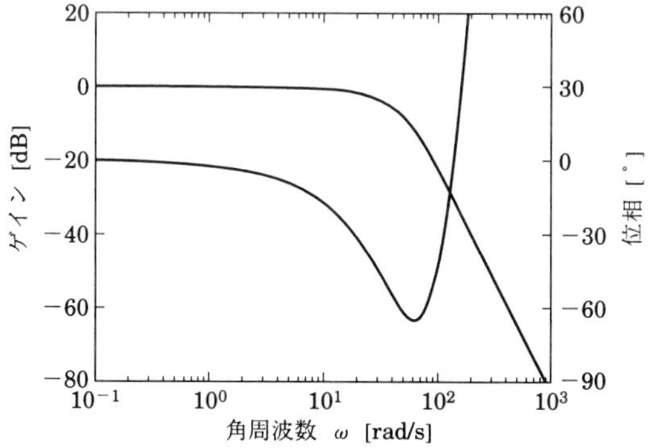

(b) 予見ステップ=30

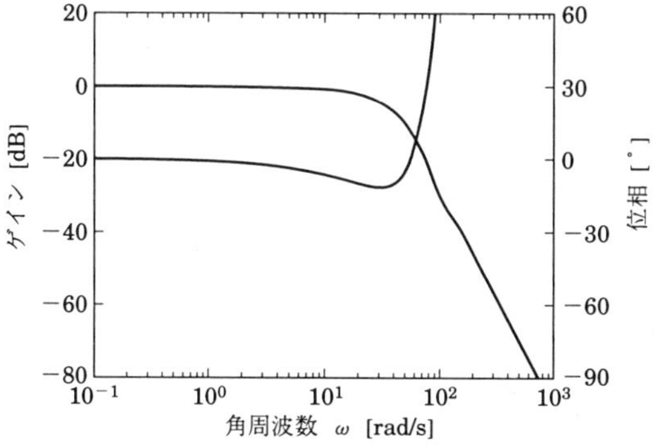

(c) 予見ステップ=60

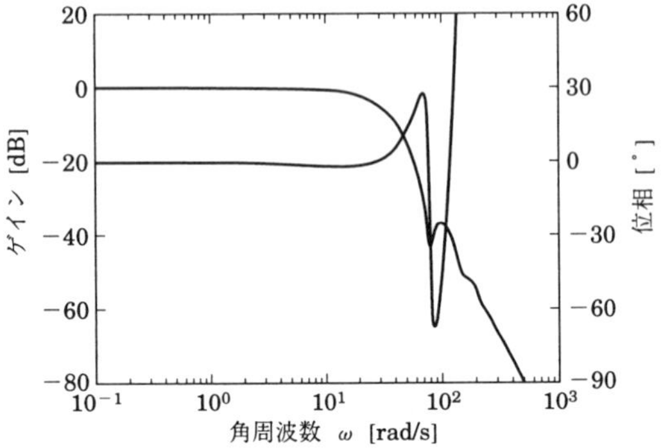

(d) 予見ステップ＝90

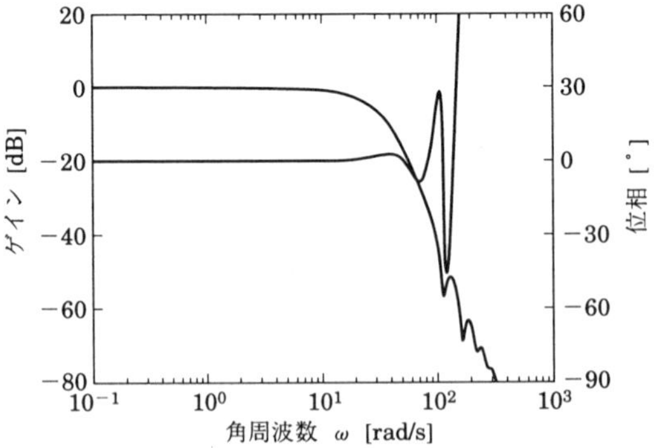

(e) 予見ステップ＝120

図 9-11　ディジタル最適予見制御系のボード線図

用いた場合に(8-31)式の評価関数の値がどのようになるかを考えてみる．

いま目標値，外乱信号がそれぞれ R_0，d_0 だけ独立にステップ状に変化したとする．結果のみ示すとこのとき最適サーボ系の評価関数値は

$$J_{DR}=\boldsymbol{R}_0{}^T\boldsymbol{G}_R{}^T\boldsymbol{P}\boldsymbol{G}_R\boldsymbol{R}_0+\boldsymbol{R}_0{}^T\boldsymbol{G}_R{}^T\boldsymbol{\Phi}^T\boldsymbol{P}\boldsymbol{G}[\boldsymbol{H}+\boldsymbol{G}^T\boldsymbol{P}\boldsymbol{G}]^{-1}\boldsymbol{G}^T\boldsymbol{P}\boldsymbol{\Phi}\boldsymbol{G}_R\boldsymbol{R}_0 \tag{9-16}$$

となり，M_R ステップの未来目標値を予見する最適予見サーボ系の評価関数値は

$$J_{DPR}=J_{DR}-\boldsymbol{R}_0{}^T\boldsymbol{G}_R{}^T\boldsymbol{\Phi}^T\boldsymbol{P}\boldsymbol{G}[\boldsymbol{H}+\boldsymbol{G}^T\boldsymbol{P}\boldsymbol{G}]^{-1}\boldsymbol{G}^T\boldsymbol{P}\boldsymbol{\Phi}\boldsymbol{G}_R\boldsymbol{R}_0$$
$$-\sum_{j=1}^{M_d-1}\boldsymbol{R}_0{}^T\boldsymbol{G}_R{}^T\boldsymbol{P}\boldsymbol{\xi}^{j-1}\boldsymbol{G}[\boldsymbol{H}+\boldsymbol{G}^T\boldsymbol{P}\boldsymbol{G}]^{-1}\boldsymbol{G}^T(\boldsymbol{\xi}^T)^{j-1}\boldsymbol{P}\boldsymbol{G}_R\boldsymbol{R}_0 \tag{9-17}$$

と求められる．しかし(9-17)式は結局，

$$J_{DPR}=\boldsymbol{R}_0{}^T\boldsymbol{G}_R{}^T\boldsymbol{P}\boldsymbol{G}_R\boldsymbol{R}_0 - \sum_{j=1}^{M_R-1}\boldsymbol{R}_0{}^T\boldsymbol{G}_R{}^T\boldsymbol{P}\boldsymbol{\xi}^{j-1}\boldsymbol{G}[\boldsymbol{H}+\boldsymbol{G}^T\boldsymbol{P}\boldsymbol{G}]^{-1}\boldsymbol{G}^T(\boldsymbol{\xi}^T)^{j-1}\boldsymbol{P}\boldsymbol{G}_R\boldsymbol{R}_0 \quad (9\text{-}18)$$

となり，(8-46)式と比較すると入力むだ時間のある場合には M_R ステップまで予見しても，入力むだ時間のない場合の M_R-1 ステップまで予見した効果と等しくなることがわかる．

一方，M_d ステップの未来外乱を予見する最適予見サーボ系の評価関数値も全く同様にして以下のようになり，入力むだ時間のない場合の M_d-1 ステップまで予見した効果と等しくなる．

最適サーボ系の評価関数値

$$J_{Dd}=\boldsymbol{d}_0{}^T\boldsymbol{G}_d{}^T\boldsymbol{P}\boldsymbol{G}_d\boldsymbol{d}_0+\boldsymbol{d}_0{}^T\boldsymbol{G}_d{}^T\boldsymbol{\Phi}^T\boldsymbol{P}\boldsymbol{G}[\boldsymbol{H}+\boldsymbol{G}^T\boldsymbol{P}\boldsymbol{G}]^{-1}\boldsymbol{G}^T\boldsymbol{P}\boldsymbol{\Phi}\boldsymbol{G}_d\boldsymbol{d}_0 \quad (9\text{-}19)$$

最適予見サーボ系の評価関数値

$$J_{DPd}=\boldsymbol{d}_0{}^T\boldsymbol{G}_d{}^T\boldsymbol{P}\boldsymbol{G}_d\boldsymbol{d}_0-\sum_{j=0}^{M_d-1}\boldsymbol{d}_0{}^T\boldsymbol{G}_d{}^T\boldsymbol{P}\boldsymbol{\xi}^j\boldsymbol{G}[\boldsymbol{H}+\boldsymbol{G}^T\boldsymbol{P}\boldsymbol{G}]^{-1}\boldsymbol{G}^T(\boldsymbol{\xi}^T)^j\boldsymbol{P}\boldsymbol{G}_d\boldsymbol{d}_0 \quad (9\text{-}20)$$

図 9-12 にリニア DC ブラシレスモータの予見サーボ系に対して，目標値予見

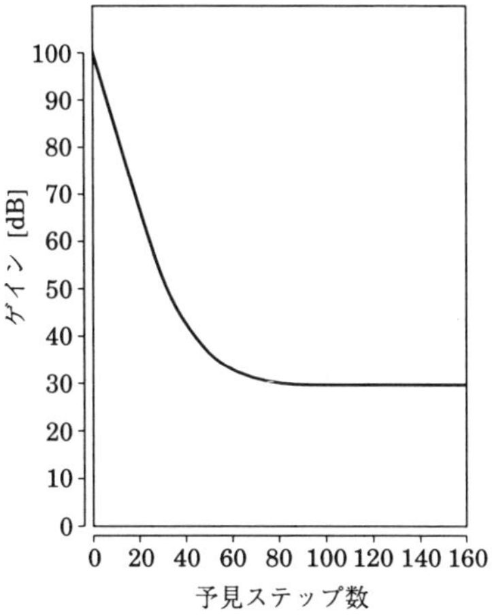

図 9-12 予見ステップ数と評価関数値

を行った場合の評価関数と予見なしの場合の評価関数の比，J_{DPR}/J_{DR} すなわち(9-16)式と(9-18)式の比を計算した結果を示す．図9-12で横軸は予見ステップ数を表し，縦軸はこの比を百分率で表している．図9-12からも90ステップ程度以上予見してもほとんど効果がないことがわかり，9-4-2項の過渡応答，9-4-3項の周波数応答で得られた結果と対応していることがわかる．

演習問題解答

第1章

1.　シーケンス制御は，いわゆる将棋倒し，ドミノ倒しの制御であり，あらかじめ定められた順序に従って制御の各段階を順次進めていくものである．図1-4を参照すればわかるように両者とも同じく閉ループ構造となっているが，シーケンス制御ではフィードバック制御の目標値が作業命令に対応し，制御対象の出力はフィードバック制御の制御量のようにアナログ量ではなく，0か1かの2値ディジタル量となっている．制御システムを階層的に大きくとらえるとフィードバック制御，シーケンス制御，計画の順に上位の階層となる．すなわち，シーケンス制御は制御システム全体の中の各サブシステムに対して動作指令を行い，フィードバック制御はそのサブシステム内で予期できない外乱や周囲の状況変化に対しても目標値に追従する制御を実現するものといえる．

2.　(1)　平衡状態にあるシステムに対して，入力を零として瞬間的な擾乱を与えたとき，時間の経過とともにもとの平衡状態に戻れば安定，発散してしまえば不安定である．(第5章参照)

(2)　正フィードバックは目標値に制御量を加える形になるものであり，負フィードバックは目標値から制御量を減じる形になるものである．正フィードバックの例としては下図に示すように銀行の複利預金の例などが挙げられ，このような場合には制御系の出力は発散してしまう．通常の制御系は負フィードバックとなるように構成するが，表面的には負フィードバックをかけたつもりでも，目標値信号や外乱，観測雑音などのある周波数成分に対しては正フィードバックがかかっ

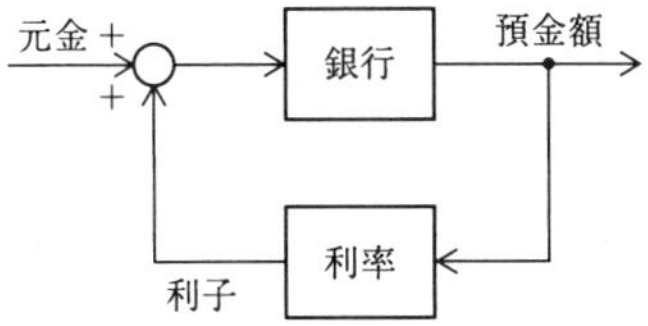

てしまう場合があるので，表面的に負フィードバックをかけたからといって必ずしも安定性は保証されない．

（3） 基本的には（連続時間系の場合）フィードバック制御系の極の実数部が負，すなわち s 平面の左半平面にあれば安定となるので，次数が低い制御系の場合には特性方程式を解いてこの極を求めればよい．しかし，次数が高くなると極を求めるのは困難となり，この場合には Routh 表を用いた Routh の安定判別法あるいは Hurwitz 行列式を用いた Hurwitz の安定判別法などにより直接特性方程式を解いて極を求めることなく安定判別が可能となる．さらに複素平面上に一巡伝達関数のベクトル軌跡を描いて安定判別を行う Nyquist の安定判別法によれば，安定か否かだけでなくその度合いまで見ることができる．（第5章参照）

（4） 静的システムは入出力の関係が代数方程式で表されるものであり，動的システムは入出力関係が微分方程式で記述されるものである．つまり静的システムはいま印加した入力が現在の出力のみに影響を与えるシステムであるのに対して，動的システムはいま印加した入力が現在の出力のみならず将来にわたっても影響を与えるシステムである．

（5） 目標値あるいは外乱がステップ信号かランプ信号かなどのタイプを考慮して，それぞれのタイプに応じて積分器を1個，2個というようにフィードバックループ内に含む制御系を構成する．これは現代制御理論では定常誤差をなくすためには目標関数発生器を制御系内部に含むという内部モデル原理として知られる．（第6章参照）

（6） 通常の制御系では，モデルの不確かさやパラメータ変動などに積極的に対処できず，不安定になったり定常誤差が残ってしまったりする．これに対して，積極的に対処しようとする考え方には1つには制御器の構造を変えずにモデル化誤差を制御系に取り込んで，その最大のものを小さくしようとする H_∞ 制御やモデル化誤差を外乱として推定し，それを零とする外乱オブザーバなどに代表されるロバスト制御がある．もう1つには制御対象のパラメータ変動に対して，制御器の構造を変えて対処しようという可変構造制御系がある．この代表的なものはシステムのモードを切り換え超平面に拘束しようとするスライディングモード制御や制御対象のパラメータを逐次推定してそれに応じて制御系を構成する適応制御などがある．

3．（1） 信頼性が高い

ディジタル制御の方がアナログ制御よりもハードウエア的に部品点数が極めて少な

く，このため故障率が低くハードウエアの信頼性が高い．またディジタル信号はアナログ信号のようにノイズや外乱による影響を受けず，ドリフトの除去もでき信号的にも信頼性が高い．

（2） 費用が安い

ディジタル制御系の制御アルゴリズムは通常ディジタルコンピュータのソフトウエアで実現され，アナログ制御系はオペアンプやトランジスタなど各種の電子部品で実現される．このため制御の複雑さが増せば増すほどディジタル制御の方がアナログ制御に比べて，コンパクトで軽くでき，コスト的に有利となる．

（3） 融通性が高い

ディジタル制御系の方がソフトウエアのプログラムにより，制御アルゴリズムの変更が容易なため融通性が高く，制御系の変更や高度化も容易である．

4． 古典制御理論は，基本的には伝達関数などの形で制御対象の入出力関係を用いて，制御対象の内部はブラックボックスとして制御するものである．これに対して現代制御理論は状態方程式の形で制御対象のモデルを表し，その内部の情報までわかった上で制御しようとするものである．このため，古典制御理論は1入力1出力系に対しては問題はないが，多入力多出力系になると内部の相互干渉の様子が完全には表せないため，対応が困難である．これに対して現代制御理論によれば内部の相互干渉まで把握できるため，多入力多出力系に対しても対応は容易となる．

さらに現代制御理論は制御対象の数式モデルを把握しているため，理論的に制御系の解析，設計が可能となり，古典制御理論に比べて理論に基づいた高度な制御が可能となる．

第2章

1． $e^{j\theta}=\cos\theta+j\sin\theta$ を示す．

いま $F=\cos\theta+j\sin\theta$ とおくと，

$$\frac{dF}{d\theta}=j(\cos\theta+j\sin\theta)=jF$$

が成り立つ．この式を変形すると

$$\frac{dF}{F}=jd\theta$$

となり，両辺を積分すれば

$$\log_e F=j\theta+C'$$

が成り立つ．したがって

$$F=Ce^{j\theta}$$

であり，$\theta=0$ のとき $F=1$ より $C=1$ となって示される．

2．（1） $\mathcal{L}[e^{-at}x(t)]=\int_0^\infty e^{-at}x(t)e^{-st}dt$

$$=\int_0^\infty x(t)e^{-(s+a)t}dt$$

$$=X(s+a)$$

（2） $\mathcal{L}[x(t-\tau)]=\int_0^\infty x(t-\tau)e^{-st}dt$

$t-\tau=\sigma$ とおいて上式は以下のようになる．

$$e^{-s\tau}\int_0^\infty x(\sigma)e^{-s\sigma}d\sigma=e^{-s\tau}X(s)$$

（3） $X(s)=\int_0^\infty x(t)e^{-st}dt$

より，上式の両辺を s で微分すると

$$\frac{dX(s)}{ds}=-\int_0^\infty tx(t)e^{-st}dt$$

となる．これより次式となる．

$$\mathcal{L}[tx(t)]=\int_0^\infty tx(t)e^{-st}dt=-\frac{dX(s)}{ds}$$

3．（1） $\dfrac{e^{-8s}}{s}$ （（2）を用いた）（2） $\dfrac{s^2-9}{(s^2+9)^2}$ （（3）を用いた）

（3） $\dfrac{(s+5)^2-36}{\{(s+5)^2+36\}^2}$ （（2）および（3）を用いた）

4．（1） $x(t)=\dfrac{1}{2}-4e^{-3t}+\dfrac{11}{2}e^{-2t}$

（2） $x(t)=2e^{-t}+2te^{-t}$

（3） $X(s)=\dfrac{s}{(s^2+2s+2)(s^2+4)}=\dfrac{1}{10}\left\{\dfrac{s-2}{(s+1)^2+1}-\dfrac{s-4}{s^2+4}\right\}$

より，

$$x(t)=\frac{1}{10}\{e^{-t}\cos t-3e^{-t}\sin t-\cos 2t+2\sin 2t\}$$

5. （1） 行列 $\boldsymbol{A}$ は正則行列であるから，

$$\begin{bmatrix}\boldsymbol{A} & \boldsymbol{B}\\ 0 & \boldsymbol{D}\end{bmatrix}=\begin{bmatrix}\boldsymbol{A} & 0\\ 0 & \boldsymbol{I}\end{bmatrix}\begin{bmatrix}\boldsymbol{I} & 0\\ 0 & \boldsymbol{D}\end{bmatrix}\begin{bmatrix}\boldsymbol{I} & \boldsymbol{A}^{-1}\boldsymbol{B}\\ 0 & \boldsymbol{I}\end{bmatrix}$$

となる．両辺の行列式をとって

$$\begin{vmatrix}\boldsymbol{A} & \boldsymbol{B}\\ 0 & \boldsymbol{D}\end{vmatrix}=\begin{vmatrix}\boldsymbol{A} & 0\\ 0 & \boldsymbol{I}\end{vmatrix}\begin{vmatrix}\boldsymbol{I} & 0\\ 0 & \boldsymbol{D}\end{vmatrix}\begin{vmatrix}\boldsymbol{I} & \boldsymbol{A}^{-1}\boldsymbol{B}\\ 0 & \boldsymbol{I}\end{vmatrix}=|\boldsymbol{A}||\boldsymbol{D}|$$

が成り立つ．同様にして行列 $\boldsymbol{D}$ は正則であるので

$$\begin{vmatrix}\boldsymbol{A} & 0\\ \boldsymbol{C} & \boldsymbol{D}\end{vmatrix}=\begin{vmatrix}\boldsymbol{A} & 0\\ 0 & \boldsymbol{I}\end{vmatrix}\begin{vmatrix}\boldsymbol{I} & 0\\ 0 & \boldsymbol{D}\end{vmatrix}\begin{vmatrix}\boldsymbol{I} & 0\\ \boldsymbol{D}^{-1}\boldsymbol{C} & \boldsymbol{I}\end{vmatrix}=|\boldsymbol{A}||\boldsymbol{D}|$$

となる．

（2）

$$\begin{bmatrix}\boldsymbol{A} & \boldsymbol{B}\\ \boldsymbol{C} & \boldsymbol{D}\end{bmatrix}=\begin{bmatrix}\boldsymbol{A} & 0\\ \boldsymbol{C} & \boldsymbol{I}_m\end{bmatrix}\begin{bmatrix}\boldsymbol{I}_n & \boldsymbol{A}^{-1}\boldsymbol{B}\\ 0 & \boldsymbol{D}-\boldsymbol{C}\boldsymbol{A}^{-1}\boldsymbol{B}\end{bmatrix}\quad(|\boldsymbol{A}|\neq 0)$$

$$=\begin{bmatrix}\boldsymbol{I}_n & \boldsymbol{B}\\ 0 & \boldsymbol{D}\end{bmatrix}\begin{bmatrix}\boldsymbol{A}-\boldsymbol{B}\boldsymbol{D}^{-1}\boldsymbol{C} & 0\\ \boldsymbol{D}^{-1}\boldsymbol{C} & \boldsymbol{I}_m\end{bmatrix}\quad(|\boldsymbol{D}|\neq 0)$$

が成り立つ．ここで（1）の結果を用いると，

$$\begin{vmatrix}\boldsymbol{A} & \boldsymbol{B}\\ \boldsymbol{C} & \boldsymbol{D}\end{vmatrix}=|\boldsymbol{A}||\boldsymbol{D}-\boldsymbol{C}\boldsymbol{A}^{-1}\boldsymbol{B}|\quad(|\boldsymbol{A}|\neq 0)$$

$$=|\boldsymbol{D}||\boldsymbol{A}-\boldsymbol{B}\boldsymbol{D}^{-1}\boldsymbol{C}|\quad(|\boldsymbol{D}|\neq 0)$$

が成り立つ．

（3）（2）の結果を用いると，

$$\begin{vmatrix}\boldsymbol{I}_n & -\boldsymbol{A}\\ \boldsymbol{B} & \boldsymbol{I}_m\end{vmatrix}=|\boldsymbol{I}_n||\boldsymbol{I}_m+\boldsymbol{B}\boldsymbol{A}|=|\boldsymbol{I}_m+\boldsymbol{B}\boldsymbol{A}|$$

$$=|\boldsymbol{I}_m||\boldsymbol{I}_n+\boldsymbol{A}\boldsymbol{B}|=|\boldsymbol{I}_n+\boldsymbol{A}\boldsymbol{B}|$$

となり，成立する．また $m=1$ のときは $|\boldsymbol{I}_m+\boldsymbol{B}\boldsymbol{A}|=1+\boldsymbol{B}\boldsymbol{A}$ となる．

6. いずれももとの行列と逆行列を掛けあわせて単位行列になっていることを確かめればよい．

7. 5 の z 変換はこの式を z 変換すると

$$X(z)=\sum_{k=0}^{\infty}1\,z^{-k}=\frac{1}{1-z^{-1}}$$

となることなどを用いて，

$$X(z)=\frac{5}{(1-az^{-1})(1-z^{-1})}=\frac{5}{1-a}\left(\frac{1}{1-z^{-1}}-\frac{a}{1-az^{-1}}\right)\quad(1)$$

となり，これを逆 z 変換すればよい．

ここで，a^k の z 変換は

$$X(z)=\sum_{k=0}^{\infty}a^k z^{-k}=1+az^{-1}+a^2z^{-2}+\cdots=\frac{1}{1-az^{-1}}$$

となることなどを用いると，(1)式の逆 z 変換は

$$x(k)=\frac{5}{1-a}(1-a^{k+1})$$

となる．

第3章

1. $$\frac{Y(s)}{R(s)}=\frac{G_1(s)G_2(s)G_3(s)G_4(s)}{1+G_2(s)G_3(s)+G_3(s)G_4(s)+G_1(s)G_2(s)G_3(s)G_4(s)}$$

2. (1) $$G_R(s)=\frac{Y(s)}{R(s)}=\frac{G_1G_2G_3}{1-G_1G_2H_1+G_1G_2G_3H_2}$$

(2) $$G_D(s)=\frac{Y(s)}{D(s)}=\frac{G_2G_3}{1-G_1G_2H_1+G_1G_2G_3H_2}$$

3. (3-49)式を t で微分すると

$$\begin{aligned}\frac{d}{dt}e^{\boldsymbol{A}t}&=\frac{d}{dt}\left(\boldsymbol{I}+\boldsymbol{A}t+\frac{1}{2!}\boldsymbol{A}^2t^2+\cdots\right)\\&=\boldsymbol{A}+\boldsymbol{A}^2t+\frac{1}{2!}\boldsymbol{A}^3t^2+\cdots\\&=\boldsymbol{A}\left(\boldsymbol{I}+\boldsymbol{A}t+\frac{1}{2!}\boldsymbol{A}^2t^2+\cdots\right)\\&=\boldsymbol{A}e^{\boldsymbol{A}t}\\&=\left(\boldsymbol{I}+\boldsymbol{A}t+\frac{1}{2!}\boldsymbol{A}^2t^2+\cdots\right)\boldsymbol{A}\\&=e^{\boldsymbol{A}t}\boldsymbol{A}\end{aligned}$$

となり，(3-50)式が成り立つ．また(3-49)式で $t=0$ とすると

$$e^{\boldsymbol{0}}=\boldsymbol{I}$$

となって，(3-51)式が成り立つ．

4. (3-53)式より初期値を $t=0$ で $\boldsymbol{x}(0)$ として，$t=t_0$ における $\boldsymbol{x}(t_0)$ を求めると

$$\boldsymbol{x}(t_0)=e^{\boldsymbol{A}t_0}\boldsymbol{x}(0)+\int_0^{t_0}e^{\boldsymbol{A}(t-\tau)}\boldsymbol{b}u(\tau)d\tau+\int_0^{t_0}e^{\boldsymbol{A}(t-\tau)}\boldsymbol{e}d(\tau)d\tau$$

となるが，これより

$$\boldsymbol{x}(0)=e^{-\boldsymbol{A}t_0}\boldsymbol{x}(t_0)-\int_0^{t_0}e^{-\boldsymbol{A}\tau}\boldsymbol{b}u(\tau)\,d\tau-\int_0^{t_0}e^{-\boldsymbol{A}\tau}\boldsymbol{e}d(\tau)\,d\tau$$

となって，これを上式に代入すると

$$\boldsymbol{x}(t)=e^{\boldsymbol{A}(t-t_0)}\boldsymbol{x}(0)+\int_{t_0}^{t}e^{\boldsymbol{A}(t-\tau)}\boldsymbol{b}u(\tau)\,d\tau+\int_{t_0}^{t}e^{\boldsymbol{A}(t-\tau)}\boldsymbol{e}d(\tau)\,d\tau$$

を得る．あるいは，(3-54)式を t_0 から t まで積分しても同様な解が得られる．

5.（1） $(s\boldsymbol{I}-\boldsymbol{A})^{-1}=\begin{bmatrix} s & -1 \\ 2 & s+3 \end{bmatrix}^{-1}=\dfrac{1}{(s+1)(s+2)}\begin{bmatrix} s+3 & 1 \\ -2 & s \end{bmatrix}$

より

$$e^{\boldsymbol{A}t}=\mathcal{L}^{-1}[(s\boldsymbol{I}-\boldsymbol{A})^{-1}]=\begin{bmatrix} 2e^{-t}-e^{-2t} & e^{-t}-e^{-2t} \\ -2e^{-t}+2e^{-2t} & -e^{-t}+2e^{-2t} \end{bmatrix}$$

と求められる．

（2） $0<t$ で $u(t)=1$ であるので以下のようになる．

$$\begin{aligned}\boldsymbol{x}(t)&=e^{\boldsymbol{A}t}\boldsymbol{x}(0)+\int_0^{t}e^{\boldsymbol{A}(t-\tau)}\boldsymbol{b}u(\tau)\,d\tau\\ &=\begin{bmatrix} 2e^{-t}-e^{-2t} \\ -2e^{-t}+2e^{-2t} \end{bmatrix}+\int_0^{t}\begin{bmatrix} e^{-(t-\tau)}-e^{-2(t-\tau)} \\ -e^{-(t-\tau)}+2e^{-2(t-\tau)} \end{bmatrix}d\tau\\ &=\begin{bmatrix} \dfrac{1}{2}+e^{-t}-\dfrac{1}{2}e^{-2t} \\ -e^{-t}+e^{-2t} \end{bmatrix}\end{aligned}$$

6. $\boldsymbol{T}$ として(3-79)式を選び，$\boldsymbol{U}_c$ を対角正準形の $\tilde{\boldsymbol{A}}, \tilde{\boldsymbol{b}}$ を用いて表すと，

$$\begin{aligned}\boldsymbol{U}_c&=\boldsymbol{T}[\tilde{\boldsymbol{b}}\quad \tilde{\boldsymbol{A}}\tilde{\boldsymbol{b}}\quad \cdots\quad \tilde{\boldsymbol{A}}^{n-1}\tilde{\boldsymbol{b}}]\\ &=\boldsymbol{T}\begin{bmatrix} b_1 & \lambda_1 b_1 & \cdots & \lambda_1{}^{n-1}b \\ b_2 & \lambda_2 b_2 & \cdots & \lambda_2{}^{n-1}b_2 \\ \vdots & \vdots & & \vdots \\ b_{n-1} & \lambda_{n-1}b_{n-1} & \cdots & \lambda_{n-1}{}^{n-1}b_{n-1} \end{bmatrix}\\ &=\boldsymbol{T}\begin{bmatrix} b_1 & & \boldsymbol{0} \\ & b_2 & \\ & & \ddots & \\ \boldsymbol{0} & & & b_{n-1} \end{bmatrix}\begin{bmatrix} 1 & \lambda_1 & \cdots & \lambda_1{}^{n-1} \\ 1 & \lambda_2 & \cdots & \lambda_2{}^{n-1} \\ \vdots & \vdots & & \vdots \\ 1 & \lambda_{n-1} & \cdots & \lambda_{n-1}{}^{n-1} \end{bmatrix}\end{aligned}$$

となるが，

$$V=\begin{bmatrix}1 & \lambda_1 & \cdots & {\lambda_1}^{n-1}\\ 1 & \lambda_2 & \cdots & {\lambda_2}^{n-1}\\ \vdots & \vdots & & \vdots\\ 1 & \lambda_{n-1} & \cdots & {\lambda_{n-1}}^{n-1}\end{bmatrix}$$

は $|\boldsymbol{V}|=\prod_{i\neq j}(\lambda_i-\lambda_j)$ より $\lambda_i\neq\lambda_j(\forall i, j)$ のときには $|\boldsymbol{V}|\neq 0$ となることが知られているため，

$$|\boldsymbol{U}_c|=|\boldsymbol{T}||\boldsymbol{V}|b_1b_2\cdots b_{n-1}$$

において，$|\boldsymbol{T}|\neq 0$，$|\boldsymbol{V}|\neq 0$ より対角正準形において b_i がすべて零でないという条件と $|\boldsymbol{U}_c|\neq 0$ すなわち $\boldsymbol{U}_c$ がフルランクであるという条件は一致する．

7．必要条件のみ示す．いま $\mathrm{rank}[\boldsymbol{A}-\lambda_i\boldsymbol{I}\quad \boldsymbol{b}]=n$ でないとする．このとき，

$$\boldsymbol{\xi}^T[\boldsymbol{A}-\lambda_i\boldsymbol{I}\quad \boldsymbol{b}]=\boldsymbol{0}$$

となるような行ベクトル $\boldsymbol{\xi}^T\neq\boldsymbol{0}$ が存在する．

上式は，

$$\boldsymbol{\xi}^T\boldsymbol{A}=\lambda_i\boldsymbol{\xi}^T,\quad \boldsymbol{\xi}^T\boldsymbol{b}=\boldsymbol{0}$$

と等価となる．この両者の式から，

$$\boldsymbol{\xi}^T[\boldsymbol{b}\quad \boldsymbol{A}\boldsymbol{b}\quad \cdots\quad \boldsymbol{A}^{n-1}\boldsymbol{b}]=\boldsymbol{\xi}^T\boldsymbol{U}_c=\boldsymbol{0}$$

が成り立つが $\boldsymbol{\xi}^T\neq\boldsymbol{0}$ より $\mathrm{rank}\ \boldsymbol{U}_c\neq n$ となる．したがって $(\boldsymbol{A}, \boldsymbol{b})$ は可制御ではない．

8．特性多項式が(3-92)式で与えられるとき，(3-97)式が成り立つのを示す．

いま $\boldsymbol{T}$ として(3-79)式を選び，(3-97)式の左から $\boldsymbol{T}^{-1}$ を乗じ，右から $\boldsymbol{T}$ を乗じ $\boldsymbol{A}$ 行列を対角正準形の形に変換することを考える．このとき(3-97)式は，

$$\tilde{\boldsymbol{A}}^n+a_{n-1}\tilde{\boldsymbol{A}}^{n-1}+\cdots+a_0\boldsymbol{I}=\boldsymbol{0}$$

となるが，上式の左辺の各対角項は

$$\lambda_i^n+a_{n-1}\lambda_i^{n-1}+\cdots+a_0$$

となり，(3-92)式よりこれはすべて 0 となることがわかる．

9．（1）$$\begin{bmatrix}\dot{x}_1(t)\\ \dot{x}_2(t)\end{bmatrix}=\begin{bmatrix}0 & 1\\ -\dfrac{K}{M} & -\dfrac{D}{M}\end{bmatrix}\begin{bmatrix}x_1(t)\\ x_2(t)\end{bmatrix}+\begin{bmatrix}0\\ \dfrac{1}{M}\end{bmatrix}u(t)$$

$$y(t)=[1\quad 0]\begin{bmatrix}x_1(t)\\ x_2(t)\end{bmatrix}$$

(2)

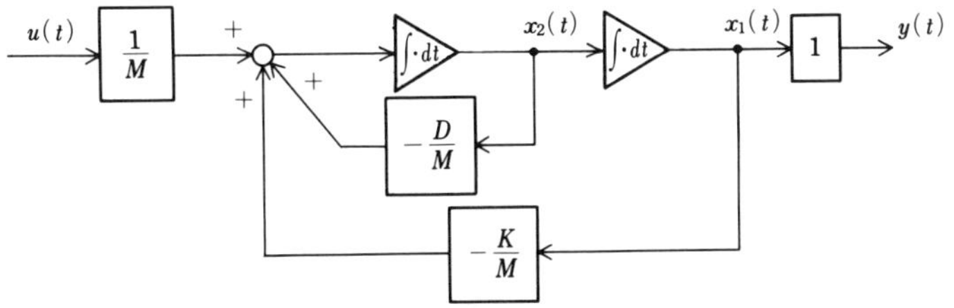

(3)

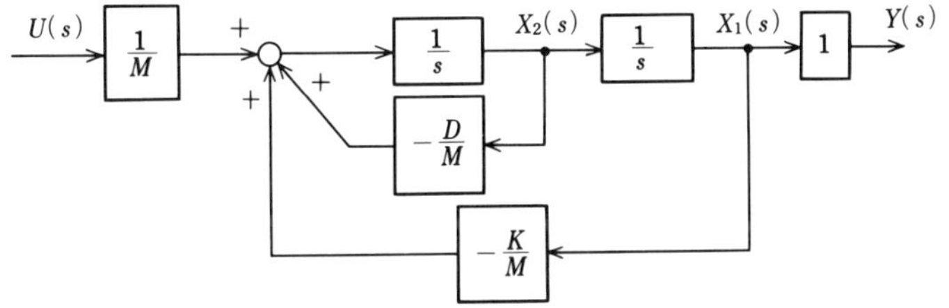

(4)　$\dfrac{Y(s)}{U(s)}=\dfrac{1/M}{s^2+(D/M)s+(K/M)}$

10.　(1)　タンク1について考えると $\varDelta t$ 秒間におけるタンクの水量のバランス式は(増加分)＝(流入分)－(流出量) となる．ここで増加分＝$A_1\varDelta x_1$，流入量＝$u\varDelta t$，流出量＝$(1/R_1)x_1\varDelta t$ である．よって $\varDelta t\to 0$ の極限をとると最終的な結果は次のようになる．

$$\begin{bmatrix}\dot{x}_1(t)\\ \dot{x}_2(t)\end{bmatrix}=\begin{bmatrix}-\dfrac{1}{R_1A_1} & 0\\ \dfrac{1}{R_1A_2} & -\dfrac{1}{R_2A_2}\end{bmatrix}\begin{bmatrix}x_1(t)\\ x_2(t)\end{bmatrix}+\begin{bmatrix}\dfrac{1}{A_1}\\ 0\end{bmatrix}u(t)$$

$$y(t)=\begin{bmatrix}0 & \dfrac{1}{R_2}\end{bmatrix}\begin{bmatrix}x_1(t)\\ x_2(t)\end{bmatrix}$$

(2)

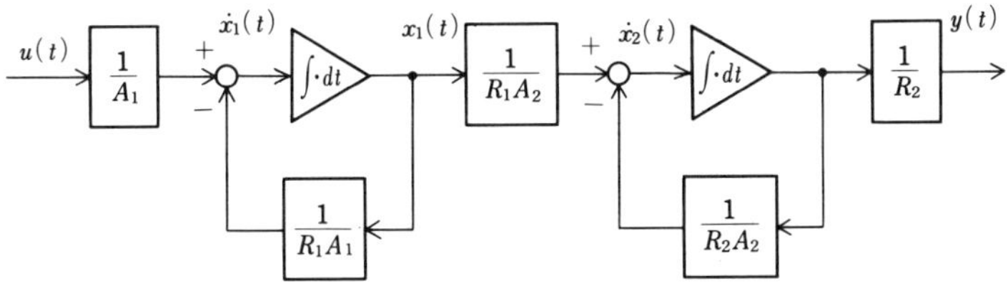

(3)

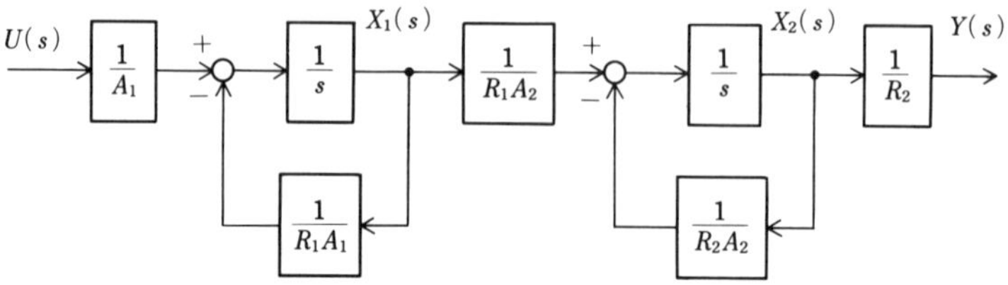

(4) $\dfrac{Y(s)}{U(s)}=\dfrac{1}{A_1}\cdot\dfrac{1/s}{1+(1/R_1A_1)(1/s)}\cdot\dfrac{1}{R_1A_2}\cdot\dfrac{1/s}{1+(1/R_2A_2)(1/s)}\cdot\dfrac{1}{R_2}$

$$=\frac{1/R_1R_2A_1A_2}{s^2+[(1/R_1A_1)+(1/R_2A_2)]s+(1/R_1R_2A_1A_2)}$$

(5) 伝達関数の導出については p.57 参照.

$$\frac{Y(s)}{U(s)}=\boldsymbol{c}[s\boldsymbol{I}-\boldsymbol{A}]^{-1}\boldsymbol{b}=\begin{bmatrix}0 & \dfrac{1}{R_2}\end{bmatrix}\begin{bmatrix}s+\dfrac{1}{R_1A_1} & 0\\ -\dfrac{1}{R_1A_2} & s+\dfrac{1}{R_2A_2}\end{bmatrix}^{-1}\begin{bmatrix}\dfrac{1}{A_1}\\ 0\end{bmatrix}$$

=(4)の答

(6) 入出力間の伝達関数の分母＝0 が特性方程式である.
ゆえに,

$$s^2+\left(\frac{1}{R_1A_1}+\frac{1}{R_2A_2}\right)s+\frac{1}{R_1R_2A_1A_2}=0$$

$$\therefore\quad \left(s+\frac{1}{R_1A_1}\right)\left(s+\frac{1}{R_2A_2}\right)=0$$

極は以下のようになる.

$$-\frac{1}{R_1A_1},\quad -\frac{1}{R_2A_2}$$

11. (1) $\det(s\boldsymbol{I}-\boldsymbol{A})=s^2+6s+5=(s+1)(s+5)=0$
ゆえに固有値は以下となる.

$$\lambda_1=-1,\ \lambda_2=-5$$

λ_1 に対する固有ベクトル：

$$(\lambda_1\boldsymbol{I}-\boldsymbol{A})\boldsymbol{v}_1=\boldsymbol{0}\quad より\quad \begin{bmatrix}2 & 4\\ 1 & 2\end{bmatrix}\begin{bmatrix}v_{11}\\ v_{21}\end{bmatrix}=\begin{bmatrix}0\\ 0\end{bmatrix}$$

したがって

$$v_{11}=-2v_{21}$$

より固有ベクトルは例えば次式となる.

$$\boldsymbol{v}_1 = \begin{bmatrix} v_{11} \\ v_{21} \end{bmatrix} = \begin{bmatrix} -2 \\ 1 \end{bmatrix}$$

λ_2 に対する固有ベクトル：

$$(\lambda_2 \boldsymbol{I} - \boldsymbol{A})\boldsymbol{v}_2 = \boldsymbol{0} \quad \text{より} \quad \begin{bmatrix} -2 & 4 \\ 1 & -2 \end{bmatrix}\begin{bmatrix} v_{12} \\ v_{22} \end{bmatrix} = \begin{bmatrix} 0 \\ 0 \end{bmatrix}$$

したがって

$$v_{12} = 2v_{22}$$

より固有ベクトルは例えば次式となる.

$$\boldsymbol{v}_2 = \begin{bmatrix} v_{12} \\ v_{22} \end{bmatrix} = \begin{bmatrix} 2 \\ 1 \end{bmatrix}$$

（2） $\boldsymbol{x}(t) = \boldsymbol{T}\boldsymbol{z}(t) = [\boldsymbol{v}_1 \quad \boldsymbol{v}_2]\boldsymbol{z}(t)$

$$\boldsymbol{T} = \begin{bmatrix} -2 & 2 \\ 1 & 1 \end{bmatrix}, \quad \boldsymbol{T}^{-1} = \frac{1}{4}\begin{bmatrix} -1 & 2 \\ 1 & 2 \end{bmatrix}$$

ゆえに次式が成り立つ.

$$\dot{\boldsymbol{z}}(t) = \boldsymbol{T}^{-1}\boldsymbol{A}\boldsymbol{T}\boldsymbol{z}(t) + \boldsymbol{T}^{-1}\boldsymbol{b}u(t)$$
$$y(t) = \boldsymbol{c}\boldsymbol{T}\boldsymbol{z}(k)$$

ここで

$$\boldsymbol{T}^{-1}\boldsymbol{A}\boldsymbol{T} = \begin{bmatrix} -1 & 0 \\ 0 & -5 \end{bmatrix}, \quad \boldsymbol{T}^{-1}\boldsymbol{b} = \begin{bmatrix} 0 \\ 1 \end{bmatrix}, \quad \boldsymbol{c}\boldsymbol{T} = [-3 \quad 1]$$

であるので以下となる.

$$\dot{\boldsymbol{z}}(t) = \begin{bmatrix} -1 & 0 \\ 0 & -5 \end{bmatrix}\boldsymbol{z}(t) + \begin{bmatrix} 0 \\ 1 \end{bmatrix}u(t)$$
$$y(t) = [-3 \quad 1]\boldsymbol{z}(t)$$

（3）

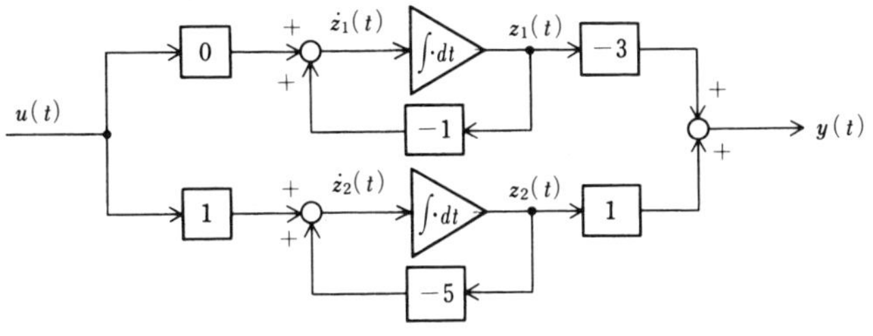

（4）　上図より $z_1(t)$ のモードは $u(t)$ によって制御できないため不可制御，しかし可観測である．$z_2(t)$ のモードは可制御かつ可観測である．したがってシステムとしては不可制御，可観測である．

（5）　可制御行列

$$\boldsymbol{U}_c=[\boldsymbol{b}\quad \boldsymbol{A}\boldsymbol{b}]=\begin{bmatrix}2 & -10\\ 1 & -5\end{bmatrix}$$

であり $\det \boldsymbol{U}_c=0$ より不可制御であることがわかる．

可観測行列

$$\boldsymbol{U}_o=\begin{bmatrix}\boldsymbol{C}\\ \boldsymbol{CA}\end{bmatrix}=\begin{bmatrix}1 & -1\\ -2 & -1\end{bmatrix}$$

であり $\det \boldsymbol{U}_o\neq 0$ より可観測であることがわかる．

第 4 章

1．（1）　$$\frac{Y(s)}{R(s)}=\frac{cK_I/a}{s^2+\dfrac{b}{a}s+\dfrac{cK_I}{a}}=\frac{{\omega_n}^2}{s^2+2\zeta\omega_n s+{\omega_n}^2}$$

$$\therefore\quad \omega_n=\sqrt{\frac{cK_I}{a}},\quad \zeta=\frac{b}{2\sqrt{acK_I}}$$

（2）　$$y(t)=R_0\left(1-e^{-\sqrt{\frac{cK_I}{a}}t}-\sqrt{\frac{cK_I}{a}}\,te^{-\sqrt{\frac{cK_I}{a}}t}\right)$$

（3）　$$y(t)=\frac{\omega_n}{\sqrt{1-\zeta^2}}e^{-\zeta\omega_n t}\sin\{\omega_n\sqrt{1-\zeta^2}\,t\}$$

$$=\frac{2cK_I}{\sqrt{4acK_I-b^2}}e^{-\frac{b}{2a}t}\sin\frac{\sqrt{4acK_I-b^2}}{2a}t$$

2．（1）　角周波数 ω を固定すると $G(j\omega)$ は 1 つの複素数であるから，複素平面上のベクトルで表すことができ，その先端は一点に固定される．そして ω を変化させるとその先端は動き，ある軌跡を描く．ω を 0〜∞ まで変化したときの軌跡がベクトル軌跡であり，−∞〜+∞ まで変化させたときの軌跡がナイキスト線図である．

（2）　ボード線図は横軸に角周波数 ω の常用対数 $\log_{10}\omega$ をとり，縦軸に $|G(j\omega)|$ のデシベル値 $20\log_{10}|G(j\omega)|$ をとったゲイン線図と縦軸に位相差 $\angle G(j\omega)$ を度の目盛りでとった位相線図の 2 つの線図からなるものであり，以下の特徴がある．

［1］　角周波数とゲインが対数量で表されているので，広い範囲の角周波数とゲイ

ンをコンパクトに表すことができる.

［2］ ゲインが対数量で表されているのでゲインの積はゲイン線図上では代数和となる．また位相についても線図上での和となる.

［3］ ゲイン線図の大略は折れ線近似により簡単に知ることができる場合が多い.

3．（1） $(\alpha-5)^2+\beta^2=5^2 \quad \beta\leq 0$

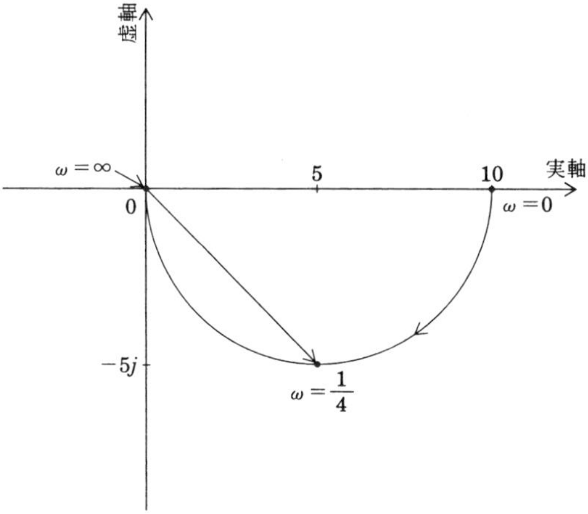

（2） $\omega=1/4$ [rad/s] のときのベクトルは上図のようになり，図よりゲインは $5\sqrt{2}$，位相は－45［°］となる.

4．以下に示すように $\dfrac{1}{s}$ のボード線図と $\dfrac{10}{1+2s}$ のボード線図を描いて，ゲイン線図上，位相線図上でそれぞれ加えればよい.

5．（1） $G(j\omega)=\dfrac{K}{j\omega(1+j\omega)(1+j3\omega)}=\dfrac{K}{-4\omega^2+j\omega(1-3\omega^2)}$

より $\omega_1=\dfrac{1}{\sqrt{3}}$

（2） $|G(j\omega_1)|=\dfrac{K}{\sqrt{\omega_1{}^2(1+\omega_1{}^2)(1+9\omega_1{}^2)}}=\dfrac{3}{4}K,\quad g_m=-20\log\dfrac{3}{4}K$

（3） $\dfrac{4}{3K}=100$ より $K=\dfrac{1}{75}$

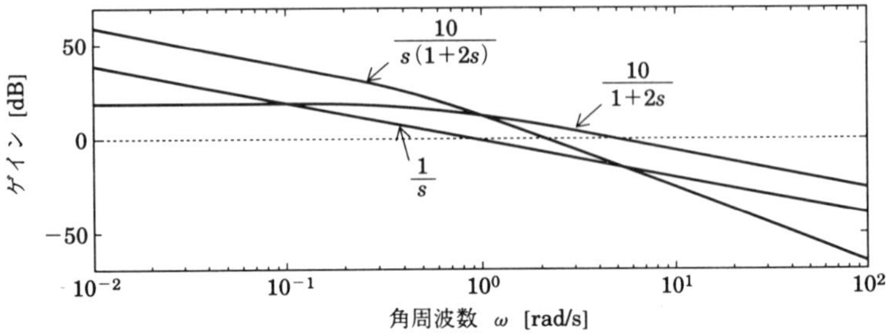

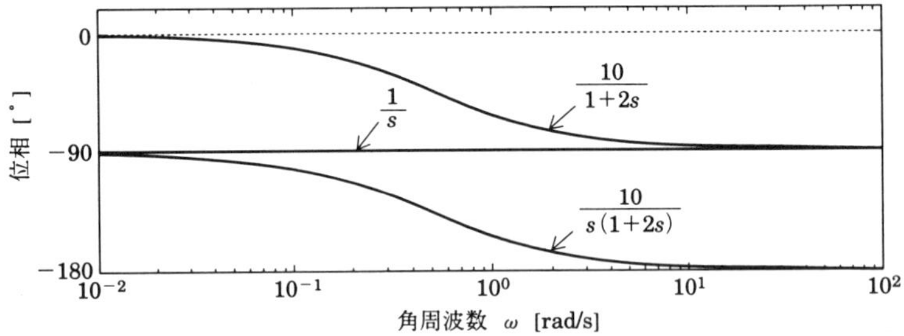

第5章

1. $n=4$ の場合について調べてみる．特性多項式は

$$a_0s^4+a_1s^3+a_2s^2+a_3s+a_4=0$$

となる．いま係数 a_0，a_1，a_2，a_3，a_4 はすべて正であるとする．

まずラウス表を作ってみると

$$\begin{array}{c|ccc} s^4 & a_0 & a_2 & a_4 \\ s^3 & a_1 & a_3 & \cdot \\ \hline s^2 & b_1 & b_2 & \\ s^1 & c_1 & \cdot & \\ s^0 & d_1 & & \end{array}$$

$$b_1=\frac{a_1a_2-a_0a_3}{a_1},\quad b_2=a_4,\quad c_1=\frac{a_3(a_1a_2-a_0a_3)-a_1^2a_4}{a_1a_2-a_0a_3},\quad d_1=a_4$$

となり，a_0，a_1，b_1，c_1，d_1 がすべて正となるのが安定のための条件である．

次にフルビッツ行列式を作ってみると，

$$H_1=a_1,\quad H_2=\begin{vmatrix} a_1 & a_3 \\ a_0 & a_2 \end{vmatrix}=a_1a_2-a_0a_3,\quad H_3=\begin{vmatrix} a_1 & a_3 & 0 \\ a_0 & a_2 & a_4 \\ 0 & a_1 & a_3 \end{vmatrix}=a_3(a_1a_2-a_0a_3)-a_1{}^2a_4$$

$$H_4=\begin{vmatrix} a_1 & a_3 & 0 & 0 \\ a_0 & a_2 & a_4 & 0 \\ 0 & a_1 & a_3 & 0 \\ 0 & a_0 & a_2 & a_4 \end{vmatrix}=a_4H_3$$

となり，H_1，H_2，H_3，H_4 がすべて正となるのが安定のための条件である．

ここでラウス表の a_0，a_1，b_1，c_1，d_1 とフルビッツ行列式の H_1，H_2，H_3，H_4 を比較すると $b_1=H_2/H_1$，$c_1=H_3/H_2$，$d_1=H_4/H_3$ となり，ラウス表の第 1 列はフルビッツ行列式の $H_i/H_{i-1}(i=2,\cdots,n)$ を表していることがわかる．

2.　5 次の系であるので，極は 5 つある．まずラウスの安定判別法の特性方程式のすべての係数が正という条件は満たす．次にラウス表を作るとその第 1 列が $3, 2, \dfrac{9}{2}, \dfrac{17}{9}, -\dfrac{196}{17}, 4$ となり，符号の反転数は 2 であるので不安定な極は 2 つで安定な極は 3 つとなる．

3.　剛体の数式モデルは

$$\frac{1}{3}ml^2\ddot{\theta}=\left\{m\frac{d^2}{dt^2}(l\cos\theta)+mg\right\}l\sin\theta-\left\{m\frac{d^2}{dt^2}(l\sin\theta)\right\}l\cos\theta-c\dot{\theta}$$

となる．

まず $\theta=0$ [°] の近辺で考え，θ が微小であるとすると $\sin\theta\approx\theta$，$\cos\theta\approx1$ と見なすことができ，この式は

$$\frac{1}{3}ml^2\ddot{\theta}=mgl\theta-c\dot{\theta}$$

と線形化できる．このときの特性方程式は，

$$\frac{1}{3}ml^2s^2+cs-mgl=0$$

となり，固有値を求めると

$$s=\frac{3}{2ml^2}\left(-c\pm\sqrt{c^2+\frac{4}{3}m^2l^3g}\right)$$

となって正の固有値が含まれるので不安定であることがわかる．

次に $\theta=180$ [°] の近辺で考え，θ が 180 [°] から微小であるとすると $\sin\theta\approx-\theta$，

$\cos\theta \approx -1$ と見なすことができ，この式は

$$\frac{1}{3}ml^2\ddot{\theta} = -mgl\theta - c\dot{\theta}$$

と線形化できる．このときの特性方程式は，

$$\frac{1}{3}ml^2s^2 + cs + mgl = 0$$

となり，固有値を求めると

$$s = \frac{3}{2ml^2}\left(-c \pm \sqrt{c^2 - \frac{4}{3}m^2l^3g}\right)$$

となってすべて負なので安定である．

4．$\dfrac{Y(s)}{R(s)} = \dfrac{KK_Ps + KK_I}{Ts^3 + s^2 + KK_Ps + KK_I}$ となり，K_P および K_I のどちらが 0 になってもラウスの安定判別法の特性方程式のすべての係数が正という条件を満たさないため不安定となる．次に PI 制御器においては特性方程式のすべての係数が正より，$K_P > 0$，$K_I > 0$ がいえ，さらにラウス表を作るとその第 1 列が $T, 1, KK_P - TKK_I, KK_I$ となることより，$K_P > TK_I$ がいえ，この 3 つが安定となるための条件となる．

5．（1） Lyapnov 関数は以下のようになる．

$$V(\boldsymbol{x}) = \boldsymbol{x}^T(t)\boldsymbol{P}\boldsymbol{x}(t) = \frac{11}{6}x_1{}^2(t) + x_1(t)x_2(t) + \frac{1}{3}x_2{}^2(t)$$

この Lyapnov 関数が正定関数であるためには(2-75)式より(5-52)式に示した $\boldsymbol{P}$ の主座小行列式が正となることを示せばよく，

$$p_{11} = \frac{11}{6} > 0$$

$$|\boldsymbol{P}| = \frac{13}{36} > 0$$

よりいえる．

また原系の固有値は

$$\begin{vmatrix} \lambda & -1 \\ b & \lambda + a \end{vmatrix} = \lambda^2 + a\lambda + b = \lambda^2 + 3\lambda + 1 = 0$$

より

$$\lambda = \frac{-3 \pm \sqrt{5}}{2}$$

となるが，実数部は負であるので安定であることがいえる．

（2） $a=1$，$b=-2$ の場合には $\boldsymbol{P}$ は以下のようになる．

$$\boldsymbol{P}=\begin{bmatrix} -7/4 & -1/4 \\ -1/4 & 3/4 \end{bmatrix}$$

$\boldsymbol{P}$ は正定ではないのでこの場合には系の安定性は示されない．事実，系の固有値 λ を求めると以下のようになり系は不安定であることがわかる．

$$\lambda=\frac{1\pm j\sqrt{7}}{2}$$

第6章

1. （1） $\dot{x}(t)=-\dfrac{r}{L}x(t)+\dfrac{1}{L}u(t)$

$$y(t)=rx(t)$$

（2） $\dfrac{Y(s)}{U(s)}=\dfrac{r}{Ls+r}$ より $\dfrac{Y(s)}{R(s)}=\dfrac{K_P r}{Ls+(1+K_P)r}$

（3） $y(t)=\dfrac{K_P R_0}{1+K_P}\left(1-e^{-\frac{r(1+K_P)}{L}t}\right)$，図示は略

（4） 時定数は出力が最終値の約63.2%になる時間，この場合の時定数は $\dfrac{L}{r(1+K_P)}$

（5） (2-7)式および(2-15)式を示す．

（6） $\dfrac{E(s)}{R(s)}=\dfrac{Ls+r}{Ls+(1+K_P)r}$

$$\therefore\quad e(\infty)=\lim_{t\to\infty}e(t)=\lim_{s\to 0}sE(s)=\lim_{s\to 0}s\,\frac{Ls+r}{Ls+(1+K_P)r}\,\frac{R_0}{s}=\frac{R_0}{1+K_P}$$

また（3）の結果より，$y(\infty)=\dfrac{K_P R_0}{1+K_P}$ となり，$e(\infty)=R_0-y(\infty)=\dfrac{R_0}{1+K_P}$

（7） $\dfrac{Y(s)}{R(s)}=\dfrac{K_I r}{Ls^2+rs+K_I r}=\dfrac{\omega_n{}^2}{s^2+2\zeta\omega_n s+\omega_n{}^2}\quad \therefore \omega_n=\sqrt{\dfrac{K_I r}{L}}$，$\zeta=\dfrac{1}{2}\sqrt{\dfrac{r}{K_I L}}$

（8） $y(t)=R_0\left(1-e^{-\sqrt{\frac{K_I r}{L}}t}-\sqrt{\dfrac{K_I r}{L}}\,te^{-\sqrt{\frac{K_I r}{L}}t}\right)$

（9） $y(t)=\dfrac{\omega_n}{\sqrt{1-\zeta^2}}\,e^{-\zeta\omega_n t}\sin\{\omega_n\sqrt{1-\zeta^2}\,t\}$

$$=\frac{2K_I r}{\sqrt{4LK_I r-r^2}}\,e^{-\frac{r}{2L}t}\sin\frac{\sqrt{4LK_I r-r^2}}{2L}\,t$$

（10） $\dfrac{E(s)}{R(s)}=\dfrac{Ls^2+rs}{Ls^2+rs+K_I r}$

$$\therefore\quad e(\infty)=\lim_{t\to\infty}e(t)=\lim_{s\to 0}sE(s)=0$$

制御器として積分器を用いており，定常状態において出力 $y(\infty)$ が一定となるためには入力 $u(\infty)$ が一定であることが必要であり，このためには定常誤差 $e(\infty)$ が 0 である必要があるから，

2. （1） フィードバック系のゲインは図より次のようになる．

$$A_f=\frac{A}{1+A\beta}$$

両辺の対数をとり A で微分して次式をうる．

$$\frac{dA_f}{A_f}=\frac{1}{1+A\beta}\cdot\frac{dA}{A}$$

ゲインは $1/(1+A\beta)$ 倍に減少するが，A_f の変動率 dA_f/A_f はフィードバックをかけない場合の $1/(1+A\beta)$ 倍になる．

（2） A_h を A_f の式に代入して次のようになる．

$$A_f=\frac{A_0[1+j(f/f_h)]}{1+[A_0\beta/\{1+j(f/f_h)\}]}=\frac{A_0}{1+A_0\beta}\cdot\frac{1}{1+j[f/\{f_h(1+A_0\beta)\}]}$$

これより高域遮断周波数は f_h の $(1+A_0\beta)$ 倍となり周波数特性が改善される．ただし，ゲインは $1/(1+A_0\beta)$ 倍となる．つまり（ゲイン）×（周波数）積は変わらない．

同様に A_l を A_f の式に代入する．

$$A_f=\frac{A_0}{1+A_0\beta}\cdot\frac{1}{1-j[f_l/\{f(1+A_0\beta)\}]}$$

これより低域遮断周波数は f_l の $1/(1+A_0\beta)$ 倍となり周波数特性が改善される．

（3） 図より

$$X_0=\frac{A_1A_2}{1+A\beta}X_1+\frac{A_2}{1+A\beta}N$$

ただし，$A=A_1A_2$

信号/ノイズ比を考えると次式をうる．

$$\frac{\text{信号成分}}{\text{ノイズ成分}}=\frac{[A_1A_2/(1+A\beta)]X_1}{[A_2/(1+A\beta)]N}=A_1\frac{X_1}{N}$$

ゆえに，ノイズ N の影響は A_1 が大きければ非常に小さくなることを示している．もし，ノイズが A_1 の前に入ると（つまり $A_1=1$ と考えることに相当する）SN 比の向上は望めない．

（4） 図より，

$$X_0=\frac{A}{1+A\beta}X_1+\frac{1}{1+A\beta}D$$

ゆえに，ひずみ D は $1/(1+A\beta)$ 倍して出力に影響する．

3.　図 6-27 より次式が成り立つ．

$$\Omega(s)=\frac{K}{sJ}I(s)-\frac{1}{sJ}T_L(t)$$

$$I(s)=\frac{1}{sL+R}[\{I_R(s)-I(s)\}G_{CI}(s)-K\Omega(s)]$$

上式から $I(s)$ を消去して整理すると，

$$\Omega(s)=\frac{KG_{CI}(s)}{Ls^2+\{R+G_{CI}(s)\}Js+K^2}I_R(s)-\frac{Ls+R+G_{CI}(s)}{Ls^2+\{R+G_{CI}(s)\}Js+K^2}T_L(t)$$

となる．上式はさらに

$$\Omega(s)=\frac{s\dfrac{RJ}{K^2}}{\dfrac{RJL}{K^2}s^2+\{R+G_{CI}(s)\}\dfrac{RJ}{K^2}s+R}\left[\frac{K}{sJ}G_{CI}(s)I_R(s)-\frac{1}{sJ}\{Ls+R+G_{CI}(s)\}T_L(t)\right]$$

$$=\frac{s\tau_m}{R\tau_e\tau_m s^2+\{R+G_{CI}(s)\}\tau_m s+R}\left[\frac{K}{sJ}G_{CI}(s)I_R(s)-\frac{1}{sJ}\{Ls+R+G_{CI}(s)\}T_L(t)\right]$$

となって(6-44)式となる．

さらに $G_{CI}(s)$ を(6-45)式とすると，

$$\Omega(s)=\frac{s\tau_m}{R\tau_e\tau_m s^2+\left\{R+\dfrac{K_P(1+\tau_e s)}{\tau_e s}\right\}\tau_m s+R}\left[\frac{K}{sJ}\frac{K_P(1+\tau_e s)}{\tau_e s}I_R(s)-\frac{1}{sJ}\left\{Ls+R+\frac{K_P(1+\tau_e s)}{\tau_e s}\right\}T_L(t)\right]$$

$$=\frac{s\dfrac{\tau_e\tau_m}{K_P}}{\dfrac{\tau_e R}{K_P}\tau_e\tau_m s^2+\dfrac{\tau_e R}{K_P}\tau_m s+(1+\tau_e s)\tau_m+\dfrac{\tau_e R}{K_P}}\left[\frac{K}{sJ}\frac{K_P(1+\tau_e s)}{\tau_e s}I_R(s)-\frac{1}{sJ}\left\{Ls+R+\frac{K_P(1+\tau_e s)}{\tau_e s}\right\}T_L(t)\right]$$

$$=\frac{\tau_m}{\tau_I\tau_e\tau_m s^2+\tau_I\tau_m s+(1+\tau_e s)\tau_m+\tau_I}\left[\frac{K}{sJ}(1+\tau_e s)I_R(s)-\frac{1}{sJ}\{\tau_I\tau_m s^2+\tau_I s+(1+\tau_e s)\}T_L(t)\right]$$

$$=\frac{(1+\tau_e s)\tau_m}{\tau_I\tau_e\tau_m s^2+\tau_I\tau_m s+(1+\tau_e s)\tau_m+\tau_I}\left\{\frac{K}{sJ}I_R(s)-\frac{1}{sJ}(1+\tau_I s)T_L(t)\right\}$$

となって(6-46)式を得る．

4.　$\boldsymbol{c}adj(s\boldsymbol{I}-\boldsymbol{A}-\boldsymbol{bf})\boldsymbol{b}=\boldsymbol{c}adj(s\boldsymbol{I}-\boldsymbol{A})\boldsymbol{b}$ であることを示せばよい．

第 2 章の演習問題 5，6 より

$$(\boldsymbol{A}+\boldsymbol{bc})^{-1}=\boldsymbol{A}^{-1}-\frac{\boldsymbol{A}^{-1}\boldsymbol{bcA}^{-1}}{1+\boldsymbol{cA}^{-1}\boldsymbol{b}}$$

$$1-\boldsymbol{cb}=|\boldsymbol{I}_n-\boldsymbol{bc}|$$

が成り立ち，これを用いると，

$$\boldsymbol{c}(s\boldsymbol{I}-\boldsymbol{A}-\boldsymbol{bf})^{-1}\boldsymbol{b}=\boldsymbol{c}\left[(s\boldsymbol{I}-\boldsymbol{A})^{-1}+\frac{(s\boldsymbol{I}-\boldsymbol{A})^{-1}\boldsymbol{bf}(s\boldsymbol{I}-\boldsymbol{A})^{-1}}{1-\boldsymbol{f}(s\boldsymbol{I}-\boldsymbol{A})^{-1}\boldsymbol{b}}\right]\boldsymbol{b}$$

$$=\boldsymbol{c}(s\boldsymbol{I}-\boldsymbol{A})^{-1}\boldsymbol{b}-\frac{\boldsymbol{c}(s\boldsymbol{I}-\boldsymbol{A})^{-1}\boldsymbol{b}\boldsymbol{f}(s\boldsymbol{I}-\boldsymbol{A})^{-1}\boldsymbol{b}}{1-\boldsymbol{f}(s\boldsymbol{I}-\boldsymbol{A})^{-1}\boldsymbol{b}}$$

$$=\frac{\boldsymbol{c}(s\boldsymbol{I}-\boldsymbol{A})^{-1}\boldsymbol{b}}{1-\boldsymbol{f}(s\boldsymbol{I}-\boldsymbol{A})^{-1}\boldsymbol{b}}$$

$$=\frac{\boldsymbol{c}\,adj(s\boldsymbol{I}-\boldsymbol{A})\,\boldsymbol{b}}{\det(s\boldsymbol{I}-\boldsymbol{A})\,(1-\boldsymbol{f}(s\boldsymbol{I}-\boldsymbol{A})^{-1}\boldsymbol{b})}$$

$$=\frac{\boldsymbol{c}\,adj(s\boldsymbol{I}-\boldsymbol{A})\,\boldsymbol{b}}{\det(s\boldsymbol{I}-\boldsymbol{A})\det(\boldsymbol{I}_n-(s\boldsymbol{I}-\boldsymbol{A})^{-1}\boldsymbol{b}\boldsymbol{f})}$$

$$=\frac{\boldsymbol{c}\,adj(s\boldsymbol{I}-\boldsymbol{A})\,\boldsymbol{b}}{\det(s\boldsymbol{I}-\boldsymbol{A}-\boldsymbol{b}\boldsymbol{f})}$$

が成り立つ.

第7章

1. （1） Riccati 方程式の解 $\boldsymbol{P}$ を

$$\boldsymbol{P}=\begin{bmatrix} P_{11} & P_{12} \\ P_{12} & P_{22} \end{bmatrix}$$

とおくと(7-28)式の Riccati 方程式は，$\boldsymbol{Q}$ が $\boldsymbol{Q}_1$ の場合には次のようになる.

$$\begin{bmatrix} P_{11} & P_{12} \\ P_{12} & P_{22} \end{bmatrix}\begin{bmatrix} 0 & 1 \\ -2 & 3 \end{bmatrix}+\begin{bmatrix} 0 & -2 \\ 1 & 3 \end{bmatrix}\begin{bmatrix} P_{11} & P_{12} \\ P_{12} & P_{22} \end{bmatrix}+\begin{bmatrix} 1 & 0 \\ 0 & 1 \end{bmatrix}$$
$$-\begin{bmatrix} P_{11} & P_{12} \\ P_{12} & P_{22} \end{bmatrix}\begin{bmatrix} 0 \\ 1 \end{bmatrix}[0 \quad 1]\begin{bmatrix} P_{11} & P_{12} \\ P_{12} & P_{22} \end{bmatrix}=\begin{bmatrix} 0 & 0 \\ 0 & 0 \end{bmatrix}$$

それぞれの対応する項から次の代数方程式が得られる.

$$-4P_{12}+1-P_{12}^2=0$$
$$P_{11}+3P_{12}-2P_{22}-P_{12}P_{22}=0$$
$$2P_{12}+6P_{22}+1-P_{22}^2=0$$

これを解くと次のように Riccati 方程式の解が求まる.

$$\boldsymbol{P}_1=\begin{bmatrix} 13.2 & 0.236 \\ 0.236 & 6.24 \end{bmatrix}$$

同様にして，$\boldsymbol{Q}_2$，$\boldsymbol{Q}_3$ に対する Riccati 方程式の解 $\boldsymbol{P}_2$，$\boldsymbol{P}_3$ は次式のように求まる.

$$\boldsymbol{P}_2=\begin{bmatrix} 23.7 & 1.74 \\ 1.74 & 7.74 \end{bmatrix},\quad \boldsymbol{P}_3=\begin{bmatrix} 120 & 8.20 \\ 8.20 & 14.2 \end{bmatrix}$$

したがって $\boldsymbol{Q}_1$，$\boldsymbol{Q}_2$，$\boldsymbol{Q}_3$ に対応した最適フィードバック係数を $\boldsymbol{F}_1$，$\boldsymbol{F}_2$，$\boldsymbol{F}_3$ は，(7-29)式より

$$\boldsymbol{F}_1=[-0.236 \quad -6.23]$$

$\boldsymbol{F}_2=[-1.74 \quad -7.74]$

$\boldsymbol{F}_3=[-8.20 \quad -14.2]$

と求められる．

（2）　最適レギュレータ系(7-34)式の極はそれぞれ以下のようになり，安定になっていることがわかる．また１つの極は常に−1 であるが，$\boldsymbol{Q}_1 \to \boldsymbol{Q}_3$ につれてもう１つの極は左半平面遠方に移動していることがわかる．

$\boldsymbol{Q}_1$ に対応した極：−1，−2.24

$\boldsymbol{Q}_2$ に対応した極：−1，−3.74

$\boldsymbol{Q}_3$ に対応した極：−1，−10.2

（3）　それぞれの応答を下図に示す．

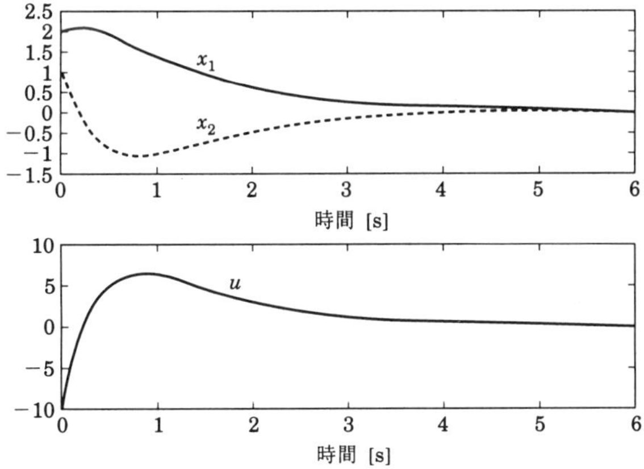

(a)

$\boldsymbol{Q}_1=\begin{bmatrix} 1 & 0 \\ 0 & 1 \end{bmatrix}$

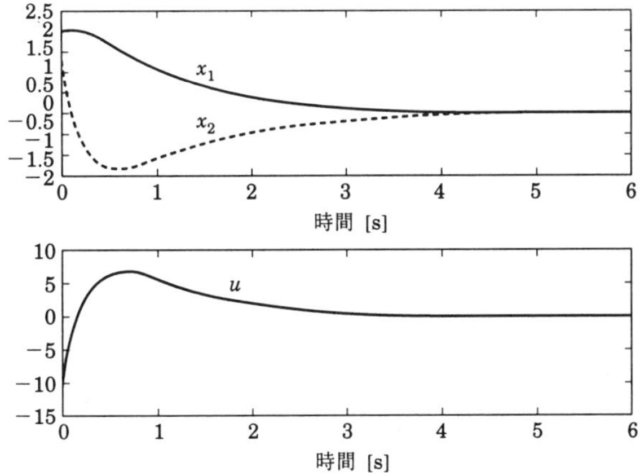

(b)

$\boldsymbol{Q}_2=\begin{bmatrix} 10 & 0 \\ 0 & 10 \end{bmatrix}$

(c)

$$Q_3=\begin{bmatrix}100 & 0\\ 0 & 100\end{bmatrix}$$

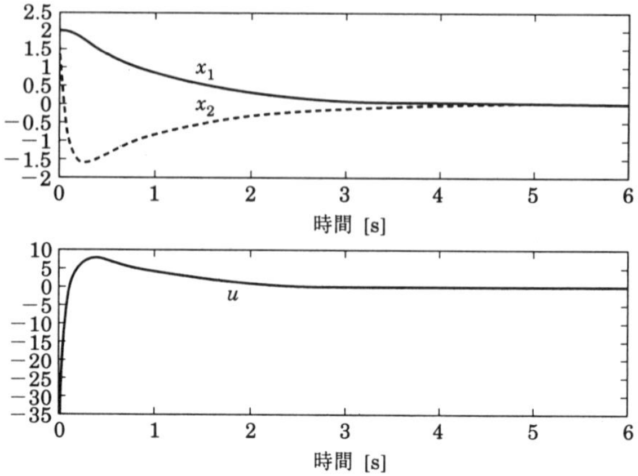

また評価関数値 $J_{\min}$ は(7-30)式からそれぞれ以下のようになる．$\boldsymbol{Q}_1\rightarrow\boldsymbol{Q}_3$ につれて大きくなっていることがわかる．

$\boldsymbol{Q}_1$ の場合：$J_{\min}=30.1$

$\boldsymbol{Q}_2$ の場合：$J_{\min}=54.8$

$\boldsymbol{Q}_3$ の場合：$J_{\min}=264$

（4） 最適レギュレータ系の応答については各自確かめられよ．

評価関数値 $J_{\min}$ については以下のようになる．

$\boldsymbol{Q}_1$ の場合：$J_{\min}=29.1$

$\boldsymbol{Q}_2$ の場合：$J_{\min}=47.9$

$\boldsymbol{Q}_3$ の場合：$J_{\min}=231$

第 8 章

1. 可制御性判別のための条件

$$\boldsymbol{U}_c=[\boldsymbol{\Phi}-z\boldsymbol{I}_{m+n}\quad \boldsymbol{G}]$$

において，rank $\boldsymbol{U}_c=n+m$（フルランク）$\forall z$（すべての z についての意味）ならば可制御である．

ところで

$$\begin{aligned}\operatorname{rank}\boldsymbol{U}_c&=\operatorname{rank}[\boldsymbol{\Phi}-z\boldsymbol{I}_{m+n}\quad \boldsymbol{G}]\\&=\operatorname{rank}\begin{bmatrix}(1-z)\boldsymbol{I}_m & -\boldsymbol{CA} & -\boldsymbol{CB}\\ \boldsymbol{0} & \boldsymbol{A}-z\boldsymbol{I}_n & \boldsymbol{B}\end{bmatrix}\end{aligned}$$

$$=\mathrm{rank}\begin{bmatrix}(1-z)\boldsymbol{I}_m & z\boldsymbol{C} & \boldsymbol{0}\\ \boldsymbol{0} & \boldsymbol{A}-z\boldsymbol{I}_n & \boldsymbol{B}\end{bmatrix}$$

となる．

上式は $z=1$ のときには次式となる．

$$\mathrm{rank}\ \boldsymbol{U}_c=\mathrm{rank}\begin{bmatrix}\boldsymbol{A}-\boldsymbol{I}_n & \boldsymbol{B}\\ \boldsymbol{C} & \boldsymbol{0}\end{bmatrix}$$

すなわち，原系が $z=1$ に不変零点をもたなければ rank $\boldsymbol{U}_c=m+n$(フルランク) である．

また $z\neq1$ のときには次式となる．

$$\begin{aligned}\mathrm{rank}\ \boldsymbol{U}_c&=\mathrm{rank}\begin{bmatrix}(1-z)\boldsymbol{I}_m & -z\boldsymbol{C} & \boldsymbol{0}\\ \boldsymbol{0} & \boldsymbol{A}-z\boldsymbol{I}_n & \boldsymbol{B}\end{bmatrix}\\ &=\mathrm{rank}\begin{bmatrix}(1-z)\boldsymbol{I}_m & \boldsymbol{0} & \boldsymbol{0}\\ \boldsymbol{0} & \boldsymbol{A}-z\boldsymbol{I}_n & \boldsymbol{B}\end{bmatrix}\\ &=m+\mathrm{rank}[\boldsymbol{A}-z\boldsymbol{I}_n\quad \boldsymbol{B}]\end{aligned}$$

すなわち，rank$[\boldsymbol{A}-z\boldsymbol{I}\quad \boldsymbol{B}]=n$(フルランク) ならば，つまり原系が可制御ならば rank $\boldsymbol{U}_c=m+n$(フルランク) となる．

以上をまとめると(8-6)式のエラーシステムの可制御条件は原系が可制御で $z=1$ に不変零点をもたないことである．

可観測性判別のための条件

$$\boldsymbol{U}_0=\begin{bmatrix}\boldsymbol{\Phi}-z\boldsymbol{I}_{m+n}\\ \boldsymbol{C}_0\end{bmatrix}$$

において，rank $\boldsymbol{U}_0=n+r$(フルランク) $\forall z$ ならば可観測である．

ところで

$$\mathrm{rank}\ \boldsymbol{U}_0=\mathrm{rank}\begin{bmatrix}(1-z)\boldsymbol{I}_m & -\boldsymbol{CA}\\ \boldsymbol{0} & \boldsymbol{A}-z\boldsymbol{I}_n\\ \boldsymbol{I}_m & \boldsymbol{0}\end{bmatrix}=\mathrm{rank}\begin{bmatrix}-z\boldsymbol{I}_m & -z\boldsymbol{C}\\ \boldsymbol{0} & \boldsymbol{A}-z\boldsymbol{I}_n\\ \boldsymbol{I}_m & \boldsymbol{0}\end{bmatrix}$$

となる．

上式は $z=0$ のときには次式となる．

$$\mathrm{rank}\ \boldsymbol{U}_0=\mathrm{rank}\begin{bmatrix}\boldsymbol{0} & \boldsymbol{0}\\ \boldsymbol{0} & \boldsymbol{A}\\ \boldsymbol{I}_m & \boldsymbol{0}\end{bmatrix}=m+\mathrm{rank}[\boldsymbol{A}-z\boldsymbol{I}]_{z=0}$$

すなわち，rank$[\boldsymbol{A}-z\boldsymbol{I}_n]_{z=0}=n$(フルランク) ならば rank $\boldsymbol{U}_0|_{z=0}=m+n$(フルランク) となる．rank$[\boldsymbol{A}-z\boldsymbol{I}_n]_{z=0}=n$ とは $\det(\boldsymbol{A}-z\boldsymbol{I}_n)|_{z=0}\neq0$，つまり原系が $z=0$ に極をも

っていないことを意味する．また，$\det(\boldsymbol{A}-z\boldsymbol{I}_n)_{z=0}=\det \boldsymbol{A}\neq 0$ だから $\boldsymbol{A}$ が正則であることである．

また $z\neq 0$ のときには次式となる．

$$\mathrm{rank}\ \boldsymbol{U}_0=\mathrm{rank}\begin{bmatrix}-z\boldsymbol{I}_m & -z\boldsymbol{C}\\ \boldsymbol{0} & \boldsymbol{A}-z\boldsymbol{I}_n\\ \boldsymbol{I}_m & \boldsymbol{0}\end{bmatrix}=\mathrm{rank}\begin{bmatrix}z\boldsymbol{I}_m & \boldsymbol{0}\\ \boldsymbol{0} & \boldsymbol{A}-z\boldsymbol{I}_n\\ \boldsymbol{0} & \boldsymbol{C}\end{bmatrix}$$

$$=m+\mathrm{rank}\begin{bmatrix}\boldsymbol{A}-z\boldsymbol{I}_n\\ \boldsymbol{C}\end{bmatrix}$$

すなわち，$\mathrm{rank}\begin{bmatrix}\boldsymbol{A}-z\boldsymbol{I}_n\\ \boldsymbol{C}\end{bmatrix}=n$(フルランク) ならば，つまり原系が可観測ならば rank $\boldsymbol{U}_0=m+n$(フルランク) となる．

以上をまとめると(8-5)式のエラーシステムの可観測条件は原系が可観測でかつ $\boldsymbol{A}$ が正則であることである．なお，連続時間系を離散化した場合には $\boldsymbol{A}$ は必ず正則となる．

2.　制御対象および誤差信号を以下のように定義する．

制御対象

$$\boldsymbol{x}(t)=\boldsymbol{A}\boldsymbol{x}(t)+\boldsymbol{B}\boldsymbol{u}(t)+\boldsymbol{E}\boldsymbol{d}(t)$$
$$\boldsymbol{y}(t)=\boldsymbol{C}\boldsymbol{x}(t)$$

誤差信号

$$\boldsymbol{e}(t)=\boldsymbol{R}(t)-\boldsymbol{y}(t)$$

ただし，$\boldsymbol{x}(t)$：状態変数$(n\times 1)$，$\boldsymbol{y}(t)$：出力変数$(m\times 1)$，
$\boldsymbol{u}(t)$：入力変数$(r\times 1)$，$\boldsymbol{R}(t)$：目標値信号$(m\times 1)$，
$\boldsymbol{d}(t)$：外乱$(q\times 1)$，$\boldsymbol{A}$：$n\times n$，$\boldsymbol{B}$：$n\times r$，
$\boldsymbol{C}$：$m\times n$，$\boldsymbol{E}$：$n\times q$

上式の系は可制御・可観測であるとし $r\geq m$ とする．

ここで誤差信号 $\boldsymbol{e}(t)$ の一階微分値は次のように求まる．

$$\dot{\boldsymbol{e}}(t)=\dot{\boldsymbol{R}}(t)-\dot{\boldsymbol{y}}(t)$$
$$=\dot{\boldsymbol{R}}(t)-\boldsymbol{C}\dot{\boldsymbol{x}}(t)$$

同様に $\dot{\boldsymbol{x}}(t)$ の一階微分値は次のようになる．

$$\ddot{\boldsymbol{x}}(t)=\boldsymbol{A}\dot{\boldsymbol{x}}(t)+\boldsymbol{B}\dot{\boldsymbol{u}}(t)+\boldsymbol{E}\dot{\boldsymbol{d}}(t)$$

以上より次の連続時間系のエラーシステムが導出できる．

$$\frac{d}{dt}\begin{bmatrix}\boldsymbol{e}(t)\\ \dot{\boldsymbol{x}}(t)\end{bmatrix}=\begin{bmatrix}\boldsymbol{0} & -\boldsymbol{C}\\ \boldsymbol{0} & \boldsymbol{A}\end{bmatrix}\begin{bmatrix}\boldsymbol{e}(t)\\ \dot{\boldsymbol{x}}(t)\end{bmatrix}+\begin{bmatrix}\boldsymbol{0}\\ \boldsymbol{B}\end{bmatrix}\dot{\boldsymbol{u}}(t)+\begin{bmatrix}\boldsymbol{I}_m\\ \boldsymbol{0}\end{bmatrix}\dot{\boldsymbol{R}}(t)+\begin{bmatrix}\boldsymbol{0}\\ \boldsymbol{E}\end{bmatrix}\dot{\boldsymbol{d}}(t)$$

この式は離散時間系のエラーシステム(8-6)式に対応しているものである．目標値信号および外乱信号をステップ信号と仮定すれば(8-7)式に対応した連続時間系のエラーシステム

$$\frac{d}{dt}\begin{bmatrix}\boldsymbol{e}(t)\\ \dot{\boldsymbol{x}}(t)\end{bmatrix}=\begin{bmatrix}\mathbf{0} & -\boldsymbol{C}\\ \mathbf{0} & \boldsymbol{A}\end{bmatrix}\begin{bmatrix}\boldsymbol{e}(t)\\ \dot{\boldsymbol{x}}(t)\end{bmatrix}+\begin{bmatrix}\mathbf{0}\\ \boldsymbol{B}\end{bmatrix}\dot{\boldsymbol{u}}(t)$$

となる．これを以下のように表す．

$$\dot{\boldsymbol{X}}(t)=\boldsymbol{\Phi}\boldsymbol{X}(t)+\boldsymbol{\Gamma}\dot{\boldsymbol{u}}(t)$$

いま(8-8)式に対応した形で，次の評価関数を定義する．

$$J=\int_0^\infty[\boldsymbol{X}^T(t)\boldsymbol{Q}\boldsymbol{X}(t)+\dot{\boldsymbol{u}}^T(t)\boldsymbol{H}\dot{\boldsymbol{u}}(t)]dt$$

ただし，$\boldsymbol{Q}$：半正定行列$(m+n)\times(m+n)$，$\boldsymbol{H}$：正定行列 $r\times r$

最適制御入力は第7章での結果を用いて次のように求められる．

$$\dot{\boldsymbol{u}}(t)=\boldsymbol{F}\boldsymbol{X}(t)=\boldsymbol{F}_e\boldsymbol{e}(t)+\boldsymbol{F}_x\dot{\boldsymbol{x}}(t)$$

ただし，

$$\boldsymbol{F}=-\boldsymbol{H}^{-1}\boldsymbol{\Gamma}^T\boldsymbol{P}$$

$$\boldsymbol{A}^T\boldsymbol{P}+\boldsymbol{P}\boldsymbol{A}-\boldsymbol{P}\boldsymbol{\Gamma}\boldsymbol{H}^{-1}\boldsymbol{\Gamma}^T\boldsymbol{P}+\boldsymbol{Q}=\mathbf{0}$$

この制御入力の両辺を積分すると，

$$\boldsymbol{u}(t)=\boldsymbol{F}_e\int_0^t\boldsymbol{e}(\tau)\,d\tau+\boldsymbol{F}_x\boldsymbol{x}(t)$$

となる．これにより最適1型サーボ系は下図の構成図のようになり，図8-1とほとんど同じ構成となることがわかる．

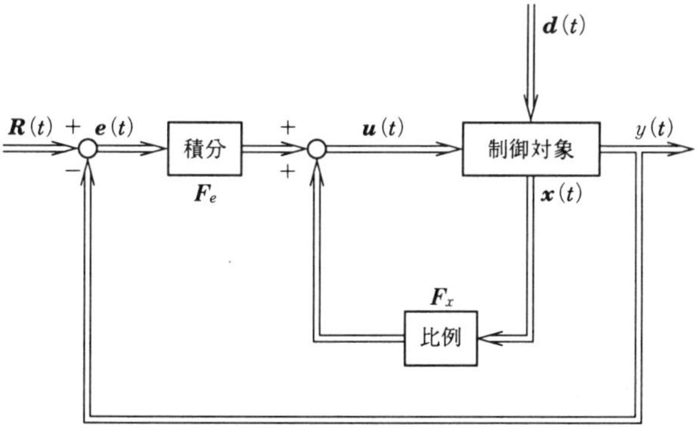

連続時間系の最適1型サーボ系構成図（全状態フィードバック）

参 考 文 献

第 1 章

1）関口隆，高橋浩，青木正夫，下川勝千，薦田憲久：シーケンス制御工学，電気学会（1988）
2）須田信英：制御工学，コロナ社（1987）
3）示村悦二郎：自動制御とはなにか，コロナ社（1990）
4）樋口竜雄：自動制御理論，森北出版（1989）
5）菅井斉喜，得丸英勝，花房秀郎，吉川恒夫，和田力：制御工学，コロナ社（1979）
6）大須賀公一，足立修一，システム制御へのアプローチ，コロナ社（1999）
7）広がる制御工学の世界，電気学会誌，Vol.117, No.10（1997）

第 2 章

8）早勢実：システム制御工学入門，オーム社（1980）
9）添田喬，中溝高好：自動制御の講義と演習，日新出版（1988）
10）藤堂勇雄：制御工学基礎理論，森北出版（1987）
11）中野道雄，美多勉：制御基礎理論［古典から現代まで］，昭晃堂（1982）
12）小郷寛，美多勉：システム制御理論入門，実教出版（1979）
13）中野道雄，美多勉：基礎制御理論，昭晃堂（1982）
14）中溝高好，田村捷利，山根裕造，申鉄龍：ディジタル制御の講義と演習，日新出版（1997）
15）尾形克彦：現代制御工学，新技術開発センター（1994）

第 3 章

16）見城尚志：小形モータの基礎とマイコン制御，総合電子出版社（1983）
17）添田喬，中溝高好：自動制御の講義と演習，日新出版（1988）
18）美多勉：ディジタル制御理論，昭晃堂（1984）
19）小郷寛，美多勉：システム制御理論入門，実教出版（1980）

20）古田勝久，佐野昭：基礎システム理論，コロナ社（1978）
21）中野道雄，美多勉：基礎制御理論，昭晃堂（1982）
22）中溝高好，小林伸明：システム制御の講義と演習，日新出版（1992）
23）伊藤正美，木村英紀，細江繁幸：線形制御系の設計理論，計測自動制御学会（1983）

第4章

24）示村悦二郎：線形システム解析入門，コロナ社（1987）
25）須田信英：システムダイナミクス，コロナ社（1988）
26）伊藤正美：自動制御，丸善（1981）

第5章

27）省エネルギーセンター：電気管理士試験の傾向と対策，省エネルギーセンター（1989）
28）畑四郎：基礎制御理論，森北出版（1979）
29）平井一正，羽根田博正，北村新三：システム制御工学，森北出版（1980）
30）増淵正美：システム制御，コロナ社（1987）
31）金井喜美雄：制御システム設計，槇書店（1982）
32）増淵正美：自動制御例題演習，コロナ社（1971）
33）嘉納秀明，江原信郎，小林博明，小野治：動的システムの解析と制御，コロナ社（1991）

第6章

34）上滝致孝：制御工学を学ぶ人のために，オーム社（1971）
35）上滝致孝，明石友行：制御理論の基礎と応用，オーム社（1986）
36）原島文雄，塚本修巳：電気制御の基礎，日刊工業新聞社（1972）
37）大西公平：メカトロニクスにおける新しいサーボ技術，電気学会論文誌D分冊，Vol.107，No.1（1987）
38）美多勉，原辰次，近藤良：基礎ディジタル制御，コロナ社（1988）
39）大須賀公一：制御工学，共立出版（1995）
40）杉江俊治，藤田政之：フィードバック制御入門，コロナ社（1999）
41）野波健蔵編著：MATLABによる制御系設計，東京電機大学出版局（1998）

第7章

42) 古田勝久：ディジタルコントロール，コロナ社（1989）
43) 伊藤正美：システム制御理論，昭晃堂（1980）
44) 嘉納秀明：現代制御工学，日刊工業新聞社（1984）
45) 加藤寛一郎：最適制御入門，東京大学出版会（1987）
46) 小郷寛，美多勉：システム制御理論入門，実教出版（1979）
47) 美多勉：ディジタル制御理論，昭晃堂（1984）
48) 美多勉，原辰次，近藤良：基礎ディジタル制御，コロナ社（1988）
49) 児玉慎三，須田信英：システム制御のためのマトリクス理論，計測自動制御学会（1984）
50) 伊藤正美，木村英紀，細江繁幸：線形制御系の設計理論，計測自動制御学会（1983）
51) 加藤寛一郎：工学的最適制御，東京大学出版会（1988）
52) 藤井隆雄：最適レギュレータのロバストネス，コンピュートロール 13 (1986)
53) 古田勝久編集：ディジタル制御，コンピュートロール 27（1989）
54) 久村富持：制御システム論の基礎，共立出版（1988）
55) 土谷武士，深谷健一：メカトロニクス入門 第2版，森北出版（2004）

第8章

56) 中溝高好：線形離散時間システムの同定手法，システムと制御，Vol.26, No. 2（1982）
57) 中野道雄，井上悳，山本裕，原辰次：繰り返し制御，計測自動制御学会(1989)
58) 古田勝久：ディジタルコントロール，コロナ社（1989）
59) 江上正，品田浩一郎，土谷武士：予見フィードフォワード補償を含む部分状態フィードバック制御系構成法，計測自動制御学会論文集，Vol.23, No.1（1987）
60) 土谷武士：予見制御系の理論，日本機械学会誌，Vol.93, No.856（1990）
61) 江上正，土谷武士：最適ディジタルサーボ系の初期値補償とその応用，計測自動制御学会論文集，Vol.26, No.3（1990）
62) 土谷武士，江上正：ディジタル予見制御，産業図書（1992）
63) 江上正：ディジタル予見制御の理論と応用，機械の研究，第46巻，第6，7号（1994）
64) 古田勝久，森貞雅博：離散系のスライディングモードコントロール，計測自動制御学会論文集，Vol.25, No.5（1989）

65）野波健蔵，田宏奇：スライディングモード制御，コロナ社（1994）
66）野波健蔵，仁科研一，斉藤満：ゼロパワー磁気軸受系の離散時間スライディングモード制御，日本機械学会論文集（C 編），62 巻，595 号（1996）
67）愛田一雄，長島弘明，江上正，土谷武士：最適スライディングモード制御系の極の性質，日本機械学会論文集（C 編），Vol.70，No.699（2005）

第 9 章

68）白木学，宮尾修美：リニアサーボモータとシステム設計，総合電子出版（1986）
69）笹島春己，江上正：電気機器とサーボモータ，産業図書（1997）
70）谷腰欣司：モータを回すための回路技術，日刊工業新聞社（1985）
71）江上正，岡林千里：リニア DC ブラシレスモータの予見・外乱抑圧制御，電気学会論文誌 D，Vol.112，No.4（1992）
72）土谷武士，江上正：ディジタル予見制御，産業図書（1992）

索　引

あ　行

か　行

さ　行

た　行

な　行

は　行

ま　行

や　行

ら　行

<著者略歴>

土谷武士（つちや たけし）

1963年3月北海道大学工学部電気工学科卒業，1965年3月同大学院工学研究科修士課程修了．1966年4月北海道大学工学部講師，1967年4月同助教授，1982年4月同教授，1997年4月北海道大学大学院工学研究科教授，2004年4月北海道工業大学教授，2009年3月同退職，工学博士，北海道大学名誉教授．

著書：ディジタル予見制御（共著），産業図書（1992）
基礎システム制御工学（共著），森北出版（2001）
メカトロニクス入門 第2版（共著），森北出版（2004）
訳書：計算機制御システム（共訳），工学社（1997）

江上　正（えがみ ただし）

1982年3月北海道大学工学部電気工学科卒業，1984年3月同大学院工学研究科修士課程修了，1987年3月同博士課程修了．1987年4月神奈川大学工学部専任講師，1990年4月同助教授，1997年4月同教授，現在に至る．工学博士．

著書：ディジタル予見制御（共著），産業図書（1992）
電気機器とサーボモータ（共著），産業図書（1997）
基礎システム制御工学（共著），森北出版（2001）
訳書：計算機制御システム（共訳），工学社（1997）

新版 現代制御工学

1991年4月26日　初版第1刷
1999年3月5日　初版第10刷
2000年4月10日　新版第1刷
2015年4月30日　新版第9刷

著　者　土谷武士
江上　正
発行者　飯塚尚彦
発行所　産業図書株式会社
〒102-0072 東京都千代田区飯田橋2-11-3
電話 03(3261)7821(代)
FAX 03(3239)2178
http://www.san-to.co.jp

新日本印刷・清水製本

ISBN978-4-7828-5548-5 C3054